國　際　行　銷

郭　崑　謨　著

學歷：美國奧克拉荷馬大學企業管理學博士
現職：國立中興大學教授兼法學院院長
　　　中華民國資訊教育學會理事長

三　民　書　局　印　行

© 國際行銷

著　者　郭崑謨
發行人　劉振強
著作財產權人　三民書局股份有限公司
印刷所　三民書局股份有限公司
　　　　地址／臺北市重慶南路一段六十一號
　　　　郵撥／〇〇〇九九九八一五號
初版　中華民國七十六年一月
增訂初版　中華民國八十年二月
增訂再版　中華民國八十二年一月
編號　S 49149
基本定價　陸元貳角貳分
行政院新聞局登記證局版臺業字第〇二〇〇號

國際行銷

三民書局

行銷

編號 S 49149

ISBN 957-14-0017-3 (平裝)

編 輯 大 意

一、本書係遵照民國七十二年一月教育部公布之五年制商業專科學校
　　企業管理科「國際行銷」課程標準編著而成。

二、本書全一冊，適合五年制商專企業管理科第五學年下學期，一學
　　期3學分，每週授課3小時教學之用。

三、本書凡八篇，共十七章。第一篇與第二篇分別概述國際行銷之基
　　本理念與基於此一理念之組織體系。第三篇與第四篇各對國際行
　　銷環境與國際行銷決策資訊加以介紹，做為第五篇與第六篇國際
　　市場分析規劃以及國際行銷策略探討之基本依據。第七篇討論國
　　際行銷作業以及特殊行銷。第八篇旨在強調國際行銷之未來發展
　　導向作為本書之結語。

四、本書雖經悉心核校，遺漏與謬誤之處，仍恐難免，尚祈本書讀者
　　及管理學界先進，不斷給予教正，本書之內容始能充實、完善。

郭 崑 謨 謹識于臺北

國立中興大學企業管理研究所

中華民國七十五年七月二十九日

國 際 行 銷
編 輯 大 意
目　次

第一篇　緒論——國際行銷理念與問題

第一章　國際行銷概念與體系⋯⋯⋯⋯⋯⋯⋯⋯⋯⋯ 5

第一節　國際行銷導向之必然性⋯⋯⋯⋯⋯⋯⋯⋯ 5

第二節　國際貿易與國際行銷⋯⋯⋯⋯⋯⋯⋯⋯⋯ 5

第三節　國際行銷管理之本質⋯⋯⋯⋯⋯⋯⋯⋯⋯ 9

第四節　國際市場之研究分析與規劃⋯⋯⋯⋯⋯⋯11

第五節　國際行銷策略組合之內涵與我國應採取之策略重點⋯13

第六節　國際行銷之總體系統⋯⋯⋯⋯⋯⋯⋯⋯⋯17

第一篇　個案：其善有限公司⋯⋯⋯⋯⋯⋯⋯⋯⋯21

第二篇　國際行銷組織

第二章　國際行銷組織⋯⋯⋯⋯⋯⋯⋯⋯⋯⋯⋯⋯29

第一節　國際行銷組織之本質⋯⋯⋯⋯⋯⋯⋯⋯⋯29

第二節　不同型態之國際行銷組織⋯⋯⋯⋯⋯⋯⋯31

第三節　整合式國際行銷組織⋯⋯⋯⋯⋯⋯⋯⋯⋯33

第四節　多國籍公司之組織型態⋯⋯⋯⋯⋯⋯⋯⋯⋯34

第五節　多國籍公司之行銷規劃與控制⋯⋯⋯⋯⋯⋯39

第二篇　個案：高登實業股份有限公司⋯⋯⋯⋯⋯⋯41

第三篇　國際行銷環境

第三章　國際行銷之政經法律環境⋯⋯⋯⋯⋯⋯⋯⋯53

第一節　國際行銷環境之認識⋯⋯⋯⋯⋯⋯⋯⋯⋯⋯53

第二節　政治環境與國際行銷⋯⋯⋯⋯⋯⋯⋯⋯⋯⋯55

第三節　經濟環境與國際行銷⋯⋯⋯⋯⋯⋯⋯⋯⋯⋯57

第四節　法律環境與國際行銷⋯⋯⋯⋯⋯⋯⋯⋯⋯⋯70

第五節　GSP 與 CBI 與我國臺灣地區國際行銷⋯⋯⋯81

第六節　加勒比海盆地方案對我國國際行銷運作上之策略

涵義⋯⋯⋯⋯⋯⋯⋯⋯⋯⋯⋯⋯⋯⋯⋯⋯⋯⋯84

第四章　國際行銷之其他環境因素⋯⋯⋯⋯⋯⋯⋯⋯89

第一節　社會文化環境與國際行銷⋯⋯⋯⋯⋯⋯⋯⋯89

第二節　自然環境與國際行銷⋯⋯⋯⋯⋯⋯⋯⋯⋯⋯97

第三節　科技環境與國際行銷⋯⋯⋯⋯⋯⋯⋯⋯⋯⋯98

第四節　各國消費者運動與國際行銷⋯⋯⋯⋯⋯⋯⋯99

第三篇　個案：茂盛食品工業股份有限公司⋯⋯⋯⋯⋯103

第四篇　國際行銷資訊

第五章　國際行銷資訊系統⋯⋯⋯⋯⋯⋯⋯⋯⋯⋯⋯111

第一節　國際行銷資訊系統之意義⋯⋯⋯⋯⋯⋯⋯⋯ 111

第二節　國際行銷資訊系統之結構⋯⋯⋯⋯⋯⋯⋯⋯ 112

第三節　國際商情資料之主要來源⋯⋯⋯⋯⋯⋯⋯⋯ 115

第六章　國際行銷研究⋯⋯⋯⋯⋯⋯⋯⋯⋯⋯⋯⋯⋯ 153

第一節　行銷研究之程序⋯⋯⋯⋯⋯⋯⋯⋯⋯⋯⋯⋯ 153

第二節　國際行銷研究之特質⋯⋯⋯⋯⋯⋯⋯⋯⋯⋯ 165

第三節　國際行銷研究之範圍與重點⋯⋯⋯⋯⋯⋯⋯ 167

第四節　行銷研究設計方法⋯⋯⋯⋯⋯⋯⋯⋯⋯⋯⋯ 169

第五節　如何做好國際行銷研究⋯⋯⋯⋯⋯⋯⋯⋯⋯ 175

第四篇　個案：渥克公司⋯⋯⋯⋯⋯⋯⋯⋯⋯⋯⋯⋯ 177

第五篇　國際市場之分析與規劃

第七章　國際市場總體分析（一）——分析架構⋯⋯⋯ 183

第一節　國際市場之研究與規劃程序⋯⋯⋯⋯⋯⋯⋯ 183

第二節　總體分析之項目⋯⋯⋯⋯⋯⋯⋯⋯⋯⋯⋯⋯ 184

第三節　總體分析之程序⋯⋯⋯⋯⋯⋯⋯⋯⋯⋯⋯⋯ 189

第四節　總體分析之施行⋯⋯⋯⋯⋯⋯⋯⋯⋯⋯⋯⋯ 201

第八章　國際市場總體分析（二）——分析方法⋯⋯⋯ 203

第一節　國際市場分析之基本認識⋯⋯⋯⋯⋯⋯⋯⋯ 203

第二節　國際市場分析方法之探討⋯⋯⋯⋯⋯⋯⋯⋯ 210

第三節　國際市場分析方法——實例⋯⋯⋯⋯⋯⋯⋯ 221

第九章　國際市場之區隔策略⋯⋯⋯⋯⋯⋯⋯⋯⋯⋯ 241

第一節　市場區隔化之意義⋯⋯⋯⋯⋯⋯⋯⋯⋯⋯⋯ 241

第二節 國際市場區隔化之特質、方法與目標市場之遴選⋯ 242

第三節 國際市場區隔化應注意事項⋯⋯⋯⋯⋯⋯⋯⋯⋯ 246

第四節 國際產品銷售預測概述⋯⋯⋯⋯⋯⋯⋯⋯⋯⋯⋯ 247

第五篇 個案：百利貿易公司⋯⋯⋯⋯⋯⋯⋯⋯⋯⋯⋯⋯ 253

第六篇 國際行銷策略

第十章 國際行銷之產品策略⋯⋯⋯⋯⋯⋯⋯⋯⋯⋯⋯⋯ 265

第一節 國際行銷策略組合概要⋯⋯⋯⋯⋯⋯⋯⋯⋯⋯⋯ 266

第二節 國際行銷之產品發展策略⋯⋯⋯⋯⋯⋯⋯⋯⋯⋯ 266

第三節 產品生命週期與國際行銷⋯⋯⋯⋯⋯⋯⋯⋯⋯⋯ 267

第四節 國際產品策略之擬定⋯⋯⋯⋯⋯⋯⋯⋯⋯⋯⋯⋯ 269

第五節 「整廠輸出」──產品策略之新層面⋯⋯⋯⋯⋯ 274

第十一章 國際行銷之訂價策略⋯⋯⋯⋯⋯⋯⋯⋯⋯⋯⋯ 277

第一節 國際產品之訂價目標⋯⋯⋯⋯⋯⋯⋯⋯⋯⋯⋯⋯ 277

第二節 國際產品之訂價策略⋯⋯⋯⋯⋯⋯⋯⋯⋯⋯⋯⋯ 277

第三節 國際產品訂價之重要層面──公司內轉移訂價概述 280

第四節 國際產品之訂價方法⋯⋯⋯⋯⋯⋯⋯⋯⋯⋯⋯⋯ 281

第五節 外銷報價⋯⋯⋯⋯⋯⋯⋯⋯⋯⋯⋯⋯⋯⋯⋯⋯⋯ 282

第六節 「國際產品生命週期訂價」理論芻議⋯⋯⋯⋯⋯ 283

第十二章 國際行銷之推銷策略⋯⋯⋯⋯⋯⋯⋯⋯⋯⋯⋯ 287

第一節 國際行銷之溝通程序⋯⋯⋯⋯⋯⋯⋯⋯⋯⋯⋯⋯ 287

第二節 國際產品推銷策略管理概述⋯⋯⋯⋯⋯⋯⋯⋯⋯ 288

第三節 國際廣告⋯⋯⋯⋯⋯⋯⋯⋯⋯⋯⋯⋯⋯⋯⋯⋯⋯ 288

第四節　國際人員推銷……………………………………301

第五節　國際行銷促銷推廣活動…………………………302

第十三章　**國際產品之行銷通路策略**……………………305

第一節　行銷通路之基本概念……………………………305

第二節　國際行銷通路之型態……………………………305

第三節　國際行銷通路之中間機構………………………310

第四節　國際行銷通路之管理……………………………316

第十四章　**國際實體分配（國際企業後勤）策略**………325

第一節　國際實體分配之重要性…………………………325

第二節　國際實體分配體系………………………………327

第三節　國際產品之運輸與倉儲…………………………329

第四節　國際實體分配之重要發展………………………340

第五節　現代化國際運輸作業簡介——貨櫃與子母船運輸…343

第六節　我國運輸與倉儲之展望…………………………345

第六篇　個案：福一纖維工業股份有限公司……………349

第七篇　國際行銷作業與特殊行銷

第十五章　**國際行銷作業簡述——進出口作業及國際收付款**…365

第一節　進出口作業之一般程序…………………………365

第二節　國際行銷之收付款方法…………………………372

第十六章　**特許作業概要**…………………………………375

第一節　特許作業之涵義與重要性………………………375

第二節　特許作業之型態與程序…………………………377

第七篇　個案：漢謨公司 ················· 380

第八篇　國際行銷運作之改進與展望與企業國際化

第十七章　國際行銷之回顧與展望················ 387
第一節　我國國際行銷之回顧················ 387
第二節　國際行銷基本功能之嶄新構面··········· 389
第三節　我國外銷廠商努力之方向 ——
　　　　邁向多國籍企業之運作·············· 393
第十八章　我國現代貨運與企業國際化············ 401
第一節　企業國際化層面與現代化貨運之特徵········· 401
第二節　貨櫃化運輸對我國國際轉運作業之經濟效益····· 402
第三節　貨櫃化運輸對我國國際倉儲之經濟效益······· 403
第四節　貨櫃化運輸對我自由貿易之經濟效益······· 406
第五節　促進現代化貨運之幾項途徑············ 408
第六節　現代貨運效率之提高與企業國際化········· 411

國 際 行 銷 總 架 構

——多國籍企業導向——

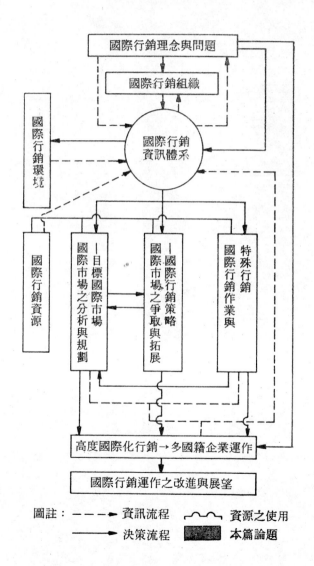

圖註： ----→ 資訊流程　　⌒⌒⌒ 資源之使用

　　　　──→ 決策流程　　▨▨▨ 本篇論題

第一篇　緒論—國際行銷理念與問題

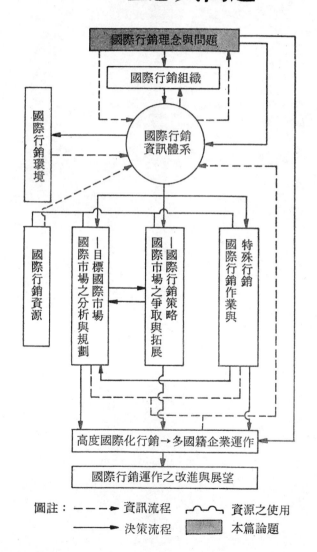

國際行銷理念與問題

國際行銷組織

國際行銷資訊體系

國際行銷環境

國際行銷資源

國際市場之分析與規劃—目標國際市場

國際市場之爭取與拓展—國際行銷策略

特殊行銷作業與國際行銷

高度國際化行銷→多國籍企業運作

國際行銷運作之改進與展望

圖註：　- - -→ 資訊流程　　〜〜 資源之使用

　　　　　──→ 決策流程　　▓▓ 本篇論題

第一章　國際行銷概念與體系

- 國際行銷導向之必然性
- 國際貿易與國際行銷
- 國際行銷管理之本質
- 國際市場之研究分析與規劃
- 國際行銷策略組合之內涵與我國應採取之策略重點
- 國際行銷之總體系統

第一節　國際行銷導向之必然性

　　我國之經濟發展，一直反映高度依存對外貿易。今後經濟之持續發展，更有賴於不斷大力拓展國際市場，強化對外實質經濟關係。溯自一九七三年產油國家（OPEC）之石油禁運所觸發之石油危機後，國際性經濟蕭條所造成之市場壓力與能源價格「起伏無常」所造成之成本結構之改變，已迫使各國競相設法提高其國際貿易競爭態勢。作者認為今後我國對外貿易之加強，僅藉傳統貿易觀念與作法，已不夠應付現階段國際市場之要求。我們應突破國際貿易（或外銷）之傳統導向，邁進國際行銷導向，始能發揮對國家經濟之重大貢獻。

第二節　國際貿易與國際行銷

壹、國際行銷與國內行銷

　　所謂國際行銷也者，乃汎指跨越國際界線之行銷活動，或涉及兩國或兩國以上之行銷作業而言。實際上，除了國際環境之差異所造成之營運上之羈繫因素或助長條件外，其餘原理原則，國內行銷與國際行銷皆共同適用。

國內行銷與國際行銷之原理原則雖有其共通性，行銷人員之觀念往往過份主觀、固執，輕視甚或漠視不同國別環境差異所導致之作業限制與消費者或使用者對產品之相異感受，以致運用行銷共通原則之收效不彰。

貳、國際貿易與國際行銷之特徵

國際貿易與國際行銷究竟有何異同，據戴不斯達（Vern Terpstra）可從業務主體、貨品移動情況、營業主因、商情來源、以及行銷活動等五大層加以探討❶。從表 1-1 中，吾人可了解，國際貿易與國際行銷上述五大層面之異同處。

表 1-1　國際貿易與國際行銷之異同處

比　較　層　面	國際貿易	國際行銷
一、業務主體	國家（總體）	個別企業（個體）
二、貨品移動情況	跨國境	不一定跨國境
三、營業主因	相對利益	個別企業之利潤
四、商情來源	國際收支	個別企業所蒐集
五、行銷活動:		
買賣行為	有	有
運輸倉儲	有	有
訂　價	有	有
市場分析與研究	通常沒有	有
產品設計與規劃	通常沒有	有
推銷活動	通常沒有	有
行銷通路管理（經銷管理）	沒有	有

資料來源: Vern Terpstra, *International Marketing,* Fourth Edition (New York: The Dryden press, 1987), p.7, Table 1-2.

❶ Vern Terpstra, *International Marketing,* Fourth Edition (New York: The Dryden press, 1987), p 5-7.

在觀念及實務上，國際行銷與國際貿易兩者有相類似之處，亦有異同之地方。相同之處當爲互通貨品之有無，收到『相對經濟利益』之效果。其所互異者可從兩者之銷售『標的物』、功能幅度、以及組織體系上窺視而得。

國際行銷所涵蓋之標的物除了國際貿易所包括之各類貨品外，亦包涵勞務，諸如工程及管理技術，旅遊服務，商標，版權，製造藍圖，產銷權等等非貨品項目。國際行銷之功能幅度亦較國際貿易廣泛，諸如，國際工商資訊（資料及通訊）之運作，市場之分析、區隔與預測，產品規劃發展，包裝運輸，通路選擇，訂價，推廣銷售，倉儲運配，貨品再處理，國外倉儲、廠房分號地點之選擇，公司內國際轉價，售後服務等等便是。至於組織體系，國際行銷之體系亦復較國際貿易之體系完整一貫。國際行銷所強調者乃爲產銷之一貫，確保存貨之經濟與外銷及生產間之協調一致，在組織體系上各作業部門之間具有嚴密之關係，而整個行銷作業與其他非行銷作業以及外在環境亦透過行銷部主管，達成必具之協調。

叁、邁進國際行銷之途徑

邁進國際行銷之途徑甚多，視企業家承擔風險之意願與涉入國際市場與國際營運之程度而異。一般而言，邁進國際行銷之途徑有下列數種。

1. 委託外銷：將產品委由其他廠商銷售國外。

2. 自行外銷：由廠商自設之外銷單位作銷售作業。

3. 產銷權利之授予：將產品之製造權，或銷售權授予國外廠商。

4. 合作外銷：與其他廠商合作，共同作外銷運作。

5. 海外設置銷售公司：在外國，依地主國之法令成立銷售公司，專門銷售母國本公司之產品。

　　6.海外設置產銷公司：在地主國或第三國設立公司產製並銷售產品。

　　決定如何邁進國際市場之前宜考慮❷：

　　1.市場涵蓋之大小與可能「滲透」成功之市場。

　　2.所增加之行銷成本之多少，包括投資額。

　　3.有無適切外遣行銷人員。

　　4.改變行銷作法之彈性。

　　5.所可能遭遇之政經、法律以及社會文化問題，以及其風險。

　　6.預估利潤可能達成之可能率多少。

肆、採取國際行銷導向之關鍵

　　我國貿易商往往以簡易或間接方式認識外銷市場及外銷機會後，與外國廠商接洽產品規格、議價、約訂運送交貨及滙款方式、取得訂單、辦理保險、運輸貨品、結押滙。其所忽略或缺無者通常為直接研究市場、積極發掘市場機會、選擇正確目標市場、從事產品之不斷革新、大力推廣產品（包括勞務），提供售後服務，進而取得議價、出售條件、分配通路之自主。

　　本國廠商所忽略或缺無者正造成我國擴大貿易作業與分散貿易地區之瓶頸。廠商應具必備人力、物力、與技術，打破瓶頸，增強我國廠商在國際市場上之競爭態勢。廠商之任務並不僅是局部有限之國際貿易，而應為廣泛整體一貫之國際行銷。

---

❷ 同註❶，第 334～337 頁。

第三節　國際行銷管理之本質

　　國際行銷管理乃將國內行銷管理之理念與作法運用於產品之外銷。因此，其本質仍是探討國際行銷之管理決策問題。其目的在運用有限的資源，達成滿意的外銷績效。茲以表 1-1 之管理矩陣探討國際行銷之本質。

　　據楊教授必立，管理矩陣中之每一格皆須運用以下三因素❸：

　1.精神: 決策、協調、資源運用。

　2.目的: 達成滿意之目標。

　3.內涵: 數量性及非數量性之觀念及技術。

　　就國際行銷問題之分析言，吾人可將重點放於國際行銷之管理決策矩陣上，此一重點之下並非意味其他企業功能皆不重要，而僅為方便國際行銷問題之發掘與解決而已。表 1-2 便是國際行銷管理決策矩陣。

---

❸ 楊必立主編，臺灣企業管理個案（臺北市: 國立政治大學企業管理研究所民國 66 年印行），第 8 頁。

表1-1 管理矩陣

管理功能 ＼ 企業功能	生 產	行 銷	財 務	人 事	研究發展
規　　　劃	×	×	×	×	×
組　　　織	×	×	×	×	×
用　　　人	×	×	×	×	×
導　　　向	×	×	×	×	×
控　　　制	×	×	×	×	×
協　　　調	×	×	×	×	×
創　　　新	×	×	×	×	×
管 理 才 能 發 展	×	×	×	×	×

表1-2 國際行銷管理矩陣

管理功能 ＼ 企業功能	行銷觀念	資訊系統	市場分析與區隔	目標市場與售量預測	行銷策略	國際產品售後服務
規　　劃	×	×	×	×	×	×
組　　織	×	×	×	×	×	×
用　　人	×	×	×	×	×	×
推　　導	×	×	×	×	×	×
管　　制	×	×	×	×	×	×
協　　調	×	×	×	×	×	×
創　　新	×	×	×	×	×	×
管理才能發展	×	×	×	×	×	×

分析國際行銷問題時，分析之重點是否應包括所有矩陣中之每一格，抑或僅將重點下於壹兩方格，悉視每一問題之實際情況而定。惟應銘記者厥為兼顧每一國際行銷問題之優點與弱點，就實際營運情形做客觀之診斷與提供改進之途徑。

第四節　國際市場之研究分析與規劃

壹、市場研究分析與規劃之中心課題

國際行銷作業之首要厥為對國際市場之研究與分析，從而確切辨認廠商可經濟有效開發爭取之目標市場。目標市場之選定，必先經過一番謹慎之市場區隔，將市場依各不同標準，諸如：年齡、宗教、地域、所得、嗜好、人口密度、使用別、行業別等等，分隔成較小而性質相類似之市場。目標市場之選定便是配合廠商可掌握之產銷資源，遴選一個或數個業經區隔化之市場，以作針對目標市場，釐訂一套獨特有力之爭取市場策略。廠商千萬不可將整個外國市場視為其目標市場，訂定其行銷策略；因為如此必分散其資源，無法與他商競爭，便「擊不中」市場而成為國際市場上之敗將。廠商亦不可僅靠各種市場報導刊物或媒介，一味與外商接洽，抱着『爭取訂單為目的』行事，如斯必然造成母國廠商自相進行惡性殺價，得到利益者僅是外國廠商。我國目前貿易商之作法便有此一現象。舉如廠商往往從外貿協會編印發行之「外銷市場」、「外銷機會」等等刊物，或其他類似刊物獲得貿易機會後不再加研究，量力行事就認為已有貿易機會，爭相攜送樣本，或寄贈目錄，進行「惡性」競爭，自相傷殺，所得到者不僅是自己貿易作業之虧失，而且是外商對本國廠商商譽、信用之降低❷。

貳、建立市場研究部門，發掘並把握行銷機會

要正確辨認並把握外貿機會，廠商必須設法建立自己的市場研究分析部門，一面研選各單位所提供之商情資料，一面主動深入搜索國外資料，始克臻效。健全之資訊體系，包括商情報導網之建立實為當務之急。

我國臺灣地區之經濟發展業已步入所謂第二次進口替代階段，亦即以技術與資本密集工業之發展來替代生產財與耐久性消費財之進口。這當然包括農業生產過程之機械化、尖端工業之發展、與運銷系統之科學化。基於此種認識，並配合外國市場究析之結果，廠商應把握下列各種國際行銷之機會❸。

㈠向開發中國家，則尚未完成農工蛻變之國家，輸出生產財，即具高度資本與技術密集化之機械、電子產品、儀器及工具。

㈡自開發中國家輸入初級產品，諸如工業原料、農產品等，加工後轉輸國外。

㈢從已開發國，則已完成工業化之國家，繼續輸進科技及重機械，精密儀器，藉此提高產品加工層次及加價，轉輸國外。

㈣向開發中國家輸出技藝、產銷權、商標、工程勞務技術、或資金（貸于）。

㈤向開發中國家輸出輕、重工業產品。

㈥在開發中國家設廠吸收低價勞力，及原料，將產品轉售第三國或輸入本國。

---

❷ 詳細情況，參閱臺灣新生報，民國67年2月15日，第10版。
❸ 郭崑謨著，現代企業管理學，修正版，（台北市：民國67年華泰書局印行），第344頁。

第五節 國際行銷策略組合之內涵與我國 應採取之策略重點

壹、國際行銷策略組合

國際行銷策略組合含蓋訂價、產品、通路、推銷、實體分配（企業後勤）、以及公共關係等可藉以爭取市場之「工具」。此種工具之運用，貴在妥切之配合，重點宜放置於對個別廠商最具有相對利益或宜加強之工具上。

貳、訂價之自主

國際行銷作業之次一階段爲依據市場究析結果所甄選之目標市場，訂定爭取該市場之獨特策略。爭取市場之策略包括優良產品、合適價格、高效行銷通路、有力之推銷、整合化實體分配體系以及落實之國際公共關係。我國貿易商對這些行銷手段所做者若非仿傚、片段局部、或不積極，便是與市場實況格格不入。據調查，我國一般廠商之外銷產品規格通常係由客戶提供，或仿傚他商，所需週轉資金亦往往由外國客戶融通❹。在此種情況之下，客戶通曉產品成本結構，本國廠商之訂價作業自處於不利之被動地位。其若仿效他商產品規格，非與本廠之目標市場不相配襯，便在產品無差異化之情況下導入惡性殺價之不利境界。今後廠商應擴展貿易策略幅度，爭取國際訂價之自主權。

參、產品策略之推展

---

❹ 許士軍著，國際行銷管理，再版（台北市：民國66年三民書局印行），
　第175頁。

今後廠商須具雄厚資金，方可羅致專業人員從事產品之設計，不斷革新產品，在容器包裝方面多下功夫，創造獨特產品個性；如此往往多增加少額成本則可大大地提高優異訂價條件。我國許多產品品質可說已達到國際標準，可與日本及其他已開發國之產品比美，但往往因不講求包裝，給于消用者惡劣印象，而無法高價出售。誠如日籍"營銷"專家名倉康修氏所言，我國銷日的味精、醬油與各類食品之包裝，多年來皆未改善，陳舊不美觀，再不革新恐無法銷入，洵屬中肯之言❺。

論及產品，我國貿易商多半忽略勞務行銷與技術行銷兩者，端視貨品為唯一之貿易「標的物」。廠商苟能將其營運範疇廣及商標、專利、版權、生產藍圖、配方等產銷權利之外銷，以及承包工程，國外技術服務等等勞務之外銷，則不但可削減國際營運之風險，亦可助長貿易商規模之持續增長。今後廠商之貿易「標的物」應盡量擴張，始能厥收規模效果。

肆、行銷通路策略之擴展

我國貿易商一向對行銷通路之遴選僅侷限於國外進口商、代理商、或地主國生產製造商及躉零售商。許多廠商甚至視第三國大貿易商為最簡捷之貿易通路。將可輸進美國之產品經由日本綜合商社轉售便是其例。日本商社，將買進之產品加以拆包，再包裝，貼上其業已信用卓著之商標，轉手之間，大獲其利。未來外銷廠商，不但應加強雙邊貿易，亦應發展類似日本綜合商社之三角貿易。正開發中之南非及中南美洲諸國便是我國外銷廠商應爭取之三角貿易對象國。除此之

❺ 袁守盈撰，打開日本市場的五項方式，經濟時報，民國67年1月5日。

外雙邊貿易關係之建立不應只限於上述之傳統通路，而須積極以海外
設分公司方式、合作營銷方式、技術合作方式多管齊下，始能滙成足
以對付他國貿易『勁敵』力量，順利進軍海外市場，獲取勝利。

伍、推銷策略之加強

在廣告推銷方面我國廠商所做者，若與日本、韓國相較，相差實
有天淵之別。究其原因莫非: (1)財力有限; (2)節省開支; 以及(3)對廣
告推銷效果常抱懷疑態度。殊不知廣告實爲長期性投資，一如投資於
興建廠房，其效果累年積效，無法一投卽可收立竿見影之效。廠商爲
生產營利而耗資，爲何不同樣爲銷售而廣告促銷? 筆者旅居美國多年
時常看到日本、德國、意大利、加拿大等國之產品作電視廣告，而未
曾看到我國產品出現於電視，亦鮮見報章雜誌之大幅廣告、戶外牌貼
及展示。邇來此類大衆推廣媒介已普遍受用，廠商若再漠視大衆推廣
之重要性，將無法立足國際市場。今後外銷廠商，對此類大衆廣告媒
體應積極加以利用，大衆廣告之耗資雖然鉅大，不耗費此種推廣之損
失將會更大。

更要力求改進者，誠如中華民國拓展國際市場學會魯理事長傳鼎
所言，應是『積極參加國外各種商展，增加國外業務旅行，與外國客
戶建立直接關係，樹立自己的商標與品牌』❻。又對外國客戶亦不能
再以酣飲、招待歡樂作爲推銷手段，而應以簡報展示產品、參觀工廠
的『大氣派』方式來取得外國客戶之信賴與滿意❼。這樣才是國際行

---

❻ 魯傳鼎，中華民國65年拓展國際市場學會第一屆年會致詞全文，拓展國
　際市場的幾項基本認識，民國65年中華民國拓展國際市場學會印行，第
　2頁。

銷之推銷良策，與一般貿易商之作風迴然不同。

陸、國際實體分配體系之建立

言及貨品之運送，外銷廠商應突破傳統之貨品運輸『單味』作業，而將其作業幅度廣及海外集中倉儲、拆包、分級、再包裝、存貨管制、以及選擇倉儲及廠鋪地址等作業以廣收分配效果與經濟有效地銜接產銷作業。這種綜合作業謂之實體分配❽。大貿易商若能在海外集中倉儲運配，既可高度發揮存貨管理專業化，亦可收大量採購與互濟有無、調配靈活，因而得到減少存量之經濟效果❾。

外銷廠商在營運理念上應突破傳統國際貿易導向，邁進國際行銷導向，始能充分發揮國際行銷應有之功能。基於此一新導向，外銷廠商在作業上應：(1)建立國際資訊體系，積極加強進行國際市場之研究與分析，正確辨認目標市場；以及(2)大力擴張國際貿易作業範疇，藉以分散風險，奠定企業之生長基礎，如斯，外銷廠商始能贏得國際行銷自主態勢，發揮其對國家經濟之重大貢獻。

柒、國際公共關係之拓展

國際公共關係乃指廠商與地主國各界以及母國之關係而言。「各界」包括同業、異業、政府機構、財社團體、非消費公眾以及消費公眾（包括國外各種機構及社會公眾）。舉凡一切能增進外國對廠商之感觀及態度的種種活動皆屬公共關係作業。從此觀念影響外國廠商之

---

❼ 同註❻。
❽ 郭崑謨著，實體分配——另一嶄新而重要管理課題，現代管理月刊，民國66年11月號，第7～9頁。
❾ 郭崑謨著，存貨管理學（台北市：民國66年華泰書局印行），第65頁。

勞資關係事項未嘗不是公共關係之特殊作業。由於公共關係作業性質，以及工作人員應秉持之特質與人事作業所需者有相仿之處，許多廠商以及管理學家認為，人事若兼司公共關係，兩者效果一定增高無疑。話雖如此邇來由於企業界開始強調行銷對整體企業營運之重要性，加以行銷單位對大眾傳佈技藝、設備、與人員均十分齊備，公共關係之作業已逐漸由行銷單位承攬。

國際公共關係之拓展，一如上述，不但已成為國際行銷策略之第六嶄新「組合」工具，而且將成為更具潛力之行銷工具。國際公共關係之作業內容、作業程序與方法，將於第十七章再加研討。

第六節　國際行銷之總體系統

壹、系統之涵義

系統乃指所有相互關連、相互影響、相互作用個體群之整合體。此一整合體之特徵為[10]：

(1)具有目標及達成目標之功能，

(2)具備衡量作業效率之標準，

(3)投入悉依據客觀環境條件，以及

(4)產出之結果具有解決問題或預防問題之效果。

作者認為企業係一由外在環境與內在營運作業所構成之一貫系統，其為一貫乃從營運之應順乎外在環境生存發展之角度上窺視而得。從此觀念企業營運僅為企業總體系統之一支系，而此一支系之靈活運行，悉視外在環境之情況而定[11]。

---

[10]　參考許士軍著，現代行銷學（台北市：民國65年印行），第14頁。

外在環境，依其與營運作業之接近程度，以及其對企業營運之是否直接影響，可區分爲一般環境與資源兩者，前者包括社會、文化、政治、法律、教育、與國際等因素，而後者則包括人力、原料、資本、場所位置、與社會公共設備等企業必備資源。一般環境偏重於對市場「需求」之影響，而企業資源則偏重於對貨品或勞務「供應」之影響。

企業營運作業，乃在一般環境之下，利用資源，產銷貨品與勞務，供應市場之需求。爲達成營運目標，須有良好之組織及管理體系，並藉各不同企業功能，諸如生產、行銷、財務、會計、人事、以及研究發展，始能臻效。

貳、國際行銷體系─總體觀念

根據上述之總體系統觀念，國際行銷之體系可分爲國際行銷之外屬體系與國際行銷之內涵支系。

(一) 國際行銷之外屬體系

所謂外屬體系也者乃指國際行銷在整體企業系統中之關係體系而言。研究國際行銷不能僅就國際行銷而談論國際行銷，應考慮其他環境及資源始能收到功效。從國際行銷觀點着論，整個企業之非國際環境與非國際行銷之其他內在營運作業均屬國際行銷之營運環境。誠然國內行銷、財務、會計、人事等等皆爲國際行銷之環境因素，惟這些內在營運作業，較其他外在環境易於控制爾。此一外屬體系可從圖例1-1 窺其一斑。

---

❶ 見郭崑謨著，現代企業管理學，修正版（台北市：民國67年華泰書局印行），序言第 1 頁。

圖例 1-1　國際行銷之外屬總體系

（二）國際行銷之內涵支系

國際行銷之內涵支系包括國際環境，國外消用者以及國際行銷營運作業。國際行銷之營運作業包括國際市場之研究分析、目標市場之確定，售量預測等國際市場研析作業與國際產品之規劃設計、國際產品之定價、國際行銷通路之遴選、國際推銷、國際實體分配以及公共關係等國際行銷策略。圖例 1-2 便是國際行銷內涵支系之寫照。此一內涵支系，以國際環境較為複雜，因此了解國外消用者（即市場）亦頗行艱難，非靠強有力之資訊系統（即資料通訊系統）無法在國際市場上爭取優勢。是故國際資訊系統之建立洵屬國際行銷作業之首要。圖例 1-2 之箭頭代表此一不可或缺之資訊系統。

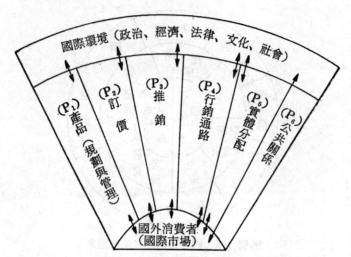

圖例 1-2　國際行銷之內涵支系

圖註：──→代表國際資訊流程

第一篇 個案: 其善有限公司*

前 言

本個案的目的在使個案討論者能了解國際貿易觀念與國際行銷觀念的區別，以及如何由國際貿易觀念擴展到國際行銷觀念，為貫徹國際行銷觀念，是否一定須大企業。

對於個案內第五項「討論問題」，個案撰者對於各題提供幾點意見如下：

1. 國際貿易與國際行銷所區別的在于產品線幅度，而不在銷售量多寡或行銷地區的廣狹，在於企業所負擔功能的多寡，而不在公司之大小。

2. 為使該公司的經營能符合國際行銷的觀念，應從增加功能的負擔方面著手。

3. 該公司的秘密產品能依不同環境需求而設計，故能別於其它標準化的產品，使成長率一直上昇。總經理認為該公司品質是數一數二的，而銷售量僅佔中上地位，很可能即受到"產品型態標準化的策略"所限制。維持品質標準而能採差異化的產品策略，可能有助銷售量的增加。（但差異化會損失了產品標準化大量生產的利益，須加以考慮。）

4. 該企業擴大後，應從發揮大貿易商的功能去努力，否則徒有大貿易商的型態，只能稱為「大國際貿易」公司，仍稱不上國際行銷的公司。反之，若能負擔國際行銷的種種功能——採購、銷售、組合、儲運、融資、推廣、負擔及冒險、蒐集市場情報、提供管理服務等等，而企業組織並不大，亦可稱國際行銷的公司。

一、公司設立與組織

其善國際公司原為一獨資企業，業主王其善世居鹿港，有鑑於當地民間手工藝非常發達，藝術水準高且具鄉土風味，而勞力成本又相當低，遂決意成立一家國際公司，先以土產工藝品外銷為主，俟企業壯大後，再負擔較多的國際行銷功能。民國58年於鹿港投資設廠，以生產竹簾為主，五十九年正式開始從事外銷，設外銷處於台北。

該公司開始時外銷成品除自製的竹窗簾外，尚扮演其它廠商國內代理商（domestic agent middleman）或國內經銷商（domestic merchant middleman）的角色.外銷竹竿、釣竿等竹製品。王其善之所以選竹製品為主要產品線，除手藝與成本因素外，尚有原料來源的重要關鍵，即臺灣是世界少數產竹的地區

* 取材自郭崑謨編，國際行銷個案修訂三版（臺北市：六國書局民國74年印行），第55～61頁。

之一；其它地區雖產竹，但無其它條件配合，無法構成競爭威脅。

　　民國六十二年，雖有石油危機嚴重的世界經濟成長，國內財務結構不健全，產品銷路受通貨膨脹影響的企業，到處聽到關廠、減產、裁員、倒閉等風聲，但其善公司的業績卻仍輝煌無比。一方面因竹製品的製造成本，受石油漲價的影響較少，頂多貼補工人少許薪水，彌補通貨膨脹的損失；一方面，消費者對竹製品的需求，不受通貨膨脹而減少。但王其善卻在此時決定轉移投資於餐飲業，並將該企業改組為有限公司，並選其好友郭尚智為總經理，全權經營改組後的其善有限公司。

　　郭尚智剛從國內某大學企業管理系畢業，受新式管理訓練，亟思能一展所長，以求自我實現。因於在大學期間即任職於一家貿易公司，具有外貿實務經驗，故對王其善的邀請慨然允諾。

　　郭尚智於任職前半年，先採「蕭規曹隨」的政策，一切營運活動均無多大變動，而公司仍按以往成長趨勢成長。以後即運用其行銷與企管知識，認為公司應再擴張，以應外國對竹製品需求的增加。首先於六十三年底於竹南設立新廠，產製竹竿、釣竿、竹窗簾等製品，並於臺灣東北部一小鄉鎮，產製一「秘密」的竹製品。兩廠成立後，六十四、六十五年兩該公司的成長率脫離以前趨勢而突飛猛進，如下圖。

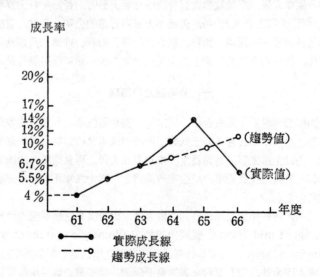

　　由圖可明顯看出，六十六年的成長率急遽下降，郭總經理解釋說：「造成六十六年度低成長率的原因有二，第一，國內二千五百多竹製品廠家，大多對外銷售

通路掌握於外國貿易商之手，又有因規模小，無專門外銷人才，以致盲目爭取訂單，彼此極力削價，導致所有同業遭受低利潤或無利潤之困局。第二，由於原竹大量外銷到日本、韓國，使國內供不應求，導致原竹價格提高，使竹製品的生產成本亦跟著提高，有時並由於原竹供應不足而喪失許多訂單。」

該公司幾年來主要行銷地區有：美國、澳洲、紐西蘭、加拿大、丹麥、挪威、瑞典、荷蘭、德國、法國、南非、西班牙、奧地利等地，而以歐洲跟北美洲佔大宗，亦為競爭較烈的區域。

下為其善公司簡單的組織圖：

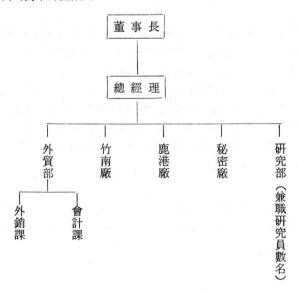

二、國際行銷觀念與產品策略

郭總經理對行銷學上的種種觀念極為主觀，上任後首先加強產品的品質管制。他始終認為外國商人是講求信譽的，要能吸引他們，首先要從品質著手。他堅持「生意寧做一去百來，絕對不做一去不來的生意」，他在大學時所工作的公司，即時常使用「一去不來」的手段，終於在石油危機期間，這家貿易公司倒閉了，這給他很大的警惕。

產品型態是標準化的，圖樣、顏色、式樣無論銷往那一地區都一成不變，他說：「我們不願費精神於產品變異上，我們所注重的是品質、堅固、耐用而純樸，這正代表著我們鄉土味道，也正是『竹』所代表的特色。」其善公司每年在

商業週刊 (Business Week) 所做的廣告，亦強調竹的純眞——不像塑膠品所代表的是華麗而不實，用竹製品者正代表其個性是純眞的。並強調該公司是臺灣少數品質最佳、信譽卓著的竹製品公司之一。

促銷方面，由於財力上限制，公司僅能利用商業週刊、外國報紙作廣告，而且次數很少。大多透過國外商業性刊物免費介紹。郭總經理說：「這些媒體的廣告效果並不高，因爲我調查客戶爲什麼會與本公司接觸的結果，發現透過上述媒體而招徠的很少，大多是客戶在其國內看到我們產品，利用商品上本公司的商標，並透過本地竹製品公會的查詢而後與本公司連絡的。」因此他極強調品質與商標。

該公司的銷售量雖然每年皆有增加，但郭總經理並不滿意，因爲其銷售量僅佔國內廠商的中上地位而已。他深信該公司的品質在國內是數一數二的，但爲什麼銷售量列於上等地位呢？而且該公司從來就沒有因產能不夠而辭去訂單。

值得一提的是該公司的秘密產品，其銷售量成長率是非常突出的，而且對該公司利潤貢獻佔百分之四十五以上。該項產品的研究發展是郭總經理領導研究部幾個兼職研究人員所共同從事，並公開徵求各國的圖樣。六十六年各種其它竹製品成長率大幅下降之時，該秘密產品的成長率仍大幅成長。

三、目前問題

郭總經理認爲目前該公司所面臨最大問題，一方面爲國內同業惡性競爭與政府不干涉原竹外銷，導致竹製品成本上漲，且價格受到壓力，導致竹製品成長率下降。

四、未來展望

郭總經理希望同業公會能出來協調各廠家，勿競相削價，互相殘殺，並多注意品質控制。並希望政府能限制原竹出口，因爲原竹出口對國家的利益終究小於竹製成品出口。

爲能獲得情報功能、貿易網功能、組合功能、融資功能、統一調度等大企業所發揮的功能，郭總經理期望在政府輔導下，能與其他同業廠商合併。在他以前任職的公司裏，他常聽到公司負責人對日本大廠商社與美國大貿易商（多國公司）的讚歎，因爲這家公司常吃到日本商社的苦頭；如日本商社有良好的情報網，常搶購原料，囤積居奇，使該公司要購買原料時，已遲一步，而僅能以高價購得，更有甚之，即原料購到手後，國際市場上原料價格又下降；使該公司產品價格根本無法在國際上與人競爭。因此郭總經理極希望能於將來和其它同業合併，發揮前述大企業的種種功能，以便能在國際上與人一爭雌雄。

本個案問題

1. 該公司的經營觀念是否已由國際貿易的觀念演變到國際行銷的觀念。
2. 為使經營能達到國際行銷觀念的要求，該公司尚有那些方面值得改進。
3. 該公司的產品策略是否須再改進。
4. 郭總經理未來的展望——成立大企業——與國際行銷觀念有何衝突或相輔助之處。

第二篇　國際行銷組織

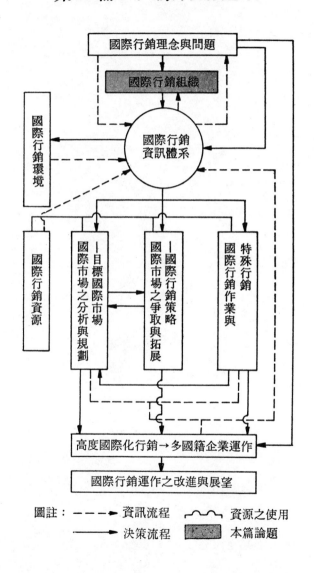

國際行銷理念與問題

國際行銷組織

國際行銷資訊體系

國際行銷環境

國際行銷資源

國際市場之分析與規劃——目標國際市場

國際市場之爭取與拓展——國際行銷策略

特殊行銷國際行銷作業與

高度國際化行銷→多國籍企業運作

國際行銷運作之改進與展望

圖註：－－－▶ 資訊流程　　〰〰 資源之使用

　　　　───▶ 決策流程　　▨ 本篇論題

第二章　國際行銷組織

- 國際行銷組織之本質
- 不同型態之國際行銷組織
- 整合式國際行銷組織
- 多國箱公司之組織型態
- 多國箱公司之行銷規劃與控制

第一節　國際行銷組織之本質

壹、組織上應考慮之事項

國際行銷之組織型態甚多。廠商應依循業已訂定之國際行銷使命與目的, 作策略性規劃, 始能建立健全之國際性組織, 發揮組織之效果。譬如美國通用汽車公司製訂其世界性營運目標為: 維持高品質高競性國際產品; 在國際汽車市場上大力競爭; 同時在海外投資方面愼重考慮影響公司之人員、資金以及設備之因素等等[1], 然後再作策略性規劃時考慮[2]:

(1)為達到目標, 需要何種資源?

(2)公司需要採取何種行動? 應擇取何者進行? 優先順序若何?

(3)何時, 何種行動應達成預計目標之何一部份?

(4)需要何種情況, 方能有利達成公司目標?

---

[1] Donald A. Ball and Wendall H. McCulloch Jr. *International Business* (Plano, Texas: Business Publication, Inc., 1982), pp. 467-469.

[2] 同註[1]。

顯然廠商應依其本身之資源與營運目標，據最合適途徑，建立國際行銷組織。總之，廠商應考慮者不外乎.

(1)國內外產銷成本

(2)地主國法令或規定，諸如，課稅規定、組織法、利潤之滙回母國 （Repatriation） 等等

(3)國外競爭態勢與通路之有無

(4)廠商之財務能力

(5)廠商對外銷之管制政策，以及

(6)地主國之民情。

舉如地主國對利潤之滙回規定苛刻，地主國民情保守，公司之財力有限，則不妨以合資共營之型態進行國際行銷作業。倘地主國為改善其經濟結構，歡迎外賓，倡導技術輸入則當以在外設分公司，將權力分散，授權於分公司較佳。總之國際行銷組應具必備之彈性，始可因應變幻莫測之國際情況❸。

貳、合適的國際行銷組織

從事國際行銷的廠商所面臨之共同困擾就是沒有一種正確而通用的組織方法，沒有完美的組織結構，也沒有一經採用便永不變動的組織。雖然如此，仍然有一些變數有助於組織型態的選擇，這些變數是:❹

(1)企業高層決策者對於目前及未來國外及國內市場的相對重要性的看法；

---

❷ 郭崑謨著，國際行銷管理，修訂三版（臺北市: 六國出版社，民國71年印行），第19頁。

❹ stefan H. Robock,Kenneth Simmonds,Jack Ewick *International Business and Multinational Enterprises,* Revised Ed. (New York: Richard D. Irvin In, 1977), p. 442.

(2)公司的歷史背景及其在國際營運上的演進；

(3)企業的本質及其產品策略；

(4)公司的管理哲學與途徑；

(5)對於有經驗的國際管理人才之培育意願與能力；以及

(6)面臨重大的組織改變時，一個企業的調整能力。

參、『合適』國際行銷組織之特徵

何者為合適國際行銷組織；不管國內行銷或國際行銷，均應具有下述特徵❺：

(1)組織之架構應清晰，權責須分明。

(2)組織應導向最後產品，而非製造產品之過程。

(3)組織之成本應經濟，考慮成本與效益。

(4)組織應具相當之穩定性，但不應失却應有之彈性。

(5)下層組織應賦予行動之決策權。

(6)組織成員之個人目標與組織目標應被充分了解。

(7)組織結構應有導致產生新生代領導人物以創新構想。

第二節　不同型態之國際行銷組織

大凡國際行銷組織可依行銷功能，產品別，或地域別建立。當然亦可將產品、功能、或地域依實際情況組合成建全之行銷組織。實際營運上不同組織之可行性可由圖例 2-1 看其一斑。

圖例 2-1 所述之國際行銷集團（Marketing Consortia）以及

---

❺ Peter F. Drucker, "New Templates for Today's Organization," *Harvard Business Review,* Jan-Feb, 1974, p. 51.

管理契約較爲特殊，乃分別簡述於後。

國際行銷集團與合資聯營（Joint Venture）頗爲相似，所異同者爲[6]：

(1)國際行銷集團由衆多廠商參予

(2)每一參與廠商本身在約定市場或國度裏並不單獨作約定產品之行銷活動，以及

(3)集團之形成純係基於財務上以及管理上之共同需要，以收規模之經濟。

管理契約乃廠商爲謀求避免直接投資之困難及風險而發展之行銷

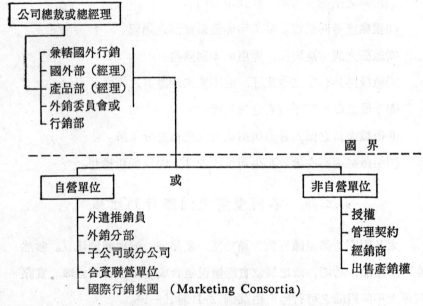

圖例 2-1 各不同型態之國際行銷組織

資料來源：P.R. Cateora and J.M. Hess, *International Marketing* (Homewood, Illinois: Richard D. Irioin, Inc., 1975), p. 629. 略經筆者修訂。

[6] 同註[4]。

方式，此一行銷方式爲母國公司提供地主國廠商之行銷或其他有關企業營運之管理服務，而收取佣金。該種嶄新之行銷方式具備兩種功能。一爲可逐漸控制合資聯營以及國際行銷集團；另一爲管理公司可很快地取得管理佣金，謀獲利潤❼。

第三節　整合式國際行銷組織

國際行銷組織，因廠商而異，一般而言，規模愈大之廠商，愈有趨向功能、地域、以及產品三類別整合式組織型態之傾向。蓋企業營運擴展至某程度後，管理效果之持續提高需藉專業分工，縮小管理幅度、以及嚴密之協調，始能臻效故也。

圖例 2-2 爲典型之功能、地域、以及產品三類別整合式組織，虛

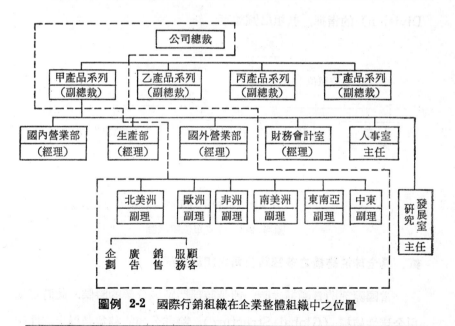

圖例 2-2　國際行銷組織在企業整體組織中之位置

❼ 詳情參閱許士軍著，「管理契約─多國公司未來之發展」一文。見國際經濟論文集，（民國66年，正中書局印行），第145～160頁。

線框內之組織爲國際行銷組織部門。

第四節　多國籍公司之組織型態

多國性公司之組織結構有多種不同的方式，採行何種組織型態應視公司希望在國外的控制程度而定❽。

壹、具國際部門之多國籍公司組織型態

最簡單的方式是設置分支單位，而此分支單位仍然爲公司整體組織中的一支單位。通常一個分支單位僅是一個派駐在外的隊伍，因此所負責任較少，例如僅負責銷售、處理訂單及解決當地發生的小問題。而這些分支單位全受總公司的「國際部門」（International Division）的指揮，其組織圖如下：

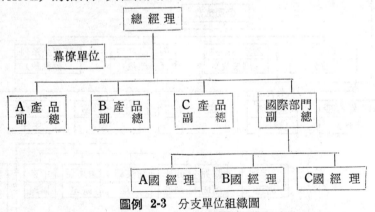

圖例 2-3　分支單位組織圖

貳、具全球性結構之多國籍公司之組織型態

當國際部門日漸擴大時，即是該部門應該分解的時候，此時可採用全球性結構（Global Structure）。除非公司的利益是以全球性的

❽ 同註❸，第432～440頁。

協調，以貢獻為指標來衡量，否則公司所訂出之策略無法達到公司全球性最大的利得。採用全球性結構時，再也沒有任何個別的國際市場會獲得比公司全球目標更大的注意力。全球性結構的公司可能依功能、產品或地域來架構組織，如果公司採用功能性或產品性的組織結構，則每一個單位主管都負有世界性的責任。全球性的結構觀念需要全球性的管理哲學及一個高階的整合管理階層加以支持。

一、功能性結構

功能性結構一直是歐洲公司常採行的組織方式。總公司的部門劃分是依功能，例如分成生產、行銷、財務等，而這些部門的主管負有各項業務的世界性責任（見圖例2-4）。製造部門需控制國內的工廠，策劃世界性的產品標準、產品發展、品質管制及研究發展，也就是綜合了直線及幕僚的功能。

只要公司相當小同時產品種類不多，則功能性結構通常很適合，因其對個別功能有嚴格的控制作用。但是功能性結構有下列三個基本弱點：

1. 銷售與生產會在作業及目標上有分歧現象。
2. 分支單位的主管通常不只要向一個人報告，最後將導致大量的重複。
3. 每一種功能部門均需要地區性專家，他們可能對未來做出各種不同的假設並進而執行各種相異政策。

二、地域性結構

在地域性結構下，主要的業務責任是由各地區經理負責（見圖例

2-5)，總公司負責世界性的策略規劃及控制。每一個地區的經理必須負責該地區營運的所有功能，包括行銷、生產、財務等。

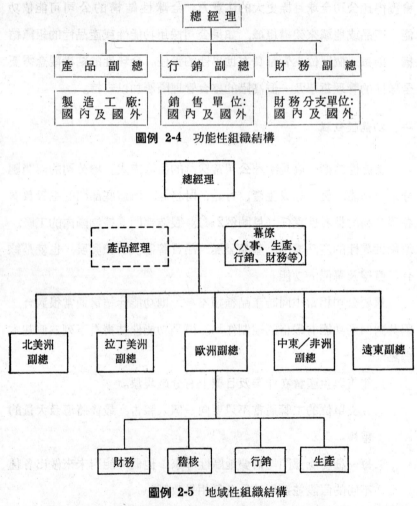

圖例 2-4 功能性組織結構

圖例 2-5 地域性組織結構

能夠採用地域性組織結構很成功的公司，其特徵爲產品種類少，最終消費者市場、科技基礎、市場需求及製造方法很類似。很多主要的石油公司採用該種組織，一些飲料公司也採用此種組織，因爲其產品具高度標準化，唯在不同市場需要不同的行銷策略。

如果一個公司的產品逐漸增多、複雜，地域性組織結構就不太適合，因爲對公司負責人而言，要將產品新觀念從一個地區傳到另一個地區，或協調產品差異或使生產資源做最適當的分配等工作相當困難。因此，公司可能設一個全球性的生產經理綜理世界性的產品策略，但此擧使得其權責與地區經理之間含混不清。

三、產品結構

產品結構組織是指派產品群管理者世界性的監督責任，同時在公司的幕僚階層設置協調某一地區之所有產品的人員（圖例 2-6）。公司的整體策略及計劃是在總公司訂定，在此指導原則之下，每一產品群的計劃必須經審查通過後才執行。

產品組織結構在公司的產品線很廣時使用，或當產品會打入許多

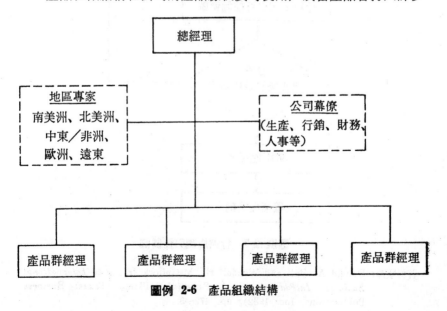

圖例 2-6 產品組織結構

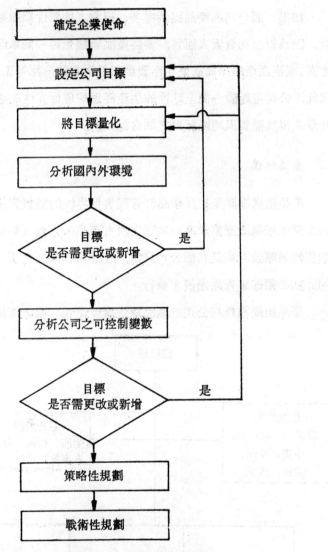

圖例 2-7 行銷規劃與控制圖

資料來源: Donald A. Ball and Wendall H. McCullock Jr., p. 15 *International Business: Introduction and Essentials* (Plano, Texas: Business Publications, Inc. 1982), pp. 472~3.

不同的最終消費市場，或當相當高度科技能力必需時使用效果最好。此種組織的缺點是產品群負責人通常是產品專家但未必是具國際營運經驗。另一個問題是不同的產品部門之間協調很困難。舉例來說，Ａ部門想要授權給一個歐洲工廠製造Ａ產品，而Ｂ產品的歐洲廠正是產能過剩需要再生產產品才不致虧損。大家都知道，只要讓Ｂ廠生產Ａ產品問題便解決了，然而問題是，他們也許互相都不知道對方的情形。

第五節　多國籍公司之行銷規劃與控制

規劃爲管理之主要功能，它是設定目標並建立一些行動來達成目標的過程。多國性公司的行銷規劃步驟如下：

(1)確定企業的使命

(2)設定公司的目標

(3)將目標量化

(4)分析國內外環境

(5)訂出策略及執行方式

多國籍公司之行銷規劃可以上面之流程圖 2-7 表示。

欲達成規劃過程所設定的目標，公司內部必須有效的控制。「控制」的範圍包括決策應在母公司的總管理處進行，或由附屬公司進行，或者二者合作的指導原則。「控制」亦包括客戶的訂單應由公司那一個單位來接受，才能避免公司內部自相競爭❾。爲做好控制工作，多國性公司的每一個單位都必須定期提出及時、正確、完整的報告。報告

---

❾ Donald A. Ball & Wendell H. McCulloch, Jr. *International Business: Introduction & Essentials* (Plano, Texas: Business Publications, Inc., 1982), pp. 472-473.

內容應涵括財務、科技、市場機會、新產品、競爭者活動、價格發展、市場佔有率及當地政經等方面之資訊，如此方能評估及比較管理績效。

第二篇　個案: 高登實業股份有限公司＊

前　言

本個案著重在「國際行銷組織」之介紹。

就管理而言，其不外包括下列四大活動:

（一）規劃（Planning）

（二）組織（Organizing）

（三）領導（Leading）

（四）控制（Controling）

國際行銷管理，如同一般行銷管理一樣，卽是「分析、規劃及控制的一貫程序」，但是這一程序是死的，它必須靠組織來推動它，運用它，才能表現其效率，因此國際行銷組織可謂至爲重要。甚至有人指出，組織（Organizing）實是管理的另一面，難怪過去西方許多學者將組織與管理混爲一談。

基於國際行銷組織之重要性，本個案乃以臺北某一大貿易商爲對象，專門介紹其國際行銷組織，包括

（一）公司組織的歷史沿革

（二）組織的現況

（三）組織的遠景

本個案撰之焦點乃在有關國際行銷方面組織之如何因應情況而調整，至於有關財務、人事及生產各方面，我們略而不提。

基於公司當局的要求，本個案不採用其眞實行號，組織內各負責人之姓氏亦酌以變更，但是仍力求保持個案資料之眞實性。

一、組織沿革

高登實業股份有限公司現任總經理，高先生說:

> 本公司的前身，爲多泰成衣行，乃家父於民國四十八年創立者，當時所製成衣均以內銷爲主，後來爲求成長，遂欲拓展外銷，可是當時各方面之能力均有限，只得依靠代理商或國貿公司，就這一經手，利潤幾乎爲其所剝削殆盡，有時耗損，對方索賠時，情況更是惡劣。鑒於此，家父遂刻意自營外銷。

＊　取材自: 郭崑謨編，國際行銷個案，修訂三版（臺北市: 六國出版社，民國74年印行），第79～93頁。

民國五十一年，我從經濟系畢業之後，進入一家國貿公司，經過一年多的摸索。在父親的催促下，我著手準備創立高登實業股份有限公司，雖然所登記的是股份有限公司，但是因為公司知名度不若其他大公司，實際，公司的股票在外面並不流通，講實在的，本公司的股份只是由二三十人分攤，僅僅相當於有限公司而已，我們所以仍決定採用股份有限公司之名義，乃為求將來籌資發展之便。就在此草創時期，公司的組織主要分成兩大部門，即：

（一）**生產部門**

（二）**營業部門**

此時期之公司組織，可約略圖示如下：

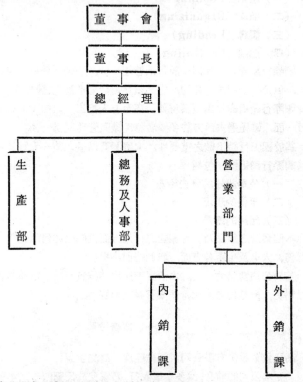

此時，生產部門仍以製成衣為其主要任務。總務及人事部門大致還汐啥問題。

可是，在營業部門內，就出了問題。公司之改組，主要是因為家父的「自行拓展外銷」之企圖，此時外銷課是成立了，但身為營業經理的我，面臨了困擾的問題，外銷課的任務是什麼，專門開發生產部所製成之成衣為其唯一任務？若如此而成立如同國貿公司般的組織，附屬於營業部門之下，則費了如此多之人力、財力，所爲著的，只是拓展本公司之產品，那未免過於浪費！若不成立如國貿公司般的健全外銷課，則本公司之產品甭想不經由代理而出口，這跟以前之情況又有何不同？成立了外銷課，倒有畫蛇添足之贅。

關於此問題，我向父親提出了兩種可能方案。

第一方案，卽裁掉外銷課，避免有名無實之弊。

第二方案，卽擴充營業部門，讓營業部門不僅營銷本公司之成衣製品，而且代理進出口。

當然，第一方案不得父親之歡。

但是，第二方案，却是輕舉妄動不得，因爲，公司原本以生產部門爲主，這一方案採行之後，則反以營業部門爲主，以生產部門爲輔，公司卽草創不久，若有如此翻天覆地之變，股東們必惶恐不安，尤其是各部門經理之心情，更是激動不已，認爲咱父子有奪權專制之嫌。此一方案拖了好久，直到民國五十五年，本公司成衣之營業狀況不見改善，父親乃毅然買下反對股東之股份，而改變組織之型態。

但爲顧及生產經理及總務人事經理之顏面，而保持公司內部權力結構之均衡，仍將營業部門與此兩部門併列，如下頁之圖所示：

此時，組織最大的改變，乃在外銷課。外銷課之下，附有四個單位：

（一）報關組
（二）船務科

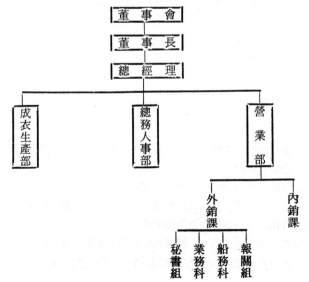

（三）業務科

（四）秘書組

換句話說，外銷課已有一般國貿公司之雛形。很奇妙地，此時拓展本公司成衣已不是外銷課的主要任務，相反地，代理國內廠商的出口，以及國外廠商的入口，倒是本課之主要任務。外銷課成了本公司之重心所在！

高總經理點了根香煙，繼續說：「唉！這種組織的畸形發展實在困惑了我好幾年，一個外銷課長所負之職責竟數倍於生產經理，總務人事經理，實在不像話！組織權力結構的僵硬，竟會造出如此的笑話！我必須等待機會，好好整頓一番。」

二、組織之現況

§1　組織之整體概況

高總經理接著說：「這種不合理的情況，一直到民國58年左右，當時身為總經理的表舅舉家搬往巴西之後，雖然提走了本公司部份資本額，但卻給我帶來了改革的機會。與董事長（家父）商議之後，決定由家父退休，而由主管成衣生產部之經理，即我姑丈，接任董事長之位，而我接總經理之位，再將組織調整如下頁之圖：

組織經此調整之後，很明顯地，原來的生產部門現已取消，而改組為生產課，隸屬於入口部之下，所製成之成衣，除供內銷外，有時亦供外銷。

此時整個組織體系，由四個平行部門所構成，即：

（一）入口部

（二）出口部

（三）財務部

（四）人事部

當然，入口部及出口部乃是本公司之主要部門。

財務部內設財務經理一名，及財務幕僚專才若干人，統籌全公司之財務事宜。

人事部內設人事經理一名，及人事幕僚若干人，統籌全公司之人事事宜。」

§2　出口部概況

出口部經理，郭先生說：「本公司之執行部門，主要為出口部及入口部兩者；而出口部之歷史遠較入口部為早。在早期之外銷課時代，我是業務科的科長，當時的外銷課，乃以出口為主要業務。」

雖然公司自創立迄今，都以國際行銷為主要任務，但是組織結構卻歷經多次調整，就現在而言，本部門主要包括四大部份：即：

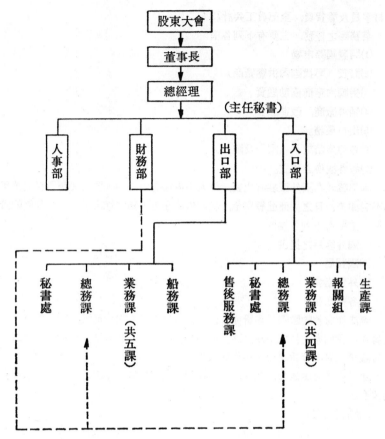

（一）業務課（共五課）

（二）船務課

（三）總務課

（四）秘書處

本部門乃以業務課為重心，包括五個平行之課:

(A) 日韓業務課（課長 1.業務員 9.打字 2.驗貨 2.）

(B) 美加業務課（課長 1.業務員 13.打字 3 驗貨 2.）

(C) 中南美業務課（課長 1.業務員 6.打字 2.驗貨 1.）

(D) 東南亞業務課（課長 1.業務員 10.打字 2.驗貨 2.）

(E) 中東及非洲課（課長 1.業務員 8.打字 2.驗貨 2.）

業務各課設課長一人，各課之業務員由最少之 6 人至最多之13人，另外各課有打字員及驗貨員，全部員工共計72人。

業務課之任務，主要有下列各項：

(1)開發國際市場

(2)訂貨（尋找國內供應廠商）

(3)對國內廠商協助融資

(4)輔導廠商，改進品質

(5)出口業務。

(6)各種索賠業務（國內及國外）

(7)海外機構之建立。

本部雖然在國外派駐有代表，但人手極爲有限，因此關於情報資料之蒐集，仍不能如美、日之大商社般齊全，我們無法在國外獨立作市場調查，我們的資料來源，主要有下列各端：

(1)國外客戶之提供

(2)國貿局

(3)外貿協會

(4)各種商會

無法作有效的國際行銷研究，使我們難以與日本之大商社抗衡，卽使是新興的韓國，我們亦有招架不住之感。每週，我們舉行一次會議，將所得到之資料，於會議桌上討論分析之後，再作成決策。

除了上述之困難外，在國內我們亦面對很強的競爭壓力，本公司的主要競爭對象有：

(1)國貿公司

　　就臺北市而言，現在大大小小的國貿公司或代理商就有一萬家之譜，諸如常聞的有高林公司，林邁公司等等。

(2)製造廠商

　　許多大廠商，往往自營外銷，他們往往可以比我們較低的價格出口貨物，這是我們的一種重大打擊。

各業務課所營運之產品及外銷地區，大致可分類如下：

(1)紡織品或成衣——

　　主要銷往美、加及歐洲各地

(2)建材及五金

　　主要銷往中東及東南亞，次爲美加。

(3)機械、器材及零件——

　　主要銷往中東、東南亞，次爲中南美及非洲各地。

(4)食品罐頭類——

　　主要銷往日本、東南亞及中東。

(5)其他產品，如塑膠、化工原料及雜貨等——世界各地均有。

一般而言，各業務課平常所採用之交貨條件有下列三種形式，卽:

(1)訂金預付方式。

(2)L/C 轉讓。

(3)信用方式。

至於訂價方面，一般皆以 F.O.B. 報價方式，有時也採用 C&F 或 C.I.F之方式。

一般所採取之推銷方式，主要有下列數種:

(1)透過國外客戶之介紹。

(2)駐外單位人員之直接商洽。

(3)書信推廣。

(4)樣品寄送及介紹。

很顯然地，業務課是本部門的重心，但卻有其先天不足之處，這是自由中國國貿界之通病。

除五個業務課外，還有船務課，設課長1人，裝船業務員3人及打字1人。本課之主要任務可列述如下:

(1)安排船、（或車、機）期

(2)簽訂船（車、機）位

(3)出口裝船

(4)保險業務

(5)報關業務

船務課最常碰到的問題，是與運輸公司的協調不當，以及海上損失之索賠紛爭。而最令我們頭痛的是倉儲問題。就實質而言，我們幾乎沒有自己的實體分配系統，我們出口的運輸工具，不管是陸運，空運及水運，我們都只能聽命於他人，更糟糕的，是倉儲問題，若遇有船期擔誤，則倉儲問題可叫我們忙得團團轉。

至於總務課，設課長1人，助理1人，會計1人及出納2人。本課之主要任務有:

(1)各種收支預算之編製

(2)審核各項投資計劃

(3)融資業務之審查

(4)薪資獎金之發放

(5)其他各項出納

秘書處，內設執行秘書1人，統籌本處全盤事宜，另有打字秘書2人，押滙員2名。

秘書處之任務，主要有下列各項：

(1)協助經理處理一切行政業務。

(2)各種押滙手續之承辦。

(3)文件收發。

(4)電信與電報之收發。

(5)接待事務。

整個出口部之概況正如前所述。郭經理接著說：「就整體而言，我們是其他製造廠行銷通路中的一環，但就自身個體而言，我們應如日本、韓國的大商社一樣，必須發展自身的行銷情報系統及實體分配系統，否則，不但難以與日韓在國外競爭，甚至有時會受制於國內大廠商。」

§3 入口部概況

入口部經理，趙先生說：「在公司之早期，我是內銷課的課長，當時的內銷課，主要是以推銷本公司所產製之成衣爲首要任務，後來營業部擴充營業範圍之後，亦有時進口國外貨品，經由我來對內推銷。」

民國五十九年，公司內部改組之後，由於本公司幾乎把營運重點放在國際貿易之上，把原來名不符其實的生產部門裁掉，另成立入口部，而將生產課附屬於本部門之下，入口部之下，附有這一個生產課，讓人看來難免怪怪的，因爲它既不是入口貨，而且有時還大批出口呢？

當然本部門最主要的乃是業務課。類似的業務課共有四個，卽：

（一）機器課——

設課長1人，助理2人，秘書1人，另位推銷員27名。

主要乃是進口美、日之事務機器、鋼琴及一些國內無法生產的精密儀器。

關於這類產品，在北區我們是採取直接推銷，由推銷員按照計劃，對可能購買者進行遊說。

（二）器材課——

設課長1人，助理3人，另外推銷員24名。本課主要是進口車材、零件、器械等產品。

如同機器課一樣，本課所進口之器材，在北區我們是採用銷售人員直接推銷，而其他各區，則尋求經銷商代理。

（三）百貨課——

設課長一人，助理2人，另外推銷員30名。本課主要是進口歐美之化裝品、布料、裝璜、以及服飾品。

關於這類產品，我們只在北部地區進行推銷，對象爲各百貨公司及百貨行。

（四）化學品課——

設課長1人，助理2人，另外推銷員21名。本課進口之產品，主要是歐美及日本的化學藥品以及工業原料。

關於產品之推銷, 在北區採人員直接銷售, 在中、南部則找經銷商代理。

關於業務課的任務, 歸納而言, 主要有下列各項:

(1)進口貨物之採購。

(2)進口貨之驗收。

(3)市場調查及分析。

(4)國內行銷網之建立。

業務課所面臨之最大問題, 是關於驗貨的問題, 因爲進口各式各樣具有技術性的產品, 其品質好壞, 非行家難以判斷, 這種情況在機器課及化學藥品課最常出現。

另外, 我們的行銷網尙不十分健全, 尤其是中、南部一帶, 我們有鞭長莫及之嘆! 而推銷員人事流動之大, 更是困擾我們, 假設公司財力夠雄厚的話, 我想我們應該在中、南部設立分支機構。

入口部之報關組, 內設主任1人, 打字員2名, 及報關員3名。

報關組之任務、主要有下列:

(1)進口貨物之報關、通關及提貨。

(2)倉儲處理。

(3)運輸的分派。

(4)保險業務處理。

(5)索賠紛爭處理。

總務課, 設課長1人, 助理1人, 會計1名, 及出納2人。

(1)各種收支預算編審。

(2)對外開發信用狀。

(3)協調銀行融資。

(4)信用調查。

秘書處設執行秘書1人, 秘書2人。其任務與出口部之秘書處大致相同。

由於本公司所進口之產品, 很多是高度技術性的產品, 尤其是機器及化學藥品方面, 因此, 售後服務成爲本部門之一重要任務, 本部門於民國61年設立售後服務課。

售後服務課, 設有課長1人, 技術員5人。

本課之任務, 主要有:

(1)售後定期檢修。

(2)技術指導。

比起出口部門, 我們所面對的問題可說是比較單純一點。趙經理繼續說: 「

「但是，我仍不滿意現時之行銷狀況，我應著手建立起一個有效的行銷制度，俾便對各種銷售業務作進一步的控制。」

三、組織之遠景

高總經理說：「就國內而言，雖然本公司算是已稍具規模之國際性公司，但是我們比不上美、日之大製造廠商，他們大批設廠，大量生產，自設國際行銷部門，產銷一致，就其所產製之產品，我們難以與他抗衡，因爲我們沒有廠，我們的產品必須向其他廠商批過來，若是批貨廠商之成本比國外不低，則我們休想在國外與人競爭。家父早先卽希望這個公司能成爲『產銷一致』的像樣公司，但這談何容易！」

接著說：「單就以貿易商而言，本公司與日、美之大商社亦是難以相提並論，不像他們有自己的國際行銷情報系統，更沒有能夠有效控制的自己實體分配體系，樣樣仰人鼻息，受制於人，也因此，我們對國內的廠家，提不出較強的反制力，甚至有時亦受制於某些廠家。」

目前，政府正極力促成大貿商之設立，這種政策，對我們來說，到底是一種機會？還是一種威脅？公司內的同仁，亦是見人見智，衆說紛紜。

儘管面對上述種種問題，但是，我還是認爲我們應該有理想，卽使這理想在最近的將來可能還可謂是幻想，不過，不管是幻想或理想，它總可以提供我們努力的方向，賦予我們奮發前進的活力，因此，我常將兩種美好的遠景，放在腦海裡，這兩種美景是：

㈠如家父之理想，自行生產、自行營銷，建立一個名符其實的國際性大公司。

㈡發展成一個專門從事貿易代理的大商社，在海外成立分支機構，建立自己的行銷情報系統，及自己的實體分配系統。

當然，上述兩種期望，就本公司現況而言，近於空幻，因爲其必須有雄厚的資本及足夠的人力資源，但是，我一直將它們當成我的理想，卽使是幾十年之後，我也要努力，要促其實現。

本個案問題

1. 從國際行銷之觀點檢討本公司現有組織之優劣點。
2. 如何改進組織。
3. 從國際行銷觀點，論大貿易商之前途。

第三篇　國際行銷環境

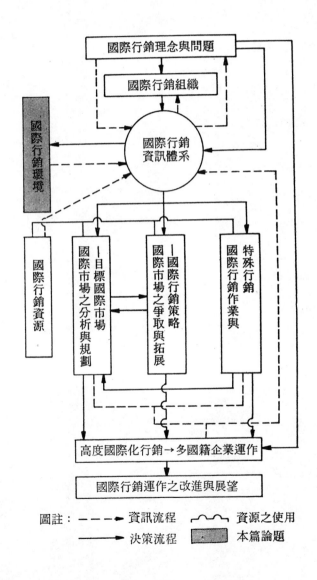

圖註：　- - -→ 資訊流程　〰〰 資源之使用
　　　　　──→ 決策流程　▨ 本篇論題

第三章 國際行銷之政經法律環境

- 國際行銷環境之認識
- 政治環境與國際行銷
- 經濟環境與國際行銷
- 法律環境與國際行銷
- GSP與CBI與我國臺灣地區國際行銷
- 加勒比海盆地方案對我國國際行銷運作上之策略涵義

第一節 國際行銷環境之認識

國際行銷與國內行銷最大的差異，乃在當企業行銷活動涉及兩國或兩國以上時，國際環境因素將使行銷作業較爲繁雜，營運較難控制。企業行銷活動延伸至外國時所面臨之國際政經法律環境，對企業有正面亦有負面之影響。如廠商能徹底了解所面臨之環境，將有助於行銷機會之掌握及運用。行銷環境涵蓋的層面及幅度相當繁複，諸如政經、法律、社會文化等等因素，表 3-1 顯示世界貿易在短短四十多年之間，有驚人的成長 ❶，出口達 1.99 兆美元，進口達 2.02 兆美元。

---

❶ Ruel Kahler, *International Marketing*, 5th Ed., (Cincinnati, Ohio: Southwestern Publishing Co., 1983), p. 27.

表 3-1 世界貿易的成長

單位：百萬美元

	1938	1948	1958	1968	1980
出口（F.O.B.）					
全世界	22,700	57,500	108,600	239,700	1,986,670
已開發地區	15,100	36,600	71,400	168,700	1,274,300
開發中地區	6,000	17,200	24,900	43,700	555,000
中央計劃經濟地區 （如歐洲、蘇聯）	1,600	3,700	12,300	27,300	157,370
進口（C.I.F.）					
全世界	25,400	63,500	114,500	252,300	2,022,200
已開發地區	17,900	41,200	74,100	179,300	1,428,400
開發中地區	5,800	18,600	27,600	45,300	432,400
中央計劃經濟地區 （如歐洲、蘇聯）	1,700	3,700	12,800	27,700	161,400

資料來源：Ruel Kahler, *International Marketing*, 5th Ed.
(Cincinnati, Ohio: Southwestern Publishing Co., 1983), p.27.

表 3-2 顯示美、加、日、英、德、法、蘇等國，自1938至1980年出口值佔世界出口值的比率更迭情形❷。

表 3-2 選擇國出口狀況

	1938	1948	1958	1968	1978	1980
世界出口	100.0%	100.0%	100.0%	100.0%	100.0%	100.0%
美　國	13.5	21.8	16.3	14.3	10.9	11.0
加拿大	3.8	5.4	4·6	5.3	3.6	3.2
法　國	3.9	3.7	5.0	5.3	5.9	5.6
西　德	—	1.4	8.7	10.5	11.0	9.7
英　國	12.1	11.5	8.8	6.4	5.6	5.8
日　本	4.7	1.2	2.6	5.4	6.1	6.5
蘇　聯	1.1	2.3	4.0	4.4	3.9	3.8
其　他	60.9	52.7	50.0	48.4	53.0	54.4

資料來源：Ruel Kahler, *International Marketing* 5th Ed.
(Cincinnati, Ohio: Southwestern Publishing Co, 1983), p. 28.

❷ 同註❶，第28頁。

對於國際行銷環境的變動如能確實掌握，定有助於擬定國際行銷策略組合，無形中也增加了成功的機會。本章附錄爲東南亞國家的外貿環境分析及我國與東南亞諸國之貿易情形，可供讀者參考，舉一反三。

第二節　政治環境與國際行銷

國際行銷的政治環境包括任何可影響一企業營運的國內外政治因素。政治環境不僅於決定在某一國家投資時重要，對於日後該企業在地主國的營運亦很重要。無論企業的產品、訂價、促銷或配銷政策，均會受到地主國政治環境的影響。

企業該如何解決因政治環境所產生的問題？首先就是要設法熟知環境。企業可利用地主國的定期刊物、專門的資訊服務機構等取得所需的資訊。

對一個企業而言，在地主國最好保持中立，政治介入只會對企業產生負面影響。另外，事先爲企業在各種政治環境下模擬各種應付的辦法，亦爲管理階層應注意之事。

由於國際行銷涉及多國關係，有效之承保作業通常要靠政府以及民間聯合機構始能收到良好效果。美國進出口銀行（Export-Import Bank 簡稱 Eximbank）在承保國際政治風險上，負有巨大之功能，繳 0.1% 之年保險金，廠商可獲最高至95%之風險損失賠償[3]。我國新近成立之進出口銀行，除對外銷廠商，進出口貿易商作融通資金及有關輔導業務外，可望承保業務之大力推展——尤其是承保政治風險。

[3] Philip R. Catcora and John M. Hess, *International Marketing* (Homewood, Illinois: Richard D. Irwin, Inc. 1975), p. 130.

一般民營保險公司雖對外銷廠商作小幅度之保險作業，對政治風險之保險作業尚付闕如。

廠商營運作風與營運技術亦可大大地減少政經法律風險，諸如較精確之售量預測、 政經法律變動之究析與判斷、 在地主國之用人作風，建立廠商在地主國之優異形像（image）等等。

許多經驗豐富之廠商認爲如果廠商能在地主國建立優異之商譽與公司形像（Corporate Image），則可贏得地主國公衆之支持而減少政治風險。下列數端可供國際行銷主管之參考❹：

1. 國際行銷人員在地主國純係具有 "特權" 客人，應在行動舉止上，處處留意，避免侵犯地主國之一切規定。

2. 廠商之營運應兼顧地主國之國民以及國家之利益。

3. 廠商切忌營運之全部母國化。

4. 行銷人員應具有優秀溝通能力，建立良好之公共關係。

5. 適度之捐獻以及對地主國地方性建設之貢獻，誠屬一良好之 " 無形推銷人"。

6. 營運上避免坐鎮母國管轄由地主國國民主管之分公司或分處。

政經法律之風險亦依不同產品而異。業者應盡量避免具有下列性質之產品:

1. 具高度危險性: 諸如容易爆炸，容易腐敗破損等等。

2. 與地主國直接針鋒相對，在市場上競爭者。

3. 使用上具有繁雜法律之限制者。

4. 具高度國防軍事價值者。

5. 對下游產業具高度重要性者。

---

❹ 見 "Making Friends and Customers in Foreign Lands," *Printer's Ink,* Junes, 1960, p. 59.

6.使用多量地主國資源之產品。

第三節　經濟環境與國際行銷

壹、國際區域經濟組織（區域市場）對國際行銷之影響

溯自一九五七年羅馬協定(Treaty of Rome)簽訂而於一九五八年歐洲，六發起國正式成立了舉世觸目之第一個區域市場稱之歐洲共同市場後（European Common Market 正式名稱爲 European Economic Community 於一九七三年元月再增三國，最近希臘及土耳其加入後已有十一個國家之多，諒不久以後，西班牙將會加入），區域性經濟團結風氣，如雨後春筍，日日增強。現今比較著名之區域性經濟團結，顯現出三種不同組織——共同市場、關口聯盟（Custom Union）以及自由貿易區（Free Trade Association）。表 3-3 包括一些重要之共同市場、關口聯盟，以及自由貿易區之參與國與其名稱。此種區域性市場之形成還在繼續生長中。區域市場之形成當然對參與國言係一種有利因素，但從非參與國觀點着論，利弊參差。就其弊點言，最嚴重之困擾乃爲區域市場及關口聯盟區本身所築成之重厚圍牆——對外之「保護性」關稅以及排外性種種措施。舉如中美共同市場（Central American Common Market）之對外關稅平均額曾經高到 75% 左右❺。又如加勒比自由貿易區 （Caribean Free Trade Zone）之對某特定國拒絕通商等等各有其不同抗拒陣勢。此種區域性團結所造成之困擾，除了順應其規定外，個體企業單位，並

❺ 根據美國海外企業報導第七〇卷第六六期(U.S. D. C. *Orersea Business Report. OBR* 70-66. Washting)。

無特別有效「武器」或「妙策」對付，因此通商營運之前應該對參與國之情況以及區域市場之種種規定加以了解，庶不致於事倍功半，徒費心機。好在目前之發展，似乎向削減圍牆之途徑進展。區域與區域之間也似乎正朝區域間合作之方向邁進，殊足欣慰。

表 3-3 重要國際區域性經濟團結組織形態以及參與國

組 織 形 態	特　　　　徵	參　　　與　　　國
歐洲共同市場	資本、勞力、以及貨物在區域市場內可以自由流動，對區域外之通商建立共同之防禦。	比利時、法國、義大利、荷蘭、盧森堡、西德、英國、愛爾蘭、丹麥、希臘、土耳其等國
中美洲共同市場	同　　　上	哥斯達黎加、瓜地馬拉、宏都拉斯、尼加拉瓜、薩爾瓦多等。
安地安共同市場	同　　　上	波利維亞、智利、哥倫比亞、秘魯、厄瓜多爾等。
阿拉伯共同市場	同　　　上	伊拉克、科威特、伊朗、敍利亞、沙地阿拉伯等。
歐洲自由貿易區	貨物可在區域內自由流通，惟資本與勞力之流動仍受限制。對區域外，無共同防禦。	奧地利、丹麥、冰島、挪威、瑞典、英國、瑞士、葡萄牙等。
拉丁美洲自由貿易區	同　　　上	阿根廷、巴西、哥倫比亞、巴拉圭、烏拉圭、厄瓜多爾、墨西哥、秘魯、智利、委內瑞拉等。
加勒比自由貿易區	同　　　上	多明尼加、蓋亞拿、聖露易、牙買加等。
南非關口聯盟	貨物可在聯盟自由流通，資本與勞力之流動仍有限制，聯盟內建有共同之對外通商防禦。	南非聯邦、波扎那、賴索托、斯威治蘭等。
東協五國	貨物之流通藉優惠關稅擴大聯盟內有共同對外通商之防禦。資本及勞力之流動藉工業合作以加強。	印尼、馬來西亞、泰國、菲律賓以及新加坡。

貳、國外市場之膨脹

區域經濟學泰斗羅斯多 (W. W. Rostow) 曾把各國經濟發展情
況分為五個階段[6]——傳統社會、起飛前奏、起飛、成熟、以及高度
消費等等。這些不同階段之發展對國際市場之區分與辨別有十分密切
之關係。一國若由「傳統社會」進入「起飛前奏」,原料物資之生產及
外銷, 資本及科學技藝之輸入成為必然之現象。中東國家北非這些國
家便是此例。一旦進入「起飛階段」, 輕工業開始發展, 消費品之生
產, 如農產品、 食料、 飲料, 一般非耐用品之生產可供給地區內消
費, 但還需賡續輸出原料。科技、 生產資本 (包括生產用重機械及設
備等) 之輸入, 仍甚需要。印尼、 星加坡等國便有此種現象。一到成
熟階段, 一國之生產就達到為所欲為之階段, 不但可生產電視、 冰
箱、 汽車等耐用消費品, 而且可生產重機械類。既成品之輸出逐漸增
加。又由於國民所得之不斷增加, 輸入量亦增加, 我國、韓國, 現正
在此階段中。充分成熟之經濟便顯出高度消費之境界。如斯基於經濟
生產之必然趨勢, 各國有其不同市場, 這些市場往往只有他國才能供
應。尤其經濟不斷生長結果, 部份國家發現到某項類產品或原料之國
內市場漸達飽和狀態, 而另一部份國家發現到彼等對該項類產品有急
切之需求, 這當然是一種非常巨大之國際營運助長原動力。

週來我國臺灣地區之經濟成長, 舉世矚目, 業已造成國際營運之
理想環境, 乃為每一企業家所應慶幸之事。誠如美國商業部次長大謀
(John K. Tabor) 所言, 中華民國之傑出經濟生長供給了美國廠商

---

[6] 羅斯多之經濟發展階段曾出版於其名著 *The Stages of Economic
Growth*, London: Cambridge University Press, 1960.

們之良好外貿機會❼。弦外之音是臺灣之經濟生長乃爲國際營運之助長動力──自然之動力。自民國五十年至七十年，我國國民所得成長之情況可從表 3-4 及圖 3-1 窺其一斑。至於表 3-5 所列之資料爲一九七九年歐市九國、美、日及我國之人口、國民生產毛額及平均每人國民生產毛額，表 3-6、3-7 分別爲我國七十三年出口及進口主要貨品金額比較表；表 3-8 爲我國與主要國家（地區）貿易額之分析，可供讀者作參考比較之用。

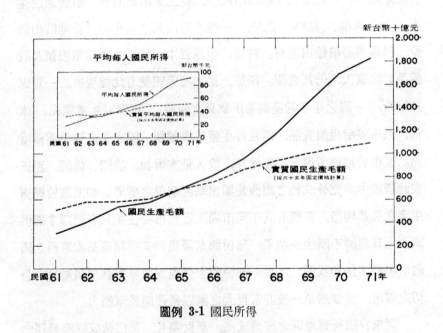

圖例 3-1 國民所得

資料來源：中華民國七十一年中央銀行年報（臺北：中央銀行經濟研究處，民國72年3月印行），第37頁。

❼ 據美國「今日商業 *Commerce Today,* April 29, 1974 次長論談」今日商業月刊相等於台貿月刊。內容充實有許多外貿機會報導。

表 3-4 國 民 所 得

年 別	國 民 所 得 (單位：新台幣百萬元)		平 均 每 人 所 得 (單位：新台幣元)	
	按當年價格計算	按六十五年固定價格計算(已調整貿易條件變動損益)	按當年價格計算	按六十五年固定價格計算(已調整貿易條件變動損益)
民國50年 (1961)	65,214	162,033	5,666	11,078
51 (1962)	71,806	176,109	6,056	14,853
52 (1963)	81,288	196,267	6,657	16,074
53 (1964)	95,073	223,220	7,563	17,758
54 (1965)	104,844	240,229	8,110	18,582
55 (1966)	117,526	262,773	8,848	19,783
56 (1967)	135,587	290,365	9,957	21,324
57 (1968)	157,796	316,504	11,316	22,697
58 (1969)	182,641	348,526	12,804	24,434
59 (1970)	209,985	387,166	14,417	26,582
60 (1971)	243,889	434,859	16,407	29,254
61 (1972)	291,822	492,296	19,272	32,512
62 (1973)	378,577	551,561	24,540	35,753
63 (1974)	508,294	540,993	32,357	34,438
64 (1975)	540,079	558,598	33,753	34,910
65 (1976)	644,479	644,479	39,468	39,468
66 (1977)	748,417	702,549	44,920	42,167
67 (1978)	890,874	785,817	52,485	46,295
68 (1979)	1,072,790	846,677	61,986	48,921
69 (1980)	1,334,182	879,139	75,625	49,832
70 (1981)*	1,576,595	918,899	87,770	51,160

資料來源：中華民國臺灣地區經濟統計圖表（臺北：中央銀行經濟研究處，民國71年6月編印）第2頁。

表 3-5 歐市九國、美國、日本及中華民國之人口、
國民生產毛額及平均每人國民生產毛額
(1979年)

	人口 （百萬人）a	G N P （十億美元）b	平均每人 GNP （美元）c
比 利 時	9. 85	117. 40	11,919
丹 麥	5. 12	63. 68	12,439
法 國*	53. 28	512. 05	9,610
西 德	61. 34	805. 66	13,134
愛 爾 蘭	3. 36	15. 28	4,549
義 大 利	56. 91	334. 87	5,884
荷 蘭	14. 03	156. 53	11,156
英 國*	55. 84	333. 43	5,971
盧 森 堡	0. 36	4. 46	12,387
歐市九國合計	260. 09	2,343. 36	9,010
美 國	220. 58	2,368. 80	10,739
日 本	115. 87	924. 40	7,978
中 華 民 國	17. 48	32. 30	1,850

資料來源: 吳榮義等撰，如何拓展我國對歐洲共同市場貿易問題之研究
（臺北：行政院研究發展考核委員會民國70年12月編印），第 9 頁。

a、年中人口。

b、把各國GNP 以當年市場之匯率換算成美元。

c、由GNP除以人口而得。

* 1978年資料，其餘為1979年資料。

表 3-6 出口主要貨品金額比較（累計）

金額單位：百萬美元

貨品名稱	本(73)年1至12月		上(72)年1至12月		增減比較	
	金額	%	金額	%	金額	%
合計	30,457.0	100.0	25,122.7	100.0	5,334.3	21.2
1.主要初級產品	437.1	1.4	410.0	1.6	27.1	6.6
(1)水產品	287.7	0.9	285.2	1.1	2.5	0.9
*(2)農產品	149.4	0.5	124.8	0.5	24.6	19.7
2.主要製造業產品	26,181.2	86.0	21,280.6	84.7	4,900.6	23.0
(1)電子產品	5,172.1	17.0	3,777.3	15.0	1,394.8	36.9
(2)紡織品製成衣	3,398.4	11.2	2,706.4	10.8	692.0	25.6
(3)紗、布類	1,859.6	6.1	1,549.9	6.2	309.7	20.0
(4)鞋類	2,320.6	7.6	1,924.9	7.7	395.7	20.6
(5)玩具、遊戲品、漁獵用具及運動用品(鞋類除外)	1,811.0	5.9	1,507.3	6.0	303.7	20.1
(6)製材、合板、家具及木製品(鞋類除外)	1,285.2	4.2	1,241.5	4.9	43.7	3.5
(7)金屬製品	1,739.9	5.7	1,354.2	5.4	385.7	28.5
(8)機械工具	1,143.4	3.8	966.1	3.8	177.3	18.4
(9)運輸工具(鞋類除外)	1,206.8	4.0	1,023.1	4.1	183.7	18.0
(10)塑膠製品(鞋類除外)	1,164.0	3.8	844.2	3.4	319.8	37.9
(11)電機及電器(家用電器及電子產品除外)	656.6	2.2	534.9	2.1	121.7	22.8
(12)鋼鐵	654.7	2.1	632.4	2.5	22.3	3.5
(13)石油煉製品	540.6	1.8	455.6	1.8	85.0	18.7

（前十名）

資料來源：中華民國進出口貿易統計月報（臺北市：財政部統計處民國74年印行），表 5-2。

金額單位：百萬美元

表 3-6（續） 出 口 主 要 貨 品 金 額 比 較 （累計）

貨品名稱	本(73)年1至12月		上(72)年1至12月		增減比較	
	金額	%	金額	%	金額	%
(14)家用電器	749.6	2.5	541.0	2.2	(＋)208.6	38.6
(15)紡織品及其有關製品（成衣、鞋類及紗布類除外）	417.2	1.4	344.5	1.4	(＋)72.7	21.1
(16)食品罐頭及已製食品（洋菇、蘆筍罐頭及飲料、蔬類除外）	294.1	1.0	278.4	1.1	(＋)15.7	5.6
(17)陶瓷瓦器	338.2	1.1	270.0	1.1	(＋)68.2	25.3
(18)鐘表	197.0	0.6	195.1	0.8	(＋)1.9	1.0
(19)光學儀器及攝影器材	318.4	1.0	259.7	1.0	(＋)58.7	22.6
(20)橡膠製品（鞋類除外）	209.0	0.7	192.1	0.8	(＋)16.9	8.8
(21)糖及糖製品	36.1	0.1	46.5	0.2	(－)10.4	22.4
(22)紙漿、紙及紙製品	96.7	0.3	112.8	0.4	(－)16.1	14.3
(23)玻璃及玻璃製品	176.9	0.6	133.5	0.5	(＋)43.4	32.5
(24)蘆筍罐頭	59.5	0.2	61.8	0.2	(－)2.3	3.7
(25)塑膠原料	81.5	0.3	64.4	0.3	(＋)17.1	26.6
(26)水泥及水泥製品	103.1	0.3	139.6	0.6	(－)36.5	26.1
(27)洋菇罐頭	69.3	0.2	62.1	0.2	(＋)7.2	11.6
(28)非鐵金屬	81.7	0.3	61.3	0.2	(＋)20.4	33.3
3.其他	3,838.7	12.6	3,432.1	13.7	406.6	11.8

資料來源：中華民國進口貿易統計月報（臺北市：財政部統計處民國74年印行）表5-2。

表 3-7　　進口主要貨品金額比較（累計）

金額單位：百萬美元

貨品名稱	本(73)年1至12月 金額	%	上(72)年1至12月 金額	%	增減比較 金額	%
合　計	21,962.7	100.0	20,287.0	100.0	1,675.7	8.3
1.主要初級產品	5,797.1	26.5	6,011.0	29.6	(一)213.9	(一)3.6
(1)原油	3,766.9	17.2	4,094.4	20.2	(一)327.5	(一)8.0
(2)木材	433.9	2.0	462.9	2.3	(一)29.0	(一)6.3
(3)玉米	475.5	2.2	489.8	2.4	(一)14.3	(一)2.9
(4)大豆	438.1	2.0	370.2	1.8	(一)67.9	18.3
(5)原棉	423.9	1.9	328.2	1.6	95.7	29.2
(6)麥類	186.7	0.9	202.0	1.0	(一)15.3	(一)7.6
(7)羊毛	72.1	0.3	63.5	0.3	8.6	13.5
2.主要製造業品	13,409.8	61.2	11,816.5	58.1	1,593.3	13.5
(1)機械	2,168.2	9.9	1,877.5	9.3	290.7	15.5
(2)電子產品	2,428.0	11.1	1,753.7	8.6	674.3	38.5
(3)化學品（塑膠原料、人造纖維、染料顏料、藥品及石油煉製品除外）	2,035.5	9.3	1,850.1	9.1	185.4	10.0
(4)鋼鐵	1,306.4	5.9	1,099.0	5.4	207.4	18.9
(5)運輸工具	640.5	2.9	1,000.2	4.9	(一)359.7	(一)36.0

資料來源：中華民國進出口貿易統計月報（臺北市：財政部統計處民國74年印行），表6-2。

表 3-7 (續)　進口主要貨品金額比較（累計）

金額單位：百萬美元

貨品名稱	本(73)年1至12月		上(72)年1至12月		增減比較	
	金額	%	金額	%	金額	%
(6)食品飲料及菸類	888.1	4.0	782.6	3.9	105.5	13.5
(7)石油煉製品	502.4	2.3	353.2	1.7	149.2	42.2
(8)電機及電器(家用電器及電子產品除外)	617.6	2.8	514.4	2.5	103.2	20.1
(9)非鐵金屬	693.1	3.2	673.2	3.3	19.9	3.0
(10)科學儀器	389.7	1.8	329.0	1.6	60.7	18.4
(11)紙漿、紙及紙製品	349.2	1.6	279.9	1.4	69.3	24.8
(12)塑膠原料	209.4	1.0	217.5	1.1	(-)8.1	(-)3.7
(13)金屬礦石	220.6	1.0	201.5	1.0	19.1	9.5
(14)鐘表	102.7	0.5	117.8	0.6	(-)15.1	(-)12.8
(15)金屬製品	159.5	0.7	149.8	0.7	9.7	6.5
(16)光學儀器及攝影器材	136.0	0.6	131.0	0.6	5.0	3.8
(17)染料、顏料及釉料	173.1	0.8	148.2	0.7	24.9	16.8
(18)藥品	182.4	0.8	161.6	0.8	20.8	12.9
(19)人造纖維	100.6	0.5	83.6	0.4	17.0	20.3
(20)家用電器	106.8	0.5	92.7	0.5	14.1	15.2
3.其他	2,755.8	12.3	2,459.5	12.3	296.3	12.0

資料來源：中華民國進出口貿易統計月報（臺北市：財政部統計處，民國74年印行）．表6-2。

表 3-8 我國與主要國家 (地區) 貿易額之分析 (累計)

金額單位：百萬美元

	本 (73) 年 1 至 12 月				
	出　　口		進　　口		出　超(+)
	金　額	%	金　額	%	或 入 超(−)
合　　計	30,457.0	100.0	21,962.7	100.0	8,494.3
美　　國	14,869.5	48.8	5,042.3	23.0	9,827.2
日　　本	3,186.7	10.5	6,444.6	29.3	(−) 3,257.9
香　　港	2,087.1	6.9	370.4	1.7	1,716.7
加　拿　大	916.6	3.0	400.4	1.8	516.2
新　加　坡	878.4	2.9	268.1	1.2	610.3
西　　德	868.2	2.9	768.1	3.5	100.1
澳　　洲	831.6	2.7	777.7	3.5	53.9
沙烏地阿拉伯	727.7	2.4	1,971.2	9.0	(−) 1,243.5
英　　國	690.5	2.3	294.4	1.3	396.1
荷　　蘭	435.3	1.4	248.8	1.1	186.5
印　　尼	346.4	1.1	423.0	1.9	(−) 76.7
南 非 共 和 國	268.7	0.9	189.4	0.9	79.3
泰　　國	244.8	0.8	140.0	0.6	104.8
馬 來 西 亞	232.1	0.8	550.8	2.5	(−) 318.7
韓　　國	230.5	0.8	244.0	1.1	(−) 13.5
法　　國	229.8	0.8	222.5	1.0	7.3
義　大　利	226.7	0.7	222.0	1.0	4.7
菲　律　賓	190.7	0.6	134.3	0.6	56.4
比　利　時	166.6	0.5	91.7	0.4	74.9
科　威　特	147.5	0.5	727.6	3.3	(−) 580.1
其　　他	2,681.6	8.7	2,431.4	11.3	250.2

資料來源：中華民國進出口貿易統計快報（臺北市：財政部統計處民國74年
　　　　　印行），表 7-2。

參、國際間之經濟合作

國際間之經濟合作除了區域性經濟團結以共同市場，自由貿易區以及關口聯盟方式優惠參與外，兩國或眾多國家間通常可簽訂協約或和約以利通商設廠。此外，爲保護國際企業財產之安全與企業營運國際糾紛之和平處理，國際間業已成立數種機構。諸如巴黎協會(Paris Convention for the Protection of Industrial Property)保護企業產權及財產，倫敦仲裁法庭 (London Court of Commercial arbitration)，國際市商會 (International Chamber of Commerce)，美洲商業仲裁委員會 (Inter-American Commercial Arbitration Commission) 等和平處理國際企業糾紛。一九四七年成立之國際基金會 (International Monetary Fund) 協助減少國際滙率之變動。聯合國許多附屬機構倡導並協助國際區域性之合作及開發。更值得一提者乃爲早在一九四八年由眾多國家（自由國家）簽訂之「貿易及關稅一般協定」(General Agreement for Tariffs and Trade 簡稱 GATT)。緣一九四八年以前一般通商貿易協定大多由兩國國家訂定，至一九四八年後自由國家開始接受眾國協定觀念。參與貿易及關稅一般協定之國家定期（每兩年）舉行商討減少關稅以及其他貿易上之阻力。

自從一九七三年至一九七九年，六年間，在 GATT 總架構下，GATT參與國曾舉行一連串多邊貿易談判,謂之東京回合談判(MTN)，達成下列數項協定：

1. 東京回合關稅減讓。
2. 國際貿易行爲架構。
3. 關稅估價協定。

4. 政府採購規約。

5. 技術性貿易障礙協定。

6. 補貼及平衡稅措施協定。

7. 進口簽證規約。

8. 美國貿易協定權利之執行。

上述各協定內容包羅甚廣，諸如關稅減讓彈性之規定與實施、互惠原則之規定、紛爭解決、關稅、估價方法、政府採購規約、貿易障礙之破除或減少、進口簽證規約、其他稅項之協議等等，均有原則性之申明，對國際行銷當有促進之功能。我國雖自民國五十九年退出 GATT，未能享受 MTN 所達成之協議，仍可透過雙邊貿易談判，享受部份 MTN 所達成協議之好處。我與美國於民國67年12月間所達成之雙邊關稅減讓協議便是其例。今後我應積極爭取雙邊貿易協定，進而爭取再入會 GATT。

國際間之經濟合作，除前述者外，尚有許多不同性質之組織。諸如：英國國協 (The Commonwealth of Nations)，係以英國爲主體之經濟性政治同盟；共產國家之經濟互助會 (Council for Mutual Economic Assistance, 簡稱 COMECON)，以蘇聯爲主體，於一九四九年史太林政權時成立；東協五國 (Association of Southeast Asian Nation, 簡稱 ASEAN)，一九六七年成立以新加坡爲主體，非一馬經濟同盟 (Afro-Malagasy Economic Union)，包括 Chad. Central African Republic、Ivory Coast、Nigel、Togo、Upper Volta 等13國；東非關盟 (East African Custom Union)，由 Ethioria、Kenya、Sudan、Tanzama、Uganda等七國組成；卡薩布蘭加集團 (Casablarrca group) 包括 Egypt, Ghana、Morolco 等四國等等 ❸。這些區域經濟組織中，以前述之歐洲共同市場進口量

最大，早在一九七七年之估計便達 3,131 億美元左右❾。可見歐市市場相當龐大。

第四節　法律環境與國際行銷

如果我國大同公司在泰國設廠，泰國便是地主國。又如吉璋國際有限公司外銷玻璃以及木器類產品至美加地區以及日本，則美國、加拿大、日本等皆為地主國。各不同地主國，基於其經濟發展之需要、政治外交之作風、以及一般消費公衆之習性，對與外人通商建廠之態度自有不同之反應。此種相異反應可歸為下列數項：㈠關稅阻力、㈡非關稅阻力、以及㈢地主國市場阻力等。

地主國往往為㈠保護其本國工商企業、㈡保留其本國之資源、㈢維持其國際政治外交與軍事之優利地位、以及㈣增加國庫收入，對進（出）口產品或原料加以課稅。此種課稅通稱為關稅❿。一般言之，如果地主國要保護其國內工商業之均衡發展，對成品（製成產品）之課稅成為必然之途徑。這當然以進口稅（或關稅）形態出現。若地主國欲保護其本國之資源，則地主國自會對原料之出口課以重稅，而對原料之進口放寬限制，不是減稅就是免稅。對進口物資之課稅輕重，隨不同產品或原料而異。

從國家的立場而言，徵課關稅可使該國的貿易條件得以改善，因

❽ Philip R. Cateora and John M. Hess, *International Marketing*, 4th Ed. (Homewood Ilinois: Richard D. Irwin, Inc., 1979) pp. 397–320.

❾ 同註❽。

❿ 當然在許多情況下，地主國加課關稅之目的為增加國庫收入。但此種單純課稅理由比較少見。雖然如此，課出出口稅之原始原因係增加國庫之收入，此往往在經濟未十分開發之國度裏常見。又關稅一詞，在許多國家諸如美國，只適用於進口稅，原因為，出口稅在美國並無憲法之依據。

爲對進口品徵課關稅，將提高商品的售價，若輸入國的需求彈性較大，在其他條件不變下，則輸入的數量可能因而減少，消費者將轉而購買本國產品，以代替部份進口貨，這種能與進口貨相競爭的產品將擴大生產，增加雇用生產要素，提高貨幣國民所得與就業水準，因而可改善貿易差額，有助於國際收支的改善❶。

表 3-9 美國關域關區一覽

波士頓關域 (Boston Region)	把爾地瑪關域	San Juan, P. R.	洛杉磯關域	Great Falls, Mont
Portland, Maine	Philadelphia, Pa.	Miami, Fla.	San Diego, Calif	芝加哥關域
St. Albans, Vt.	Baltimore, Ma.	紐奧良關域	Nogales, Ariz.	Pembina, N. Dak
Boston, Mass.	Norfork, Va.	Mobile, Ala.	Los Angeles, Calif	Minneapolis Min
Providence, R.I.	Washington D.C.	New Orleans, La	三藩市關域	Duluth, Min.
Bridgeport, Conn.	邁阿米關域	休斯頓關域	San Francisco, Calif	Milwaukee, Wis
Ogdensburg, N.Y.	Wilmington, N.C.	Port Arthur, Tex	Portland, Oreg.	Detroit Mich.
Buffalo, N.Y.	Charleston, S.C.	Galveston, Tex	Seatffe, Wash	Chicago, 111.
紐約關域	Savannah, Ga.	Laredo, Tex	Anchorage, Alaska	Cleveland, Ohio
New York, N.Y.	Tampa, Fla.	EI Paso, Tex	Honolulu, Hawaii	St.Louis, Mo

資料來源：United States Department of Commerce, Highlights of Export
　　　and Imports (Washington D.C.: U.S. Government Printing
　　　Office, 1974), p. 126.

❶ 魯傳鼎著，國際貿易（臺北：正中書局民國66年印行），第28~31頁。

但是從消費者的立場而言，唯有降低關稅稅率，使進口貨的價格下跌，輸入數量增多，消費大眾才能得到更多的消費滿足。對生產者，則由於關稅的課徵致使國內物價的上漲，進口數量的減少，刺激廠商擴大生產，獲取利潤。

自一九七二年來美國面臨木材原料之短缺，對原料木材（原材）之進口以免稅鼓勵（最近國會又正擬訂把尺度加以放寬）。論及出口稅，對出口物資加以課稅之例子，現今並不稀罕。智利（Chile）對原銅之出口加課重稅，中東諸國對原油之輸出加以出口稅便是加課出口稅之現例（當然中東諸國對出口原油加稅，除了保護其本國之資源外，帶着十分濃厚之政治色彩）。驗關課稅之任務通常是屬於稅關機構，但有些國家如美國，對小宗郵寄貨品之收稅，係由郵政機構代辦。臺灣地區對美輸出佔總輸出成數最高，一般企業家須對美國關域及其管轄區域知道清楚。表3-9列舉了全美地區總共九關域（Custom Regions）四一關區（Custom districts）分佈概覽以供參考⓬。有關比較詳盡之向美輸出重要資料，讀者可逕函下列地址廉價索得備用。

Foreign Trade Division
United States Department of Commerce
Washington, D. C. 20230
Commissioner of Custom
United States Treasury Department
Washington, D. C. 20226

我國民國七十年對美輸出，據海關統計資料，佔總輸出總值之

⓬ 有關比較詳盡之關區關域所進出口統計資料，美國商業部定期在其進出口摘要裏刊報。(Highlights of Exports and Imports by U. S. Department of Commerce).

36.1%；而從日本輸入佔輸入總值之 28.0%⓭。同年我國從美國之輸入佔輸入總值之 22.5%；對日本之輸出佔輸出總值之11.0%⓮。就進出口情形而言，我國之貿易顯然仍超過依賴美、日兩國。對美、日兩國之輸出佔輸出總值之約半數(50.5%)。因此廠商對美、日兩國之政經結合，要特加細心研究，及時取得正確資料，始能增加應變能力。

　　美日兩國，一如其他各國政經法令之變動，雖然較文化──社會以及自然因素之變動，論速度與頻率當然緩慢，但較易掌握，靜、動態資料。下列資料通常較易獲得，同時我國政府以及民間拓展貿易機構（如外貿協會、進出口同業公會、國貿局等等），　均已積極以各種刊物登載提供業者參考。

　1. *我國損失或可享受增加優惠產品項目*

　　　此乃地主國，特別是美、日兩國，提供開發中國家輸往產品之優惠關稅（Generalized System of Preference, 簡稱 GSP）產品項目。優惠產品在有效年度，均可免稅進口。在美國 GSP 有二種限制。一爲競爭需要之限制（如進口市場佔有率: 50%以下或年度內不超過 5,000 美元等）。另一爲競爭需要之『主觀』認定取消之限制──謂之 GSP 畢業政策。上述限制通常於每年三月認定公佈。

　2. *海關以及國際貿易法令*

　　　海關以及國際貿易法令相當複雜，包括貿易區、關域包裝文件、關稅之估計、分類、標示、反傾銷等等。附錄二所示者爲美國海關法與國際貿易法之簡介，可供國際促銷人員之參考。

⓭ 中華民國對外貿易發展概況（臺北市: 經濟部國際貿易局民國71年編印），第16～17頁。

⓮ 同註⓭。

3.限地採購之規定

地主國往往為平衡貿易，節制消費品之輸入，規定何種產品必須在規定地區採購。

4.配額之施行

地主國往往為保護國內之工商業，或平衡貿易，採取限額輸入。此種限額輸入之規定，依供應國對地主國之競爭威脅程度而異，惟一般而言，配額之施行標準與上述 GSP 之限制相仿。

地主國非關稅阻力，其大小型態，五花八門，時效之變動甚大。除有關地主國市場阻力因素（待述）外，此種非關稅阻力大致起源於地主國政府，或民意與企業聯會而反映在其對國際企業活動之政策、態度、與行動上。

非關稅阻力可以國有化之型態出現，如數年前秘魯（Peru）與智利（Chile）所採取之行動便是。此種將外人投資企業收歸國家經營之措施乃為一種非常嚴重之阻力。不管國有化之過程是否和平緩和，外人投資之損失甚大。憶彼時智利通貨膨脹達百分之百以上，智利政府對外資之補償以分期償還與政府公債抵補方法實施，結果數年後，外資冲淡至不可思議之程度。國有化阻力具有十分濃厚之政治色彩，是故只有依賴政府之力量方能去除此種色彩。

有些國家，如印尼（Indonesia），國際營運政策時常改變，管制外人投資條例又嚴格，加上外人只得投資49％以下之資本額。以致外人對任何公司之營運無法如意管制亦無影響力量，因而失却參與投資營運與興趣。

許多國家對進口出口貨物之數量以配額限制，並對通商國別亦加以限制或軌則。如斯阻力影響國際貨物暢流巨大。一般言之，大多數國家均對戰略物資及資源短絀之項目加上嚴格之限制，此種限制大多以進出口執照申請上之特別規定達成。舉如智利政府於一九七〇年規定每一進口商得有相等進口貨物總價一百倍之銀行存款始能獲得進口許可。又如埃及於一九八二年二月二十一日宣佈進口管制規則規定業者依類須繳 25%～100% 之一個月無息外滙存款，譬如食品醫藥類要繳25%，奢侈品類要預繳 100% 等等 ⑮，此種限制自然嚇退無數願意國際營運之能幹企業家。論及中東原油產銷國於一九七三年間對美禁運之情況，　每人均會明瞭一國政府對與特定目的國之通商，　實可以種種理由加以限制，每一企業家應對所有阻力加以分析，究其原因所在，始能作適切之應變。

　　除了上述之種種阻力外，地主國往往對結滙數量與手續加以管制，前越南（Rep. of South Vienam）便有此種措施。此外有一種通常被忽略之地主國非關稅阻力──謂之『隱蔽阻力』，　實不可藐視。那就是地主國於貨品進口後對該貨品附加之種種課稅，此種課稅各國有不同之名堂，有叫貨物稅者（Commodity Tax），　有稱附加稅者（Surtax），有叫特別稅者（Special Tax）。有叫反傾銷稅者，亦有叫印花稅者。此種稅捐足使產品成本提高到影響其市場銷售之進展。表 3-10 例舉數國對該種貨品附加稅之稅種與稅率以示該稅對成本之影響程度。該種種稅捐筆者將之取名『隱蔽稅』以表明其隱蔽影響。

　　非關稅貿易障礙除上述者外，不同地區尚有不同項目，同時這些項目亦因時而會變更。譬如最近東協數國，為保護其貿易地位，定出眾多進出口管制事項以及稅目，禁止爆竹、香煙之進口，課加輸入銷

---

⑮　外銷市場（臺北市：中華民國外貿協會，民國71年印行）No. 563（民國71年3月20日），第23頁。

售稅，及反傾銷稅等等（見表 3-11）。

值得一提者爲日本之非關稅障礙之『名堂』，其運用之巧妙，已爲世界各國所注視。下列數端僅爲少數之例，業者應時刻注意其變動情況。

1. 嚴格之貨品檢驗（包括藥品之臨床實驗）。

2. 申請進口核准規定之苛刻。

3. 商業公會抵制外國貨，諸如網球協會之使用網球品牌之推薦與規定。

4. 進口貨品規格之規定，如標籤之規定使用日文。

表 3-10 部份國家隱蔽稅稅種及稅率

國　　別	稅　　種	稅率 %
南　　非	附加稅a	10
日　　本	奢侈稅	5—40
韓　　國	消費稅	2—100
泰　　國	附加稅a	0.5
秘　　魯	銷售稅₁	3, 15, 25
墨　西　哥	附加稅₂	3, 10
比　利　時	移轉稅	7
哥斯達黎加	銷售稅	5
瓜地馬拉	消費稅（飲料）	10—33
智　　利	銷售稅	7
菲　律　賓	銷售稅₃	7—200

註：1.基本貨物3％，奢侈貨物25％，其他15％。2.平運貨物3％，郵運貨物10％。
　　3.奢侈品100—200％，汽車7—70％不等。a.1982年2月起實施。

資料來源：1.U.S. DC. Oversea Business Report (Washington D.C.:
　　　　　Government Printing Office, 1970-1974).

　　　　2.外銷市場（臺北：外貿協會，民國71年印行）No.573（民國71年5
　　　　　月29日），第26頁。

　　　　3.外銷機會（臺北：外貿協會，民國71年印行）No.584（民國71年8
　　　　　月11日），第23頁。

表 3-11　東協各國及香港貿易保護政策之比較

國家	商品分類標準	稅基	非稅率	關稅特色	貿易障礙（進出口管制）	其他
印尼	CCCN CCCN	從價稅 從量稅	0～100% 0～100%	最必需品　0～10% 必需品　20～40% 次要品　50～70% 奢侈品　70～100%	1. 只有印尼人或公司才可登記為進口商 2. 無須申請許可證。 3. 禁止進口之物品包括印染圖案之紡織品、某些規格之汽車、輪胎、輪圈、已裝配完成之汽車及機器腳踏車。 4. 禁止自南非、羅德西亞進口商品。	課徵稅 超過利得稅 輸入銷售稅 外國企業之限制
馬來西亞	CCCN	從價稅 從量稅	平均稅率 25～35%	製品課稅、原料無稅	1. 禁止輸入之商品為貨幣、敗壞風俗之書刊、刀劍等。 2. 禁止自南非、羅德西亞、以色列進口商品 3. 設立若干自由貿易區。	特殊稅 輸入附加稅 輸入銷售稅
菲律賓	CCCN	從價稅	5～100%	無免稅項目（有例外） 保護國內產業之傾向強	1. 輸入貨品在進關前須有中央銀行許可證。 2. 所有進口值超過美金100元者，須開信用狀。 3. 禁止自南非共和國、羅德西亞進口。	課徵金 特別消費稅 特別銷售稅 物品稅 反傾銷稅
新加坡	CCCN	從價稅 從量稅 混合稅	很少	政府堅守自由貿易之方針	1. 禁止香煙、紙幣、硬幣、外國通貨及銀行券、爆竹進口。 2. 部份進口商品須有輸入許可證。	

表 3-11　（續）　東協各國及香港貿易保護政策之比較

國				輸入課徵金 反傾銷稅
泰國	CCCN	從價稅 從量稅	0～80%	80%的課稅項目，其稅率在30%以下，80%的稅率是針對對國內工業已能生產的產品及奢侈品。	1. 禁止進口項目包括糖、椰子油、水果汁、麻袋、衛生瓷器、陶瓷器、摩托車等。 2. 鼓勵產品出口，對部份原材料進口供加工出口之用者，可保稅進口或申請退稅。
香港	SITC		原則上免稅	酒精飲料、煙草、石油製品、礦泉水等，對大英聯邦原產地與其他地區，其稅率亦有差異。	需輸出入許可證之物品有 1. 輸入：酒精、酒、武器彈藥、危險藥品、引爆物、米、咖啡、金。 2. 輸出：戰略物資、武器彈藥、鑽石、金類、紙幣、硬幣、合磺、之殺蟲劑、無線發信機、紡織物。向羅德西亞輸出之物質。東歐、蘇聯、北韓等共產國家之原產地輸出商品。

資料來源：(1)由"Exporters' encyclopaedia"，美國紐約 Dun &Bradstreet Inc. 1981。

(2)及"開發途上國の輸入制限の實態"，東京；日本貿易振興會，1978年8月作成。

(3)"世界經濟情報サービス（ワイス）"東京；世界經濟情報服務此. 1979年11月，第B-14與B-15頁。

在國際營運上，就是沒有關稅或非關稅之種種阻力，一旦企業營運伸延到某地主國時，往往會遭遇到運銷方面之困難，諸如缺乏足夠獲利之消費市場、無法建立健全之經銷系統、地主國國內同業之競爭、推廣效果之低沈、地主國消費公眾之反外貨情緒等等。這些阻力均屬地主國市場阻力，低減或消除此十分頑強之阻力，只有依賴市場研究系統之健全應用，在未進入地主國之前，應作靈活之應變準備。

　　除上述種種減輕政治法律風險之可行途徑外，廠商應密切注意地主國之貿易法規改變情形，妥善因應，必要時亦須透過政府力量尋求解決或改進之道。同時，亦應對我國之行銷法規作充分之研究與了解，始能減少或廻避不必要之行銷風險。近年來外貿協會所蒐集整理之資料相當豐碩，國貿局亦有貿易法規之彙編，茲列舉部份資料於表3-12俾供參考。由於貿易法規時常變更，業者應時常查問供應資料單位，及時研究現況。

表 3-12 國際貿易法規項目

（國際貿易局商務連繫中心貿易法規彙編，民國73年10月修正）

壹、組織及基金

經濟部國際貿易審議委員會組織規程

經濟部國際貿易審議委員會議事規則

經濟部國際貿易局組織條例

經濟部國際貿易局所屬各辦事處組織通則

推廣外銷基金收支保管及運用辦法

經濟部國際貿易局推廣外銷基金管理小組受理申請案件處理程序

經濟部國際貿易局推廣外銷基金支助駐外經濟商務單位辦理有關對外貿易業務所需費用支給要點

經濟部外銷食品罐頭產銷平準基金管理運用委員會設置要點

經濟部外銷食品罐頭產銷研究發展委員會設置要點

外銷食品罐頭產銷平準基金設置辦法

經濟部國際貿易局財務收支處理要點

貳、輸出法規

貨品出口審核準則

廠商申請輸出貨品辦法

輸出許可證申請修改註銷及補發要點

廠商申請專案報驗出口貨品辦法

輸入原料加工外銷辦法

機器及手工具外銷處理要點

船員攜帶國產品出口處理要點

　㈠農產品

外銷洋菇蘆筍及鳳梨產品計畫產銷辦法

外銷竹筍產品計畫產銷實施辦法
外銷食品罐頭事業改進方案
鮮蘆筍外銷有關事項
外銷洋葱產銷處理原則
外銷柑桔實施要點
冷凍冷藏豬肉外銷管理辦法
活鰻魚出口處理要點
　　(二)工業產品（配額）
紡織品出口配額處理辦法
輸美紡織品實施出口證明書制度處理要
　　點
紡織品出口配額公開轉讓作業細則
輸往歐洲共同市場國家紡織品配額處理
　　要點
輸日絲織品出口配額處理要點
六十九年度輸美鴨鵝絨羽毛填充成衣出
　　口限額臨時處理要點
輸美彩色電視機出口配額處理辦法
輸英小型黑白電視機及音響組合出口配
　　額處理辦法
輸美非橡膠鞋出口配額處理辦法
輸義大利洋傘出口配額處理要點
公司合併申請承受繼續使用出口配額案
　　件審辦原則
　　參、輸入法規
貨品進口審核準則
貿易商申請輸入貨品辦法
民營生產事業申請輸入貨品辦法
輸入許可證延期、更改與掛失補發審核
　　要點
綜合輸入許可證實施辦法
公營事業申請輸入貨品辦法
大宗物資進口辦法
不結匯進口貨品辦法
不結匯進口小汽車及其出讓過戶辦法
寄售進口貨品辦法

華僑或外國人投資輸入出售物資辦法
動力漁船輸入管理辦法
簡化書刊進口簽證審核要點
進口廢鐵船處理辦法
租賃業申請輸入機器設備審核要點
院令指撥外匯特案進口物資要點
　　肆、貿易推廣
鼓勵農工外銷新產品輸出要點
鼓勵農礦工商事業組團出國開拓市場暨
　　發掘外銷新產品及新技術處理要點
參加國外商展處理辦法
三角貿易實施要點
外國人士因商務來華申請多次入境之簽
　　證優待處理要點
公民營事業駐外商務單位聯繫要點
經濟部駐外經濟商務人員進用、訓練、
　　遷調及考核實施要點
經濟部駐外經濟商務人員返國述職實施
　　要點
經濟部駐外商務人員進修外國語文獎勵
　　要點
科侖自由區轉運站設置辦法
　　伍、管理及其他
進出口貨品分類審定及管理辦法
出進口廠商輔導管理辦法
免稅商店設置管理辦法
出口廠商簽認統一發票認許辦法
　　陸、附　錄
　　△投　資
華僑回國投資條例
外國人投資條例
對外投資審核處理辦法
　　△外　匯
管理外匯條例
輸入許可證結匯及其結匯期限展延辦法
軍政機關外匯審核準則

外滙佣金收入處理辦法

廠商出進口實績歸戶辦法

外銷佣金結滙辦法

以承兌交單方式出口貨品處理要點

以寄售方式出口貨品處理要點

　　　　△關（稅）務

關稅法

外銷品冲退原料稅捐辦法

保稅倉庫設立及管理辦法

出口貨物報關驗放辦法

入境旅客携帶行李物品報驗稅放辦法

生產事業輸入機械設備分期繳稅暨免稅

　　實施辦法

郵包免稅與免驗結滙簽證限度規則

　　　　△檢　驗

商品檢驗法

國產商品品質管制實施辦法

國產商品分等檢驗實施辦法

臺灣地區產地證明書發給辦法

　　　　△商　業

商業團體法

外國政府或廠商在中華民國舉辦商展辦

　法

農礦工商事業派員出國辦法

取締匿偽物品辦法

　　　　△加工出口

加工出口區設置管理條例

加工出口區貿易管理辦法

加工出口區外滙管理辦法

外籍及華僑訪客購買加工出口區產品辦

　法

加工出口區外銷事業免稅進口物資輸往

課稅區審查辦法

加工出口區無貨價收入無須結滙支付價

金貨品輸出入簽證辦法

科學工業園區貿易業務處理辦法

第五節　GSP與CBI與我國臺灣地區國際行銷

壹、GSP 與 CBI 簡介

　　GSP 爲美、日等國提供開發中國家（地區）輸往該國之某些產品可享有優惠關稅（Generalized System of Preference）之規定。雖然美國原訂之 GSP 已於一九八五年一月屆滿，參衆兩院業已將其加以修訂延長八年。新的優惠關稅制度對我國產生下列影響[16]

　(1)受惠項目及程度將縮減

---

[16] 吳炳叡，「美國修正 GSP 制度對我之影響」，貿易週刊，1087期（73年10月），第14～15頁。

我國免稅輸美金額業已佔美國免稅總進口額的10％以上，依照新規定將適用較低之「25/25 競爭需要限制」標準，將使我國所能享受的優惠待遇大幅縮減。

(2)談判壓力將增加

新的GSP 法案，特別規定受惠國得以市場開放及保護智慧財產權等措施作為免稅待遇的交換條件。近年來的商品仿冒問題，已引起美國嚴重關切。以往甚至有許多美國業者與團體企圖以取消優惠關稅為威脅，迫使我國嚴格取締仿冒行為。加以我國對美之出超有逐年升高趨勢，我國對外商來華投資之各項規定，均為日後談判的壓力。

所謂 CBI 就是 Caribbean Basin Initiative 的簡寫，中文慣稱為加勒比海盆地方案。該方案以對加勒比海國家開放美國市場為手段，對該地區多數產品輸美給予免進口稅優惠。目的在繁榮加勒比海國家之經濟，穩定該地區之政治，進而確保美國「後院之安寧」❼。

茲將經濟部投資業務處所整理發表之有關受惠產品之規定以及 CBI 與 GSP 不同之處摘錄於后： ❽

基本上 CBI 之受惠產品須合乎下列原產地之規定：

1.產品應直接自受惠國進口至美國。

2.產品之成本或價值至少有35％是在受惠國（可包括在其他受惠國家）加工者，若使用之零組件由美國進口，則最多可抵充35％中的15％，亦卽只需20％在受惠國加工卽可。

3.含有外國零配件之產品，應有實質之改變成為新或不同的產品。因此一般僅屬簡單裝配或包裝，或僅加水或其他物質稀釋

---

❼ 經濟部投資業務處，「如何利用 CBI 優惠至加勒比海盆地」投資，貿易週刊，1087期，（73年10月）第16～19頁。

❽ 同註❼。

過程並未改變物品本身性質者，均不予認可。

　　合於原產地之規定，除下列產品之外，受惠國之其他產品只要合乎原產地規定均可免稅輸入美國

‧紡織品及成衣。

‧鞋類、手提袋、行李箱、皮夾、工作手套及皮衣。

‧鮪魚罐頭。

‧石油及石油製品。

‧手錶及其零件。

‧糖、糖漿、糖蜜。

　　論及 CBI 與 GSP 之異同處，除 CBI 與 GSP 均需合乎35%之原產地加工規定外，一般而言 CBI 較GSP 優惠，諸如：

　　第一：CBI 免稅優惠並無 GSP 所規定之「競爭需要限制」及年度檢討。

　　第二：CBI 僅劃出不適於免稅之產品，而 GSP 則明列免稅產品之項目，CBI 免稅產品項目顯然較多。

　　第三：CBI 免稅產品由任何一合格受惠國或地區直接進口即可，不論是否原在當地生產者，而GSP 則規定產品必須自「原產國」或地區直接進口。因此 CBI 受惠諸國可藉個別資源或成本之優勢相互為用，以取得 CBI 之優惠。GSP 則無法尋求此種變通。

　　第四：CBI 規定的35%加工價值可包括15%的美國零配件。

　　另外在產品進口手續方面，CBI 與GSP 亦略有差異。第一：屬CBI 之免稅產品在其TSUS(美國關稅稅則)號列前加一「C」符號，以別於附「A」符號之GSP 產品。第二：CBI 免稅產品不須附 GSP 規定之原產地證明書 Form A，僅需由出口商填表申報，並由美國進口商背書證明即可。

　　廠商宜多加了解 CBI 方案之詳細內容，運用該方案之優惠，拓展外銷，甚至於在該區作投資之規劃。

　　我國外貿上之價格競爭優勢業已漸失，貿易型態迫切需要由過去純粹「被動的間接貿易」轉變爲「主動的直接貿易」。在海外設立分公司是直接貿易的踏腳石，也是近年來國內業者較常採用的貿易升級方式。海外直接投資是各種貿易型態中風險最高者，稍有不愼就會損失不貲。以我國業者缺乏海外投資經驗的立場而言，應由海外裝配、合資等過程循序漸進。而 CBI 計畫已正式實施，此乃意味正是國內業者邁向海外投資的大好時機。因爲按CBI受惠產品的原產地規定，我國非常適合在該地區進行雙廠（Twin Plant）生產方式的海外投資，亦卽零組件在臺灣製造，而運到加勒比海地區加工及裝配，待製成成品後，再利用免稅優惠輸往美國。此種方式不但可爲海外投資事業建立橋頭堡，亦是風險較小的直接投資方式，可爲臺灣企業進行國際行銷之參考[19]。

第六節　加勒比海盆地方案對我國國際行銷
運作上之策略涵義

壹、CBI 方案對我有利之處[20]

　　整個ＣＢＩ方案涵蓋：緊急援助，如提供政經不穩之薩爾瓦多等諸國之援助；獎勵美國企業家至該地區（第一批核准國家有多米尼克、貝里斯、瓜地馬拉等二十國，第二批核準者有巴哈馬、聖克里斯多群島等七國──共二十七國）投資；以及長達十一年九個月之免除關稅

---

[19]　同註[17]。
[20]　郭崑謨著，「善用加勒比海盆地方案開拓經貿機運」，中央日報，民國74年5月13日，第二版「貿易指南」專欄。

優待等三大部份。免除關稅部份，依據第一〇三款之規定：(1)凡在該後院地區加工之直接成本高於35％時可以享受免稅優惠；(2)紡織品、成衣、手提包、石油及產品、手錶及零件、工作手套、食糖、牛肉等不在免除之列。顯然此一方案之第三部份爲對我拓展經貿有利之處。蓋我國廠商可逕往該區投資，享受免稅優惠；同時對不被列爲免稅之項目亦可迴避輸往美國配額之限制，以利拓展市場。

尤有者，在該地區投資，可藉中美洲共同市場，產品可享在共同市場內各會員國之免稅之優待；加上加勒比海地區多數國家現正積極設法「振作」其經建活動，訂有國內免稅獎勵如哥斯達黎加便有全部寬免之辦法。由於ＣＢＩ多數國家爲大英國協之成員，在諸多經貿作業上，亦可享有ＥＣＣ之優惠與方便。因此，如以加勒比海盆地國家作爲經貿據點，一旦規模具備，廠商當可向南進軍南美洲市場，並擴展部份歐州市場。

該盆地國家與我國有邦交之國家衆多（現有瓜地馬拉、多明尼加、海地等十一個國家）經貿手續之安排當較方便，加之我國政府爲推動國際科技合作，將完成「海外工業合作實施要點」，明定至該地區投資之融資獎勵，並已通過降低海外投資資本額，以及手續之放寬，使中小企業亦能在該地區拓展海外據點，一方面可舒解ＧＳＰ被畢業產品之競爭壓力，另一方面亦可發揮中小企業國際化之特殊功能。

再者，該地區之工資水準偏低，平均約爲我國之二分之一至三分之二左右，對我國業已逐漸失却「相對利益」之勞力密集產業，可進行「區位移動」，移轉據點，亦卽可藉在該地投資延長產業之國際產品壽命週期，擴大市場領域。

貳、運用 CBI 方案宜注意事項

　　如果以加工製造方式運用ＣＢＩ優惠或以迴避上述受限制產品之輸美配額運用ＣＢＩ，依ＣＢＩ第102（ａ）款及103（ｅ）款之精神，當美國政府發覺某產品或某一國家之輸美數量過多，影響國內經濟時，該產品必然會有被提早限制或加強管制之可能。因此，廠商在選擇投資國家時，應配合產品之輸美趨勢，採取「分散」策略，避免「「樹大招風」。

　　ＣＢＩ地區國家，概為開發中國家，各國正業已意識發展國內經建之急切性。因此，前往該地區投資時，亦應基於此一基本認識，配合各該國國內市場以及經建之需，作投資項目之選擇。舉如具里斯農業生產落後，可作農業投資，盛產優良木材缺乏加工技術及設備，可以傢俱業為投資對象。又ＣＢＩ國家之市場大小懸殊，如瓜地馬拉人口幾近千萬，但格瑞那達不及十二萬，是故，我國廠商在前往投資時，宜考慮建立「秩序化共識」，大市場由較大廠商投資，小市場由較小廠商投資，藉以提高國際競爭態勢。「該地區國內市場較大者有瓜地馬拉、海地、宏都拉斯、尼加拉瓜、巴拿馬、牙買加等國其人口均在二百萬以上，其餘均為小市場地區。」

　　就投資項目言，當應以免稅項目、勞力較密集之產業以及在國內業已、或將失却ＧＳＰ優惠之項目為主，該項產品包括輕加工產品、五金、塑膠製品、紡品、成衣、鞋類、皮包、手提包、手工具、玩具、雜貨、家飾製品、汽機車零組件、電子產品、運動器材等等。

　　由於ＣＢＩ國家之教育水準偏低，一般工人較不勤奮，雖然工資較低，但成本不一定相對偏低，所以在投資該地區時，應考慮教育水準較高國家，同時亦宜考慮：(1)政治、經濟是否安定；(2)國內內部稅率是否有利；(3)通貨膨脹是否惡烈；(4)外滙是否管制等等。諸如尼加拉瓜、薩爾瓦多政治甚不穩定，海地經濟欠佳，均應慎加考慮。

　　ＣＢＩ國家之邊境依賴程度相當高，故在作投資決策時，宜考慮各國各類產品市面價格之差異情況以及毗鄰國間之國內貨物稅率之差異程度，遴選國內稅率較低之國家，藉邊境市場之有利態勢，擴大市場之佔有率。「此種市場發展之可能性，悉係基於該地區之純樸民族性以及各國間之經濟法令相當鬆懈之原因所使然。」

　　提高投資意願，爲我國時下財經論談之焦點。企業投資風險之降低以及投資獲利信心之建立，實爲提高投資意願之中心課題。在自由化與國際化之基本財經政策導向下，廠商應好自掌握ＣＢＩ方案之運用，開創更多對外經貿之新機運。

第四章　國際行銷之其他環境因素

・社會文化環境與國際行銷
・自然環境與國際行銷
・科技環境與國際行銷
・各國消費者運動與國際行銷

第一節　社會文化環境與國際行銷

　　文化涵蓋一切人類所創之生活環境，如家庭組織、社會關係、教育、風俗習慣、宗教信仰、藝術產品、價值觀念、科技藝術、語言、倫理等，無一不是文化環境。本節所要探討者僅限於政經法律環境外之其他文化環境，也就是一般人所慣用之文化社會環境。

　　一如政經法律環境，不同國家之社會文化環境，非但形成性質相異之市場，對行銷策略之訂定亦有舉足輕重之影響。社會文化環境影響較深者爲消費者或使用者之消費傾向或意願，因此新社會文化之形成通常會改變消費傾向，因而改觀市場型態❶。

　　馬督克（George P. Murdock）研究世界各國通用之文化因素有七十二種左右，舉凡音樂、家庭衛生、運動、倫理、宗教信仰、食習、舉止、語言、髮型等，無一不是。玆以宗教信仰、家庭制度、語言與

---

❶ 郭崑謨，國際行銷管理，修訂三版（臺北市：六國出版社印，民國71年印），第120頁。

教育程度、社會制度、物質文化爲例，說明社會文化對國際行銷之影響。

壹、宗教信仰

各不同宗教信仰有其獨特之消用習性，如回教徒食牛肉忌猪肉酒類，佛教徒之不殺生重素食善行，猶太教之星期五魚食習慣，基督徒之重視聖禮、聖節有關之貨品以及節儉、勤勞、守時習性等，在在影響國際市場型態與行銷策略。舉如天主教反對節約，不過份重視肉體，因此避孕藥品之行銷就遭受諸多困難，衛生用品之廣告不能強調其清潔肉體部份之功能而須以其他方式傳播訊息❷。

茲就宗教信仰之分佈情形簡述於後：

1.天主教：中南美洲諸國、南歐。

2.基督教：北美洲（美加）、義大利以北之歐洲諸國。

3.佛　教：印度、日本、中國、錫蘭等亞洲數國。

4.回　教：中東數國。

5.猶太教：以色列。

貳、家庭制度

家庭制度，如大家庭、小家庭、以及家庭之權力體制均爲國際行銷研究上之重要項目。家庭之大小當然與家庭用品之市場有關，而權力體制則與購買決策攸關，而影響行銷策略之擬定。

家庭之權力體制可大別爲三類❸：

❷ 參閱許士軍著，國際行銷管理，再版(台北市：民國66年三民書局印行)
　第 56 頁中之 Ernest Ditchter, "The world customer," *Harvard Business Review*, July August, 1962, p. 116

❸ 同註❷，許士軍著，第56～57頁。

第一類: 丈夫集權，妻子從屬體制，中東及亞洲少數國家乃有屬
　　　　於此類者。

第二類: 丈夫權力較妻權力略大體制；拉丁美洲諸國屬於該類。

第三類: 夫妻權力平衡體制；眾多已開發國，如西歐及北美洲諸
　　　　國均屬之。

參、語言與教育程度

　　行銷活動跨越國界時所遭遇到之重要困難之一為溝通問題。英語雖在國際營運上廣被採用為國際間之溝通工具，倘母國廠商不通曉地主國之語言，在行銷活動上往往無法迅速有效地展開，有時甚至於因對地主國語言之不精通，而會導致行銷上嚴重之損失。語言在廣告推銷作業上尤顯重要。在語言上同音異義，或同義異音之字詞既多，併寫字句相仿而意義相差甚大者亦相當不少，故國際從業人員應具精確之語言表達能力方能避免不必要之錯誤。

　　世界已有一百四十多個國家及地區，每一國家或地區通行兩種或兩種以上之語言者甚多。舉如加拿大就有兩種通用語言，英語與法語；瑞士有三種語言，德、法、義；菲律賓有英語及菲語。論及方言，更無法勝數。印度有二、三百種方言，就是地區狹小之中華民國臺灣地區，就有十多種方言，包括閩南語、福州話、客家話、廣東話以及數種山地方言。可見語言在國際行銷上增添了不少之困惑。

　　在翻譯上應採意譯而非字譯，蓋意譯可涵蓋國際間文化之異同而表示出真切之意義。在美國膾炙人口之 "Body by Fisher"（費雪爾承造之車身），以及 "Let Hertz put you in the driver's seat"（讓哈資公司給你駕駛），若不小心地將其字譯成 "Corpse by Fisher"（費雪爾所造出之屍體）以及 "Let Hertz make you a

chauffeur"（讓哈資公司把你訓練成司機）則其意義之異同令人驚嚇
❹。按費雪為美國最具聲望之汽車身製造商，而哈資為美國首屈一指
之汽車出租公司。若將此廣告字樣譯成如此，不但會造成笑話，對行
銷作業亦有巨大之阻礙。因此在國際行銷上，我們應強調『文化翻譯
』而不是『語文翻譯』。

一國教育之普及與否，直接反映於該國文盲率之高低。文盲高之
國度由於傳佈工具之利用有限，必然造成產品市場之「瓶頸」——不
了解貨品與勞務之存在、用途以及限制，因而市場拓展就有困難，廠
商之商譽也往往會遭到損害。非但如此行銷策略亦因此受囿。非洲諸
國文盲率甚高，廣告媒體非靠收音機或廣播無法收到效果。

肆、價值觀念與審美觀點

價值觀念乃指社會對是非、良莠判斷上所持之共同"標準觀念"。
審美觀點實係價值觀念之一部份。各國、各民族對何者為非、何者為
是，所下判斷不盡相同。譬如女人吸菸在美國及西歐認為並無不對之
處，可是在中國或亞太地區諸國，就為社會所不容。這便是價值觀念
異同之處。又如何種顏色為美，在各國亦具有不同之看法，在德國棕
色比藍色美觀，在荷蘭藍色是女人之映像，但在瑞典同樣之藍色則象
徵著男人之典型喜愛映像❺。

進軍國際市場之廠商，倘不諳地主國之價值及審美標準，一味以
不同產品與花樣奇異之包裝盲目地輸入該國，將無法贏得市場競爭之

---

❹ "Translations can be Tricky," *Sale Management*, Oct. 2, 1964,
p. 40.

❺ *Business Week*, Dec, 19, 11970, "The Multinationals Ride a
Rougher Rd."

優勢。產品容器若被視爲藝術之"產品"廠商不妨在包裝容器上力求改進，配合地主國之審美觀點多加努力。歐洲人對包裝容器投之於藝術眼光欣賞產品，志在歐洲市場之業者，應將包裝藝術化，以爭取歐洲市場❻。

伍、科學技藝

科學技藝與一國之經濟發展關係十分密切。科技落伍國家之市場型態與科技高度發達國家之市場型態迥然不同，打進該不同市場之策略亦有所差別。試想沒有電器設備之國家，連電器插座都缺無，焉有電視、冰箱之市場？就是有購買力及購買意欲，購得之產品亦無用武之地。

科技落伍之國度，極需科技及生產財之輸入以加速其經濟生長。相反地科技極度發展之國家，經濟亦已進入大量消費之階段，進口能力甚高，進口項目包括各類各型產品，而輸出項目則包括生產財與科學技藝，當然亦包括上游原料及其他加工層次較高之產品。

陸、風俗習慣

各國風俗習慣互異，如何適應地主國之風俗習慣爲一非常重要課題。舉如在印度"新月"出現之第一日通常被認爲是兇日，廠商們忌於是日作生意之交道❼又各不同顏色在各國風俗上亦有不同涵義，例如黃色在泰國爲吉利之象徵，紅色與橙色在印度較受歡迎，馬來西亞

---

❻ 參考曾廣倫著，國際行銷學（台北市：民國66年六國出版社印行）一書中之 "What's Inside Tell the European House wife what she Really Wants to Know,"*Business Abroad* (June 1970) p. 27.

❼ Printer's Ink, Feb. 21, 1964, p. 47 見註❷第86頁。

人最忌綠色等等，均具有深重之國際行銷決策上之涵義❽。

又如希臘人民宗教觀念非常濃厚，人民熱情，喜歡客人，但甚重禮儀外表，下午三至五時為一般人午睡休息時間，在該時應避免造訪❾。在希臘商務最好時期，是每年九月至翌年六月，其他時間以及假日不喜商談商務。下午二點半以後（除星期二、四、五外）概為休息時間❿。

柒、社會制度

社會制度所牽連之男女地位、社會階級、社會基本單元，社會團體之價值觀念等在在影響國際行銷作業。亞太地區諸國之社會單元係家庭，故行銷策略通常要針對家庭來擬定。歐美各國之社會單元係個人，行銷策略之制訂當以個人為着眼點。

亞洲家庭之家長權威性較高，歐美家庭家長之權威性低，故家庭用品之推銷廣告在亞洲則以家長為對象。就是在同一國度，由於次級文化之存在，社會制度亦往往因次級文化而不同，例如加拿大東部屬法語區域，西部為英語區域，前者具有濃厚之法國文化，後者則具英國文化，在兩種不同文化下形成兩個迥然不同之社會制度。法語地區家庭組織較英語地區嚴密，是故對加國之推銷作業當不應採取同一步調。

捌、物質文化

物質文化係由科技創新所誘發之人類物質生活水準，與接受某一

---

❽ 同註❷，第53頁及註❷第81頁。
❾ 外貿協會印行，外銷機會第 479 期（69年7月23日）第34頁。
❿ 同註❾。

生活水準之價值觀念。對物質生活水準所下之價值判斷，必然影響產品之需求。舉如電力不普及之地區，家電用品之需當然不高；又如同一產品在富裕國度與貧乏地區往往有截然不同之購買行爲上之異同。在富裕國家之日常耐久品，如電視，往往在較貧乏地區被視爲奢侈品。

以下簡介三種經由跨文化分析（Cross-Culture Analysis）來評估文化對產品的影響的方式●。

一、研究綱要

Engel, Kollat 及 Blackwell 三人提出了一組研究問題的綱要（見表 4-1）。從表 4-1 中所列之問題可調查出存在於環境中的需求，同時可以得知影響行銷力量的信仰、價值觀及有關機構。表中所列問題可以針對特殊產品或行業、市場加以修改、擴充。

表 4-1 消費者行爲跨文化分析之綱要

(1)決定文化中相關的動機

使用該產品能滿足何種需求？目前如何滿足此種需求？人們是否已感覺到這些需求？

(2)決定特定行爲模式

購買行爲的特性屬何種模式？某類產品被購買的頻率爲何？通常被購買的尺寸爲何？是否有某種行爲與此種產品之期望行爲相衝突？

(3)決定與產品有關之廣義文化價值

產品與工作觀、道德觀、宗教觀及家庭觀等有無關係？產品是否隱含某種與文化價值衝突的特性？此種衝突是否能以改變產品來消除？是否可從產品中確認出某種文化的正面價值？

(4)決定決策的特定形式

決策過程的形式爲何？購買者信賴何種資訊？購買者是否能接受新觀念？他們以何爲選擇之標準？

(5)評估適合該文化的促銷方式

廣告在文化中扮演何種角色？那些文句及插圖是禁忌？那些語言問題存在目

● Ruel Kahler, *International Marketing*, 5th Ed., (Cincinnati, Ohio: South-Western Publishing Co., 1983) pp. 91-94.

前的市場以致無法譯給該文化中的購買者? 購買者能接受那種類型的推銷員? 是否能找到此種推銷員?

(6)決定適當的產品銷售機構

能找到何種零售商及中間機構? 消費者期望自這些機構獲得何種服務? 還有那些與產品有關的服務無法自這些機構獲取? 消費者對不同型態的零售商的看法? 如改變配銷方式是否消費者能卽刻接受?

二、基本價值分析

Sommers 和 Kernan 研究了一些在國內市場很成功,然而外銷卻失敗的產品。他們的研究立基於 Parsons 和 Lipset 所發展的六類價值導向,亦卽文化型態因下列不同的人之間的差別程度而有不同:

(1)平凡人或優秀人物; (2)強調成就或樂天知命; (3)期望物質或非物質報償; (4)以主觀或客觀標準評估個人及產品; (5)著眼整體或部分; (6)偏好個人或團體獎賞。他們以四個國家爲實驗,來看文化變動如何影響產品及促銷。最後發現文化價值決定了產品在市場中的地位,同時

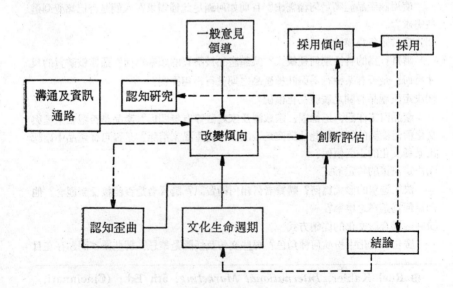

重要的文化價值亦爲產品及促銷策略的發展提供了綫索。

三、購買行爲理論

Sheth 和 Sethi 提供了交叉文化分析模式,以幫助分析購買行爲,見圖例 4-1。其理論的基礎爲文化習性的改變乃決定於(1)文化生命週期(2)一般性的意見領導(3)創新觀念的溝通（可自親朋處獲得）。當環境中的改變傾向很高且創新的評價很好時, 就很可能採用新產品。除此之外, 個人所得、行銷機構及時間價值均影響新產品接受的程度。同時, 消費者欲採用新產品時, 也會徵詢意見領袖的意見。

第二節　自然環境與國際行銷

自然環境之變化, 較之政治法律之變化不但不大, 資料之蒐集亦較容易。但行銷人員往往由於資料旣多且易集, 未加強進行研究分析, 甚至流于「人云亦云」, 無法掌握此一國際行銷變數, 甚爲可惜。

自然環境包括氣候、地形、地勢、人口分佈情況與資源分佈情況等五項。

在冰冷地帶汽車若無特別保溫裝置, 無法使用。在濕度甚高之地域行銷產品, 應特別注意防濕裝置, 或乾燥設備。包裝運輸之方法亦應因氣候之不同而異。

地形地勢不但影響運輸分配體系, 亦可造成人口之隔離而造成性質不同之市場。這當然與人口之分佈情況互爲因果。交通方便之處, 人口之流動亦易, 此種人口之流動足可改觀市場結構, 而使現有之行銷策略陳舊。

自然環境中以資源之分佈較受國際行銷人員之注目。衆所週知,中東之石油大大地改變了全世界之國際行銷結構，致使產油國家與非產油國家間必須作全盤之行銷與企劃。

產油國家（OPEC）由於油元（Petro-Dollar）豐富，現正積極地在推動其國家基本建設，因而吸引了中華民國及韓國之工程人員、阿拉伯國家將來必然繼續成為世界各國所急欲爭取之工程市場，以及建築器材、工程用具之良好市場。我國廠商應把握此種機會，積極地研析中東市場之潛力，以及未來之發展方向，始能在中東市場上佔取優勢。

第三節　科技環境與國際行銷

一國之科技環境應包括科技人力資源、科技設備資源及科技研究基礎。歐美及日本等高度開發國家均擁有豐富的科技人力資源及設備資源，與深厚的科技研究基礎，故屬高科技國家。反之諸如亞非等落後地區即屬低科技國家。

高科技國家中的公司可藉其高技術、高品質及低成本的優勢向其他國家行銷科技產品。雖然，可能遭到關稅或限額之阻撓，但其可經由技術轉移或整廠輸出於當地生產並銷售。此行銷方法，不僅可提高當地之技術，並可為當地創造就業機會，增加資金，訓練人才，故最受當地政府歡迎。有些國家更以優厚的條件引進外資，更加強此行銷策略之可行性。

反之，低度科技國家僅能憑藉其廉價勞力，生產附加價值低的產品。但此產品動輒受到保護主義浪潮之左右。如亞洲地區的紡織品及鞋類即被美國視為傾銷品，隨時均可能遭到限制進口的命運。

對中度科技國家而言，「國際化」是其進軍科技產品的行銷策略之一。例如，在一九七〇年至一九八三年間，臺灣在半導體界僅次於日本而傲視亞洲。但兩年後，韓國業者就一躍成爲亞洲最具威脅力的勁敵。韓國業者「贏的策略」卽是所謂的國際化——以美國資金、美國人才、美國產品打美國市場。以韓國「現代電子」爲例，其向美國銀行（BOA）借得三千萬美元在矽谷設廠，任用美國人才生產半導體產品。另外，韓國「金星集團」卻以「合作投資」策略與美國電報電話公司（AT&T）合資生產超大型記憶積體電路。反觀臺灣的半導體業者如聯華電子，則花大筆資金資助矽谷華人成立新的小公司❷。就科技產品的國際行銷策略而言，「國際化」或「合資」或「自立更生」均是可行策略，究應採取何種，尚需配合其他因素如政治環境，本身科技人力資源等等而定。

第四節　各國消費者運動與國際行銷❸

壹、從消費者社會運動看消費者保護之品質

消費者社會運動之思想主流爲消費公衆主義。消費公衆主義所主張之權利當然直接、間接與產品及勞務有關。這些主張可以透過衆多不同方法，諸如輿論、消費者組織、消費者抱怨、消費者訴訟等等，其中以消費者組織與輿論受用較爲普遍，所產生之影響亦較深遠。

早期之消費者社會運動象徵一般消費者對食品安全之關切。此乃爲一非常自然之現象，蓋食品爲與消費者之健康及安全關係最爲密切，

---

❷ 吳迎春，"以美國資金攻美國市場——韓國半導業爲何超前？"，天下雜誌51期（1985年8月1日），第45～50頁。
❸ 郭崑謨著「論消費者保護——消費者組織：企業與政府之共同職責」，企銀季刊，第5卷，第3期（民國71年1月），第81～21頁。

且爲每一消費者所必需消費之貨品。美國早於一八九一年在紐約市成立之消費者聯盟 (Consumer's League)，以及一八九八年成立之消費者聯盟全國總會，對後來（一九〇六年）純正食品法之通過確實具有相當大之貢獻。在美國，一九二〇年代後，消費者所得逐漸增加，產品樣式及種類亦較繁雜。汽車、冷氣機、收音機、電冰箱等耐久性家電產品，充斥市面。消費者缺乏對耐久性產品之知識，往往在購買上非但不經濟，且易爲不實廣告與不實產品之標示所誤。消費者組織雖仍未普遍，力量亦薄弱，輿論卻產生甚大影響力，帶動了所謂的消費者社會運動之第二浪潮。保護消費者論著風靡一時，尤以徐林克氏 (F. J. Schlink) 之『你之錢幣價值』 (*Your Money's Worth*) 一書最爲著名（按該書爲調查消費者浪費之研究報告）。此一階段之消費者運動強調：㈠產品知識之重要性；㈡廣告之眞實性；㈢行銷成本之經濟性；㈣商品標示與價格之合適性以及㈤消費者敎育之重要性。

在消費者社會運動史上最近一次浪潮起自一九六〇年代，其聲勢至今仍然有加無減。按自一九六二年美國總統甘廼廸，鑑於當時消費者組織甚少活動，消費者極需保護，乃於國會提出消費者應享有安全之權利(the right safty)(不受傷害之權利)、自由選擇之權利(the right to choose)、被接受意見之權利(the right to be heard)(批評與立法建議之權利,以及接受應得且正確信息之權利(the right to be in formed)（不受欺騙之權利)。甘氏呼聲一出，各方相繼響應，消費者保護組織風起雲湧,陸續增加,加上消費者保護運動專業倡導者(Consumer advocate)之積極倡導，消費者社會運動開始進入全盛時期。一九六四年美國白宮開始設立消費者事務之特別助理(Special Assistance to the President for Consumer Affairs),爲世界各國之首創。消費者保護運動專業倡導者，如奈德氏 (Ralph Nader)'

對新技術之應用，特別注意其效能與安全性，喚起消費者及廠商對不安全，或有潛在危險性產品，應特加注意防患。奈德氏一九六六年名著『在任何速度均不安全』(Unsafe at Any Speed)一書揭發通用汽車公司產品設計上之不妥及危險性，不但驚醒了消費者，而且喚起了政府與廠商之社會意義。高度技術化產品所帶來之危險性，的確不易被一般消費者所了解。

現代（自一九六〇年後）消費者運動之特徵為：㈠注意新技術應用上之危險性；㈡消費者保護項目之擴大，諸如對特殊羣體（如兒童、年長者）之保護、環境生態之維護等等；㈢消費者保護專業倡導者之積極倡導；㈣消費者組織之加強與功能之發揮；㈤行政措施帶動並強化消費者組織之功能。

導致現代消費者社會運動之原因當然非常複雜，但概而言之，不外乎下列數端：

第一、消費者之所**得**以及教育水準提高，不但使消費嗜好繁複化，而且提高了消費者消費決策力。消費嗜好之繁複化結果反映於對生活環境之關心，而消費決策力之增強反映於對企業活動之諸多批評與建議。消費者已逐漸能善用其權利。

第二、大衆傳播媒體，如電視、收音機、報章雜誌、電話等之普遍，使消費公衆之心聲容易傳遞滙成社會運動巨流。

第三、科學技術之進步，迅速地反映於企業之產銷技術與產品，但一般消費大衆未能迅速吸收該種新科技，造成一般消費者購用新產品之諸多疑難，加速消費者社會運動，藉以解決問題。

第四、科技發展，企業生產力與規模大增，企業活動對社會之影響，益顯重大。消費大衆之視線自然滙集於企業家之社會道義上。企業活動成爲容易攻擊之共同目標，加速了消費者之團結與組織過程。

貳、企業需發揮社會意識，履行社會責任

在歐美衆多已開發國家，一九六〇年代前，一般企業主管往往認爲消費者社會運動係一過渡性現象，爲經濟情況變異初期必然發生之暫時性威脅，不足重視。企業界之反應顯然爲『被動應付』。及至一九六〇年代後，企業界一方面承受較大之消費者運動壓力，另一方面企業主管人員業已開始體會企業之社會責任實爲企業營運機會，開始把握此種社會需求，作必要之調整。企業界社會意識反映於企業之社會行爲，諸如惠而浦公司之免費服務電話專線（cool line）、福特汽車公司之顧客汽車手册、巨人食品公司之避免易誤解包裝等，只是數例而已。至於顧客事務部門之設立在美國已十分普遍。種種跡象顯示企業倫理道德之發揚，以及企業社會責任之履行，正可減少消費者運動之壓力，同時亦可降低立法、行政與司法保護之角色。

我國企業近一、二十年來，成長快速，又無强有力之消費者運動之壓力，立法、行政與司法保護亦較鬆懈，企業社會意識之茁長自較緩慢。雖然最近幾年來，較具規模之廠商，已在企業社會行爲方面，樹起領導風範，訂定企業之社會目標，積極履行企業社會責任，我們仍需積極推展企業社會意識之發揮，使之普遍化。

今後消費者之教育及所得水準將隨經濟之發展而更爲提高。隨着消費者之教育及所得水準之提高，一般消費者將更加關心其周圍環境生態，注意生活環境之素質。環境生態之維護，將必成爲來日消費者運動非常重要之目標。

國際行銷人員不可視消費者運動爲一過渡現象而被動應付，反之，應體會企業之社會責任實爲企業之營運機會，積極把握此種社會需求，做必要之調整。

第三篇　個案：茂盛食品工業股份有限公司*

㈠茂盛食品工業股份有限公司成立於民國五十一年，在王氏兄弟辛勤的經營之下，營業額由五十三年的五百六十萬遽增至五十四年的二千三百萬，而於目前達到二億元的數額，其產品包括蘆筍罐頭、洋菇罐頭和各種水果罐頭，除了產品品質，廣受世界各地消費者的喜愛，五十八年獲得外貿協會頒發獎狀，五十九年起至今年年獲得經濟部所頒發的外銷績優廠商獎，茂盛公司由於其運用各種最新的技術，採用高品質的原料及優良的品管制度，因此產品品質一直維持在一高度經濟化的高品質水準。

茂盛公司產品 100％外銷，銷售地區廣及世界五十多個國家和地區，包括美國、日本、西德、荷蘭、東南亞……等地，其所以能吸引世界各地區消費者的原因為：

- ·強力的財務支援
- ·完善的組織與管理，職工素質高。
- ·廠址選擇正確，位於農業區之中心，有足夠的勞力和水源。
- ·最新的製造設備與倉儲設施。
- ·產品項目多。

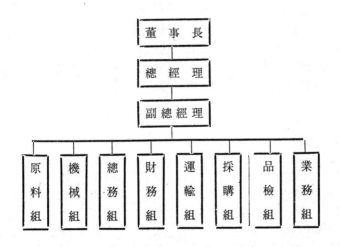

*　取材自郭崑謨編，國際行銷個案，修訂三版（臺北市：六國出版社，民國74年印行），第173～179頁。

・嚴格實施品質管制，保持品質水準的一致。

・不斷地研究發展新產品。

茂盛公司的組織如上圖如示。

六十六年初期，公司高階層主管發現，在西德市場果汁罐頭的銷售情形每況愈下，依照西德的產品分類，果汁包括一切不加水，含酒精成份不超過５％的果實汁液及甘美飲料，比重低於 1.33 的濃縮果汁必須加工方能飲用，但西德的統計數字並未將此濃縮果汁與可直接飲用的果汁劃分開來，西德規定果汁不得含有色素、防腐劑，或其他化學添加劑，此外，果汁必須經由一定的生產過程製造而成，例如：殺菌、濃化、過濾等等：

西德的果汁一九七六年進口果汁共計26萬噸，比一九七五年增加７％，西德在果汁產量方面以公升爲單位，但在外貿方面則以噸爲單位。

處此情況，公司當局考慮變更西德的銷售政策，決定是否在西德自行設立銷售分支機構以取代目前的代理商制度，副總經理劉先生乃親至西德作較深入的市場了解，俾作決策的參考：

☆市場因素：

西德果汁進口量（單位：**千噸**，值：**百萬馬克**）

	進			口		
	量			值		
	1974	1975	1976 a	1974	1975	1976 a
葡　　　萄	44.0	51.5	52.4	28.9	31.3	31.0
橘　　　子	112.3	145.1	132.2	133.2	158.5	159.7
未加甘味	105.4	110.9	93.5	126.4	112.1	102.1
加甘味	6.9	34.2	38.8	8.8	46.4	57.6
文　　　旦	5.8	8.2	8.2	7.4	11.7	11.9
檸　　　檬	7.3	7.2	7.0	12.5	12.0	13.0
其他柑橘	3.6	4.3	5.0	6.0	7.6	8.6
鳳　　　梨	1.0	0.8	1.1	1.4	1.3	1.8
櫻　　　桃	4.2	6.1	5.9	10.5	15.4	18.7
黑　醋　粟	2.2	2.8	3.1	4.7	7.0	8.3
蘋　　　果	7.6	7.4	10.0	8.6	7.6	12.4
梨	0.8	0.5	1.8	0.7	0.3	1.1
其　　　他	6.6	9.4	11.3	10.8	17.4	21.5
總　　　計	195.6	248.3	238.0	224.7	270.1	288.0

資料來源：Statistisches Bundesamt (SB)

劉先生的市場調查，重點放在市場需求量，競爭，價格，通路等因素，摘錄其考察報告，可得到下列幾點結論：

1. 市場需求量

西德一九七六年實際的果汁消費量達到八億八千五百萬公升，最暢銷的果汁是橘子汁和蘋果汁，一九七六年橘子汁消費量爲三億二千萬公升，蘋果汁爲二億五千萬公升，從一九六二年到一九七六年柑橘果汁需求的增加量超過其他果汁。

一九七六年西德果汁市場零售總值約爲十四億五千萬馬克，平均每人消費爲二十三馬克，因此，果汁的消費就大約佔冷飲（非酒精性）總消費的 1/5，佔一般飲料總消費大約 3％。

根據消費者調查顯示，57％西德人喝果汁，不過祇有17％經常飲用，一般說來，女人喝果汁比男人多，年青人喝果汁比老年人多，果汁的消費和教育程度成正相關，但是與收入水準卻沒有此種關係，所以我們可以推論說：教育程度高的人喜歡喝果汁，但是喝果汁的人卻不一定是高收入者，果汁的消費與季節有密切的關係，據估計，每年五月底到九月底是果汁暢銷季節，這幾個月的零售量佔全年總零售量之 2/3。

西德的飲料消費據估計已達到飽和水準的9％，不過，近年來一種明顯的趨勢是，消費者的興趣偏好從酒類飲料和牛奶轉向「提神」(Refreshment) 飲料，果汁自然屬於這種飲料，因此預料今後四年裡的果汁消費量一定會上升，大約一年增加 5％左右。

2. 競爭

一九七六年，西德果汁生產公司，經由合併和集中剩下大約 350 家，其中大約100家爲職工十人以上的工業廠家，最大兩家 (Deutsche Gtanini 及 Eches) 掌握了大約30％果汁市場，另外五家也操縱大約30％市場，其餘的市場就相當零碎，外國品牌果汁在市場上所佔比例不大，因爲進口業務全是由西德果汁製造商自己處理。

3. 價格

在西德，大部份果汁都是用玻璃瓶裝，祇有 5％是用紙盒裝，供應給飲食業的瓶裝與紙盒裝果汁通常是 0.25 與 0.33 公升，供應給食品零售店的是 0.7 與 1 公升，少數品牌也有 2 公升瓶裝果汁。

果汁市場的激烈競爭抑制了價格的上漲，由一九七二年到一九七六年，果汁價格僅僅上漲了大約 10％，而在一九七六年，果汁價格靜止不動，根本沒有上升，不過，果汁市場大致分爲兩部份：①品牌產品：零售價每公升 2 馬克以上，②大量產品，零售價每公升 1 馬克至 1.5 馬克。

批發商的價格通常是把製造商的出廠價加上大約20％，零售商通常把間接銷售的果汁價格添加大約50％，對直接銷售的加價60～65％。

一九七六年西德果汁零售價格

	類　別	容　量 (公升)	價　格 (馬克)
Naturella	橘　子	1	0.79
Punica	〃	1	0.98
Granini	〃	1	1.38
Eckes	〃	1	1.85
Epikur (Hitchcock)	〃	1	2.58
Naturella	文　旦	1	1.28
Eckes	〃	0.7	1.35
Valensina	〃	1	1.85
Epikur	〃	1	3.10
Naturella	葡　萄	1	1.28
Lindavia	〃	0.7	1.68
Kursiegel	〃	0.7	2.25
Naturella	蘋　果	1	0.79
—	〃	2	1.59
Lindavia	〃	0.7	0.98
Eckes	〃	0.7	1.18
—	醋　栗	0.7	1.48
Naturella	〃	0.7	1.15
—	梨	1	1.25
Del Monte (USA)	鳳　梨	0.7	2.28

資料來源：歐洲商情中心。

4. 通路

　　零售業一定是果汁銷售的主要分配通路，而目前的銷售數則不到總銷售數的40％，這個數字中包含團體消費（如公司及學校的福利社），大的佔總銷售數的10％，其餘的60％幾乎全是經由食品店賣給消費者。

　　製造商大約把1/3的產品直接交給批發商銷售，綜合食品店，連銷店，合作社，以及大部份飯館都得到直接供應。

　　㈡決策分析：

　　公司自進入西德市場開始，卽經由一代理商，該代理商不僅經營茂盛公司的產品，亦經營其它競爭性產品及非相關性產品，代理商被認爲甚具銷售力，亦有多年的果汁銷售經驗，代理佣金爲進口價格的5％。

　　劉副總經理分析若干在當地設立銷售分支機構的優缺點，在西德設立分支機構至少須用銷售經理等八名人員，年費用支出約爲三十萬美元，估計在設立分支機構之頭兩年尙不能挽回頹勢，其優點如下：

①提供當地的市場情報，建立各種表報制度，配合公司全般作業。

②徹底執行公司的各項政策，包括廣告，銷售，利潤，目標等等。

③可派遣技術人員和行銷人員，作爲未來投資設廠之準備。

以上爲優點方面，缺點方面有下：

①公司本身缺乏當地銷售經驗，不易勝任。

②可能引起銷售代理商之對抗和其他同等的抵制。

㈢結論：

你認爲分析此問題時所考慮因素應爲利潤，銷售，長期趨勢，或其他因素，你如果是茂盛公司的決策者，應如何解決此一問題。

本個案問題

一、本公司之優點與缺點（就國際行銷觀點着眼）何在？

二、如何改進缺點，試討論之。

第四篇　國際行銷資訊

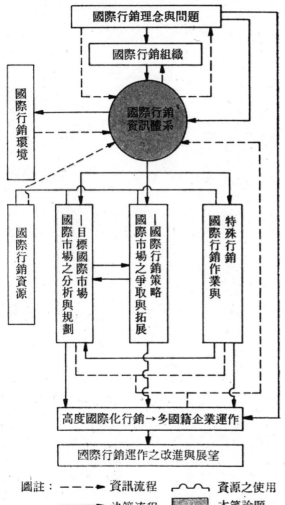

國際行銷理念與問題

國際行銷組織

國際行銷資訊體系

國際行銷環境

國際行銷資源

├目標國際市場
國際市場之分析與規劃

├國際行銷策略
國際市場之爭取與拓展

特殊行銷
國際行銷作業與

高度國際化行銷→多國籍企業運作

國際行銷運作之改進與展望

圖註：-----▶ 資訊流程　　⌒⌒ 資源之使用
　　　　───▶ 決策流程　　▨ 本篇論題

第五章　國際行銷資訊系統

- 國際行銷資訊系統之意義
- 國際行銷資訊之結構
- 國際商情資料之主要來源

第一節　國際行銷資訊系統之意義

　　資訊是決策所必須的「原料」。然而，從事國際行銷的廠商却於獲取資訊時面臨兩大問題。在工業先進國家中，可獲取之資訊遠超過任何廠商或個人所能消化、吸收的量。因此，廠商面臨的問題是資訊過多不知如何妥切運用而非缺乏資訊。但在工業先進國家受困於資訊爆炸的同時，低度開發國家却普遍缺少行銷人員所需之資訊。故國際行銷人員同時面臨資訊充足及資訊不足兩大問題。

　　行銷人員必須建立合用的資訊網，他必須知道從何處獲取資訊，收集何種資訊及各種獲取不同資訊的方法。列出一個標的資訊表爲國際行銷資訊系統的基本要素，因爲標的資訊表中的每一項資訊必然是爲達成組織某一特定目標而設。通常標的資訊表須包括下列五大項 ❶：

　　(1)市場資訊：包括市場潛力、消費者行爲及態度、配銷通度及新

---

❶ Warren J. Keegan, *Multinational Marketing Management*, 3rd Ed., (Englewood Clff, NJ: Prentice-Hall, Inc. 1983), pp. 214-216。

產品等。

(2)競爭資訊: 包括競爭者的策略及各項計畫。

(3)法令資訊: 包括國外滙率、稅法及各項規定, 同時也包括本國法規。

(4)資源資訊: 包括人力、財力、物料來源等。

(5)一般資訊: 包括經濟、社會、政治、科技各項要素及行政、管理之實務規定等。

第二節 國際行銷資訊系統之結構

國際行銷之資訊支系實爲國際行銷支系中最重要且最艱鉅之作業系統。爰就資訊系統藉簡要圖例（圖例 5-1）說明於後。

資訊系統可分內部自動報備子系、行銷偵察子系、行銷資料主動尋求子系、資料處理子系以及發用子系等五子系。內部自動報備子系、行銷偵察子系, 與行銷資料主動尋求子系皆爲資料收集之作業, 而資料處理子系與發用子系分別爲資料整理（使之有用）與發用作業, 如以組織型態相配合, 則整體資訊支系可藉圖5-1表明之。一如圖例5-1所示, 粗線方框實爲整個資訊支系之框紐機構。應具備充分之組織資源, 如人力、資力以及權威, 始能運用自如, 應變靈活。

資訊系統之建立耗費旣大, 亦需龐大之人力, 非中小企業之能力所及, 在推廣成立健全之資訊系統之初期, 似應靠政府之大力輔導始能收效。

壹、國際行銷資訊子系

內部自動報備, 當然包括我國國內機構與海外分機構之定期與專案特別報備。此種報備應能做到行銷環境與作業無特別變化時與有特別變化時均能報備，始能達到資訊之靈活。

　　偵察子系與主動尋求子系係屬非定期性作業，視特別需要而定。

　　至於發用作業，應能研究使用市場（總體觀點）與使用特性，做適切之配發。資料之發用可分下列三種：

　　(1)自動配發：定期發給，不管情況有無變化。

　　(2)不定期配發：情況突發或偶發時，隨時配發。

　　(3)應召（On Call）：應使用者要求發配。

　　要投入何種資料，當視地主國情況與母國情況而定。一般而言，總體資料、個體資料均必須蒐集。個體資料應涵蓋市場、策略、成本等情報。總體方面應包括經濟、法律、政治、文化、社會方面之資料，見表一。

表 5-1 投入資料

類　別	項　　目	備　　　註
個　體	市場資料 策略資料 成本資料	包括心理因素資料 （行爲資料）
總　體	經濟資料 法律資料 社會文化資料	

　　圖例 5-1 之產出（或發用）可藉簡報、通知、刊物、公告、會議、電報、咨詢等等方式達成。

貳、國際行銷之資訊子系與管理決策

　　資訊支系以管理決策之相互關係可從圖例 5-2 得到鳥瞰。如圖例所示，決策流程始於管理人員，資料流程可始自管理人員，亦可始自資料來源，但以資訊中心為樞紐機構。如斯決策人員（即管理者）可運用資訊系統自如，以達成高速機動應變之目標與理想。

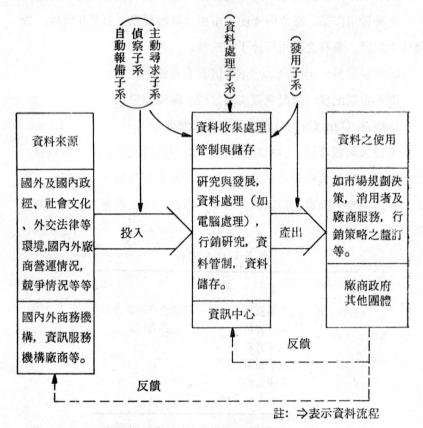

圖例 5-1 資訊系統與其有關組織

資料來源：郭崑謨著，國際行銷管理，修訂三版（台北市：六國出版社，民國 71 年印行），第132頁。

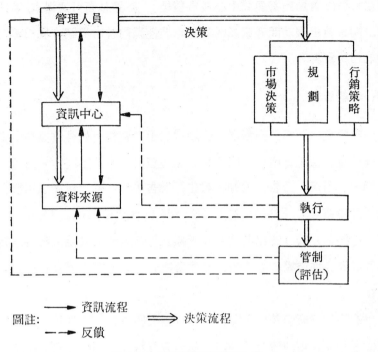

圖註:　
——▶ 資訊流程　⇒ 決策流程
--▶ 反饋

圖例 5-2 資訊體系與管理決策

第三節　國際商情資料之主要來源

壹、初級資料

　　資訊系統中之資料來源可分初級資料以及次級資料二大類。初級資料係第一手資料，通常要透過調查（包括問卷調查、電話訪問詢查、以及人員訪問調查）或觀察測量實際情況而得。我國對外貿易發展協會（簡稱外貿協會 China External Trade Development Council, CETDC)、國貿局、經建會、進出口同業公會，經常舉辦各類調查，獲得初級資料，提供廠商使用。此種初級資料之尋求尤以外貿協會與國貿局商務連繫中心最爲積極。 外銷廠商可透過⑴駐外機構，⑵派員出國訪問考察或⑶委託專業性國內外市場調查機構等方式獲取初級資料。

貳、次級資料

次級資料乃爲業經獲得之所謂"二手"資料，如外貿協會所索得之初級資料便是廠商之二級資料。二級資料以衆多不同方式出現，諸如期刊、書册、公告、通知、報告、廣告等等。受用較廣之次級資料有「外銷機會」、「外銷市場」、「Trade opportunity in Taiwan（臺灣貿易機會）」、「貿協叢刊」、「國際貿易參考資料」（現已暫時停刊）外貿協會各種市場調查報告、經建會所刊行之國際經濟景氣分析書刊等❷。

茲將我國廠商普遍參閱之國際行銷次級資料， 「外銷市場」、「外銷機會」、「外銷商情」、「國際貿易參考資料」、「貿協叢刊」以及「貿易週刊」簡介於后：

⑴「外銷機會」：外貿協會印行，每星期一出版。內容如圖例 5 -3 所示。

⑵「外銷市場」：外貿協會印行， 每星期三出版。內容如圖例 5 -4 所示。

---

❷ 外貿協會之地址爲：台北市敦化北路201號九樓及十樓，廠商應善加利用該會所可提供之無數國際行銷上必備之次級資料。外貿協會週來積極擴張，於國外設有許多分機構， 在現任秘書長武冠雄先生領導之下， 其業務可望更快速之推展， 對我國國際行銷之資訊系統之健全發展必有甚大之貢獻。海外分機構及合作機構之名稱地址，廠商可參考
List of Oversea Trade Organizations Cooperating with China External Trade Development Council and Far East Trade Service.

外銷機會
EXPORT OPPORTUNITY

4 13

國內郵資已付
臺北郵局
許可證第二二六號

外貿協會

中華民國六十八年四月十一日出版
（本刊每逢星期三出版、轉載時請註明本刊名稱及期數）

	2	圖	貿易機會
	9	圖	國外商品市場動態
	9		T941311　韓國商情報導
			・韓首次自巴西進口鐵鑛1萬5,000噸
			・韓自西班牙進口小型電冰箱1,700台
			・韓開發成功瓦斯漏氣警報器並積極向國外拓銷
			・韓爲改善毛衣生產將進口新機器2,150台
			・韓醫藥品進口急增，今年元月進口金額較去年同期增81.7%
	10		T941312　香港雕刻家具業因泰國禁止花梨木出口面陷於困境
	11		T941313　香港製桌業因競銷力滅減今年產銷呈現呆滯
	14		T941314　我製茶業外銷美國市場極具潛力
	15		T941315　美國取暖用燃木火炉暢銷
	13		T941316　美國家庭對家用電腦之愛好將如影視機之普及
	15		T941317　香港建材價格大漲港營建業今年將面臨困難
	14		T941318　西德滑雪用品因氣候惡劣面禮銷但樂器進口則續增
	14	圖	本會啓事
	14		T941321　本會備有瑞典對港、韓及我國紡品與鞋類進口配額資料，歡迎廠商就近查閱
	15		T941322　本會台南資料館週六下午停止開放
	15	圖	報導事項
	15		T941331　美國近10年來家用電器普及率之統計
	16		T941332　我製聚氯乙烯（PVC）樹脂輸印度可享優惠關稅
	16	圖	航運消息
	16		T941341　請發業多利用國際海運公司新闢之加勒比海航線
	17	圖	國外招標消息
	17	圖	廠商服務

專題演講

主題	時間	地點	備註
國際市場區隔化策略	4月13日（星期五）下午2時30分至4時30分	台北市敦化北路201號台塑大樓9樓本會9樓會議室	主講：郭崑謨博士政大企管研究所教授。歡迎業者自由參加

贈閱
105

中華民國對外貿易發展協會編印
china external trade development council
臺北市敦化北路201號9～10樓　電話：7522311（20線）
發行人：武冠雄
編輯人：中華民國對外貿易發展協會出版發行處

新聞局登記局版臺誌字第0881號
中華郵政臺字第2955號
登記第一類新聞紙

承印：中亨有限公司
台北市民生東路743巷14號
電話：7810270・7115988

圖例 5-3　「外銷機會」內容範例

(3)「外銷商情」：外貿協會印行，每星期五出版，內容與「外銷
　　市場」相似。

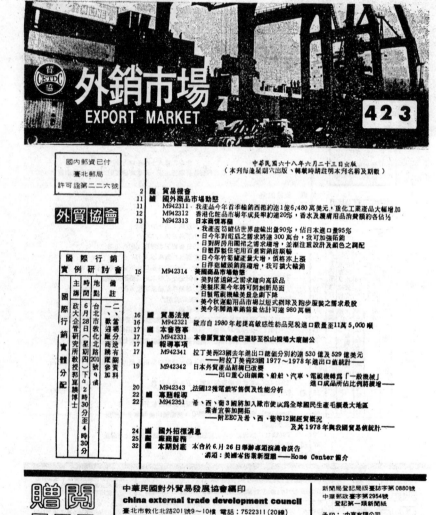

圖例 5-4 「外銷市場」內容範例

(4)「國際貿易參考資料」: 國貿局印行, 每週出版兩次 (每逢星

期三及星期六出版), 內容如圖例 5-5

所示，惟該刊物自民國71年6月起暫時停刊。

付巳資郵內國

局郵北台

號 1906 第掛訂外

■ **市場介紹**……………………………………… 2
　　去年南非進出口商品分析

■ **本局公告**……………………………………… 3

■ **國貿規定**……………………………………… 4
　　秘魯免稅進口新舊車輛及其零配件

■ **市場調查**……………………………………… 4
　　西德木製家庭用品市場
　　加拿大磁磚市場
　　澳大利亞作業工具市場

■ **市場報導**……………………………………… 7
　　象牙海岸可可粉銷售儲存概況

■ **國貿簡訊**……………………………………… 9
　　歐洲地區
　　亞洲地區
　　非洲地區
　　中東地區

■ **貿易機會**……………………………………… 12

■ **廠商服務**……………………………………… 19

(275)

國際貿易局
國際貿易參考資料

台北市羅斯福路一段七號一樓
中華民國七十年二月廿五日
(專供工商業者參考)
(轉載請註本刊期數)

圖例 5-5　「國際貿易參攷資料」內容範例
　　　　（註：該刊物現已暫時停刊，不久將會復刊）

(5)「貿易叢刊」：外貿協會印行，不定期。內容如圖例 5-6 所示。

(6)「貿易週刊」：臺北市進出口公會印行。內容如圖例 5-7 所示。

比較詳盡之次級資料主要來源將於下段介紹。

貿協叢刊：市場研析類　　編號：67～205

如何拓展我國產品在日本之銷路㈥

日本家電產品市場調查報告
──電風扇與電冰箱──

中華民國對外貿易發展協會編印

圖例 5-6 「貿協叢刊」資料範例

貿易週刊
TRADE WEEKLY

■ 中華民國七十五年四月十六日出版 ■

■ 本期隨刊附寄會員「台北市進出口公會公告欄」一冊 ■

第一一六四期目錄

發行人　陳　茂　榜

編輯者　本刊編輯委員會

發行所　台北市進出口公會貿易週刊社
　　　　地址：台北市南京東路三段六
　　　　　　　十五號三樓
　　　　電話：5813521～7轉269

印刷者　健華印刷企業有限公司
　　　　地址：台北市東園街66巷116
　　　　　　　～118號
　　　　電話：3012388・3032951

4	民國74年主要外銷工業產品「產」「銷」變動分析（下）	向　豐
7	何種情況會使油價節節回升	尤淑雅 譯
8	國際美元滙率預測	黃華南
9	國際油價對石化產品價格之影響	黃華南
10	如何利用商品展覽拓展出口（上）	吳立榮
14	日圓升值前後日本外貿變化分析	向　然
16	東歐七國市場近況	本刊資料室
18	美元・日圓・馬克滙率情勢變動概述	本刊資料室
22	如何利用三角貿易拓展外銷（中）	本刊資料室
25	新產品介紹	王哲皓 譯
26	工業產品新投資機會——繪圖終端機	本刊資料室
28	國際經濟動態指標	本刊資料室
30	我國產品在加拿大市場競爭情形分析㈤	許鈞鈞
34	從美國進口結構看我國產品輸美前景㈦	林黎兒
39	國際貿易實務問題答問	中華企業管理發展中心提供
40	貿易資料：日本鞋類市場	本刊資料室
42	美國車輛安全配件市場	本刊資料室
44	服務專欄	本刊資料室
45	國際貿易動態	本刊資料室
46	外滙貿易措施	本刊資料室
47	貿易一週	本刊資料室
48	公會動態	本刊資料室
49	出口貿易對象追蹤	林碩儒
51	最快出口機會	艾爾發電傳視訊中心 提供
53	貿易機會	本刊資料室
封面	封面說明：故宮博物院珍藏，公孫大娘　唐・俠女，擅創舞。	
封底	外幣滙率紀錄表・外滙交易中心新台幣實質有效滙率指數・經濟日報新台幣有效滙率指數・工商時報實質有效滙率指數・主要國家滙率	本刊資料室

圖例 5-7 「貿易週刊」內容範例

資訊系統之建立耗資甚大，亦需龐大之人力配合，故在推廣成立健全之資訊系統初期，要靠政府大力輔導始能收效。我國政府於商情提供方面之輔導及服務成績斐然。

參、我國供應商情資料有關機構❸

台灣地區有許多機構蒐集商情資料，較重要者如后：

(1)政府機構

經濟部商業司、國貿局、工業局、交通部、財政部、中央銀行、經建會、學術研究機構等。

⑵圖書館、藏書單位及出版單位

外貿協會資料館、中央圖書館、行政院經建會圖書室、國科會科技資料中心、各大學圖書館、報紙、雜誌等出版社。

(3)工商團體、協會等組織

全國工業總會、商業總會、工商協進會、外貿協會、進出口業公會、及各產業之同業公會等。

(4)民間機構

中華徵信所、工商徵信通訊社、企業管理顧問公司等。

肆、供應商情之國內外刊物

(1)Foreign Traders Index　有分佈於 143 個國家超過十四萬家進口商的電腦檔案。

(2)Trade List Service　是由Foreign Traders Index改編而成，以廠商所提供之產品及勞務來分類，列出各廠商之名稱和

---

❸ 郭崑謨著，國際行銷管理，修訂三版，（臺北市：六國出版社，民國71年印行）第 151頁。

地址。

(3)Export Mailing List Service　以廠商所在地區及產品分類，可爲郵寄資料對象之參考。

(4)The Oversea Business Reports　內容包括世界各國之經濟、地理、人口、法令、進出口情況、專利、商標法、通路結構等。

以上資料均爲美國商務部印行。除美國外，尚有國內諸多組織及許多國家、組織提供國外商情資料，茲舉例如下：

一、期刊年鑑類㈠──國外刊物❹

(1)The European Common Market Newsletter, The European Common Market Development Corporation 印行，週刊。

(2)Kiplinger's Foreign Trade Letters, Kiplinger Washington Editors (Washington D. C. USA) 印行，月刊。

(3)Comprehensive Export Requlation, 美國商務部印行，活頁裝訂之出口法規 "大全"。

(4)Survey of Current Business, 美國商務部印行，月刊。有詳細之經濟企業統計資料及專題報導。

(5)Direction of International Trade, 美國商務部印行，有進出口貿易資料。

(6)World Business Spotlight, 英國 Economist Intelligence Unit 印行。

(7)Commerce Today, 美國商務部印行之月刊，內容分類頗類似外貿協會之外銷市場與外銷機會刊物。

---

❹ 同註❷，第151～153頁。

(8)OECD Statistical Bulletins, 國際經濟合作及開發組織
(Organization of Economic Cooperation Development)
印行，內容包括各國人口、勞動力、貿易、商業、工業、農業
金融等資料。

(9)Sale Management, 美國 Sales Management Inc. 印行，
具有美國、 加拿大等詳細之人口、 零售額、 可支配所得等資
料，及1年至5年之預測資料月刊。

(10)UN Statistical Yearbook, 聯合國印行之各國綜合性年鑑。

(11)UN Demographic Yearbook, 聯合國印行之各國人口統計資
料。

(12)Annual Report on Exchange Restrictions, IMF 國際貨
幣基金會印行，含有各國外滙有關資料。

(13)UN Yearbook of International Trade Statistics, 聯合國
印行之國際貿易統計年鑑。

(14)Balance of Payments Yearbook, IMF, 國際基金會印行之
各國國際收支情況資料。

(15)The Europa Yearbook, 美國 Noyes Development Corp,
(New York) 印行之有關歐洲各國之綜合性年鑑。

(16)日本『工商弘報』，日本 JETRO (相當於我國外貿協會) 發
行。

(17)韓國『貿易通訊』，韓國 KTA (相當於我國外貿協會)發行，
有中、英文版。

二、期刊年鑑類㈡──國內刊物❺

───────────────

❺ 黃明瑜撰，我國對外貿易資訊系統建立之可行性研究，國立政治大學企
業管理研究所未出版碩士論文 (臺北: 民國70年6月)，第49～54頁。

⑴「外銷市場」：外貿協會印行，每星期三出版，內容爲貿易機會、國外商品市場動態、貿易法規等。

⑵「外銷機會」：外貿協會印行，每週六出版，內容與外銷市場類似。

⑶「國際經濟情勢週報」：經建會印行，每週出版，內容爲主要工業國家生產指數、物價、貿易、外滙準備等資料。

⑷「貿易週刊」：台北市進出口同業公會印行，每週出版，內容爲貿易機會、國際經濟動態、專論等。

⑸「市場與行情」：工商徵信通訊社印行，每日出版，內容爲市場商情及分析。

⑹「中華民國進出口貿易統計月報」：財政部統計處印行，每月出版，內容爲進出口貿易指數、各國進出口比例及進出口貨品分類統計等。

⑺「國際貿易參考資料」：國貿局印行，每月出版，內容爲市場報導、國貿新聞、產品市場介紹、國貿簡訊、貿易機會、國際標訊等（自民國71年7月起暫時停刊）。

⑻「自由中國之工業」：經建會印行，每月出版，內容爲國內農工生產及貿易運輸等重要統計數字彙編。

⑼「主要大宗農產品市場資料週報」：國貿局第三組印行，每週出版，內容爲黃豆、小麥、玉米等主要農產品之國際價格。

⑽「韓國經濟簡訊」：中華民國駐韓大使館經濟參事處印行，每月出版二次，內容爲韓國之經濟與貿易現況。

⑽「菲律賓經貿簡訊」：太平洋經濟文化中心駐馬尼拉辦事處經濟組印行，每月出版，內容爲菲國財政、金融與對外貿易。

⑿「中華民國進出口貿易統計月報」：海關總稅務司署統計處印

行，每月出版，內容爲各項貨品之進出口量、値、來源及輸出
國別等。

(13)「中華民國進出口貿易統計年刊」：海關總稅務司署統計處印
行，每年出版，內容與月報類似，而爲年資料。

(14)「工具機簡訊」：工業技術研究院金屬工業研究所印行，每月
出版，內容爲工具機之市場概況及產銷分析。

(15)「鋼鐵工業市場簡訊」：工業技術研究院金屬工業研究所印行，
每月出版，內容爲鋼鐵市場概況及其產銷分析。

(16)「橡膠工業」：台灣區橡膠工業同業公會印行，內容爲橡膠有
關市場動態、外銷統計、法令規章等。

(17)「石化工業」：石化工業雜誌社印行，每月出版，內容爲我國
石油化學品供需情形，世界石油化學品工業市場概況。

(18)「中國水產」：中國水產協會印行，每月出版，內容爲國內外
水產消息、台灣區漁業生產統計。

(19)「罐頭出口統計」：台灣區罐頭食品同業公會印行，每年出版，
內容爲各類罐頭產銷狀況及國外統計資料。

(20)「台灣林業」：台灣省林務局印行，每月出版，內容爲國內外
木材市場產銷報導、林業技術及工商服務。

(21)「台灣茶訊」：台灣區製茶工業同業工會印行，每月出版，內
容爲國內外茶情、台茶輸出量統計。

三、參考書類及索引類

(1)Dun and Bradstreet S. Million Dollar Market, 美國
Dum and Bradstreet 印行有詳細之美國大廠商綜合性資料。

(2)R. Ferber（ed.）*Handbook of Marketing Research.*
New York: McGraw Hill Book Co. 1974. 行銷研究手册，

包羅甚廣，有詳細之次級資料來源。

(3)Thomas Register, 美國之採購指南。

(4)AMA International Directory of Marketing Research Houses and Services, 美國行銷學會紐約支會印行，內含行銷研究廠商名錄。

(5)Checklist of International Business Publication, 美國商務部印行之國際企業類刊物索引。

(6)Catalog of UN Publications, 聯合國印行之出版物目錄。

(7)New York Time Index, 美國紐約時報索引。

(8)The Wall Street Journal Index 美國華爾街日報（經濟財務企業等之專業日報）之索引。

(9)United States Department of Commerce Publication Catalog and Index 美國商務部刊物索引。

(10)Catalog of OECD, OECD 索引。

伍、中華民國駐外單位──國際商情之重要來源

（註：中華民國對外貿易發展協會提供）

ASIA
Bangladesh
· Dhaka
▲FETS Honorary Representative in
Bangladesh
The Marine Service
Khulna-House
105 Kakrail, Dhaka
Tel. 402601
Tlx. 642426 SNHT BJ
ATTN: MR.MANNAN

HONG KONG
· HONG KONG
*Hongkong Investment Liaison Office
415 Central Building
Pedder Street, Hong Kong
G.P.O. Box 2769 Hong Kong
Tel.5-243337, 5-231851
Cable: "TSINGRICH" HONG-KONG

India
• New Delhi
▲FETS Honorary Representative
for India, Nepal and Afghanis-
tan
A-5 Sujan Singh Park
New Delhi-110003
Tel. 694314, 698567
Tlx. 313760 FETS IN
Cable:FREENEWS NEW DELHI

Indonesia
• Jakarta
*Chinese Chamber of Commerce
to Jakarta
Jl. Banyumas No. 4
Jakarta
Tel. 351212
Tlx. 45126 SINOCH IA

Japan
• Tokyo
*Association of East Asian
Relations
Tokyo Office. Economic
Division
3F.,39 Mori Bldg., 2-4-5
Azabudai
Minato-ku, Tokyo
Tel. 4341191
Tlx. J28511 HANIRY
Cable: AEARTKY TOKYO

▲Far East Trade Service Center
Tokyo Office
Nagai International Bldg.
12-19 Shibuya 2-Chome
Shibuya-Ku, Tokyo 150
Tel. (03)407-9711
Tlx. 2423591 FETSJ
Cable, YEUANDONG TOKYO

• Osaka
▲Far East Trade Service Center
Osaka Office
9th Fl., Nissei Midosuji Bldg.
2-4, 4 Chome Minami Senba
Minami-ku, Osaka
Tel. (06) 244-9611
Cable: FETSCENTER OSAKA

• Fukuoka
▲Far East Trade Service Center
Fukuoka Office
9/F., Hakata Shinmitsui Bldg.
1-1, Hakata Ekimae 1-Chome
Hakata-ku, Fukuoka
Tel. (092)472-7461
Tlx. 726478 FETSJ
Cable:FETS FUKUOKA

• Okinawa
▲Far East Trade Service Center
Okinawa Office
C.P.O. Box 456
Naha, Okinawa

Tel. NAHA 62-7009
Cable: TTCENTER, OKINAWA

Korea
· Seoul
*Office of Economic Counselor,
Embassy of the Republic of
China in Korea
#83, 2-ka, Myung-dong
Chung-ku, Seoul
Tel. 776-2889, 776-4482
Cable: SINOECON SEOUL

Malaysia
· Kuala Lumpur
*Far East Trading & Tourism
Center
SDE. BHD.
Lot 201A, Wisma Equity
150 Jalan Ampang
Kuala Lumpur
Tel. 426176
Tlx. FETTC MA30052
Cable: "FOMLANDA"
        KUALA LUMPUR

Philippines
· Manila
*Pacific Economic & Cultural
Center Economic Division
8th Fl., B.F. Homes Building
Aduana St., Intramuros Manila
P.O.Box 948

Manila
Philippines
Tel. 46-18-80, 46-19-87
Tlx. 7420434 EDPEC PM
Cable: "SINOECON" MANILA,
        PHILIPPINES

Singapore
· Singapore
*Trade Mission of the Republic
of China in Singapore
5 Shenton Way.
#1401, UIC Building
Singapore 0106
P.O. Box 3428
Singapore
Tel. 2224951
Tlx. RS25438 SIMISON
Cable: SINOMISION

Sri Lanka
· Colombo
▲FETS Honorary Representative
in Sri Lanka
No. 28, W.A.D. Ramanayake
Mawatha Colombo 2
Tel. 549312
Tlx.21716 FRUKO CE.
        ATTN: FETS

Thailand
· Bangkok
*Economic Dept., Far East Trade

Office
10/F.,Kian Gwan Building
140 Wit Thayu Road
Bangkok 10500
Tel. 2519393, 2519274
Tlx. 82184 TH CHINATA
Cable: "CALECON" BANGKOK

OCEANIA
Australia
• Sydney
▲Far East Trade Service, Inc.
Branch Office in Sydney
Level 35, MLC Centre
King Street
Sydney 2000
Tel. 2326626, 2413449
Tlx. FETRA AA 71565

• Melbourne
Far East Trading Co. Pty. Ltd.
4th Floor, International House
World Trade Center Melbourne
Corner Spenser and Flinders
Street
Melbourne, Vic., 3005
Australia
Tel. (03) 611-2988
Tlx. FETRAM AA 37248
Cable: FETRA MELBOURNE

Fiji
• Suva

*East Asia Trade Centre (Fiji
Ltd
Air Pacific House
Cnr. Mcarthur & Butt Streets
Suva, Fiji
Tel. 315922, 315476
Tlx. 2234 EATCFJ SUVA
Cable: EATCFJ SUVA

New Zealand
• Auckland
*East Asia Trade Centre Auck-
land Office
3rd Fl., Norwich Union Building
Cnr Queen & Durham Street
Auckland
C.P.O. Box 4018
Auckland
New Zealand
Tel. (09) 33-903
Tlx. NZ 60209
Cable: EASTRAD

MIDDLE EAST
Jordan
• Amman
*Far East Commercial Office
4th Circle Jabal Amman
P.O. Box 2604
Amman
Jordan
Tel. 671530, 671526
Tlx. 21303 JDEM JON

Cable. MEARO AMMAN

Kuwait
· Kuwait
▲Far East Trade Service, Inc.
Branch Office in Kuwait
P.O. Box 2590 Salmiya
State of Kuwait
Tel. 2523211 Ext. 48
Tlx. 46175 KOEN
Cable: WAFRAYNCO

Saudi Araba
· Jeddah
*Office of Economic Counselor
Embassy of the Republic of
China
6th Fl., Kaki Center, Medina
Roac Jaddah
P.O. Box 580 Jeddah
Saudi Arabia

Tel. (02) 6601445, 6653072
Tlx. 402337 SINOEC SJ
Cable: "SINOECON" JEDDAH

· Dammam
▲Taiwan Products Display
Center
FETS, Saudi Arabia
P.O.Box 1138
Dammam 31431
Tel. 832-5485
Tlx. 601157 FETSSA SJ

Cable: FETS DAMMAM

U.A.E.
· Dubai
▲Far East Trade Service, Inc.
Branch Office in Dubai
P.O.Box 5852

Dubai, U.A.E.
Tel. 227388, 226537
Tlx. 46717 FETSD EM

AFRICA
Ivory Coast
· Abidjan
*Far East Trade Service, Inc.
01 P.O. Box 3782
Abidian 01
Tel. 326936/326939
Tlx. 22573 FETS CI

Libya
· Tripoli
*Commercial Office of the
Republic of China in Libya
Flat No. 6, lbn Mubarik Sec-
tion, lbn Ashur Street
Tripoli
P.O. Box 4772
Tripoli
Libya
Tel. 603460
Txl. 20658 COROCIL LY

EUROPE

Mauritius

Austria

· Port Louis

· Vienna

▲FETS Honorary Representative
in Mauritius
G.P.O.Box 172 Port Louis
Tel. 22529, 21134
Tlx. IW 4363 ABC
Cable: CHUEWING

▲Far East Trade Service,. Inc.
Branch Office in Vienna
Stubenring 4-12A
A-1010, Vienna
Tel.53-19-33
Tlx. 116286 FETS A

Nigeria

Belgium

· Lagos

· Brussels

▲Far East Trade Service Inc.
Nigeria Office
P.MB 21350 Ikeja
Lagos State
Tlx. 20202 NET TDS NG
TDS BOX 211, IKEJA
ATTN:JEFF WANG,FETS

*Far East Trade Service, Inc.
Belgium Branch Office
World Trade Center 1, 16e
Etage
Boulevard Emile Jacqmain 162
1000 Brussels
Tel. (02)218.51.57 218,51,97
Tlx.25343 FETS B
Cable:FAREASTRADE
BRUSSELS

South Africa

· Johannesburg

*Office of the Economic
Counsellor, Embassy of the
Republic of China
Suite 605, The Trust Bank
Centre
56 Eloff St.
Johannesburg
Tel. (011)331-2301
Tlx. 48-9808 SA
Cable: SINOECON

Denmark

· Copenhagen

*Far East Trade Office,
Copenhagen-Denmark
Ny Ostergade 3
DK-1101, Copenhagen K
Tel. 01-123505
Tlx. 16600 FOTEX DK
Attn. Trepresent,
Copenhagen

Cable: TREPRESENT

France
• Paris
*Centre Asiatique de Promotion
Economique et Commerciale
3, Av. Bertie Albrecht
75008 Paris
Tel. 563 33 54
Tlx. 641257 FCAPEC

▲Far East Trade Service, Inc.
Succursale a Paris
8, rue de Penthievre
75008 Paris
Tel. 266-0512, 266-0562
Tlx.FETS 643786F

Germany, Federal Republic of
• Frankfurt
*Far East Trade Service Center
Westendstrasse 8
D-6000 Frankfurt Am Main
Tel. (069)727641
Tlx. 416777 FETS D
Cable: FETRA FRANKFUR-
TMAIN

*Taiwan Investment Services
Dreieich Strasse 59
6000 Frankfurt/Main 70
Tel. 069-610742
Tlx. 414460 ASIAT D

Cable:SINOINVEST

• Duesseldorf
*Taiwan Trade Service, Dues-
seldorf
Koenigsallee 22
4000 Duesseldorf 1
Tel. 0211-84811
Tlx. 8582232 FETS D

Italy
• Milan
*Centro Commerciale Per
L'estemo Oriente
Via Fabio Filzi, 2
20124 Milano
Tel. (02)6595070. 6590658
Tlx. 331594 BOFTTF I
Cable: FAREASTRAD MILANO⟩

Netherlands

• Rotterdam
▲Far East Trade Service, Inc..
Rotterdam Office
P.O. Box 21582
3001 An Rotterdam
Tel. 010-140980, 010-140422.
Tlx. 24225 FETS NL
• Hague, The
*Far East Trade Office
Economic Division
Javastraat 58

2585 Ar., The Hague
Tel. 070-469438
Tlx. 34281 ECODI NL

Spain
· Madrid
▲FETS Honorary Representative
in Madrid
Calle Barquillo, 31
Madrid-4
Tel. (01)419.51.89
Tlx. 23581 CENCO E
    ATTN:ROMANWANG

Sweden
· Stockholm
▲Taipei Trade Tourism &
Information Office
Birger Jarlsgatan, 13,4
Tr. S-111 45 Stockholm
Tel. 08-205011
Tlx. 15360 SHAMO S

Switzerland
· Zurich
*Far East Trade Service, Inc.
Stampfenbachstrasse 56
8006 Zurich
Tel. (01)3634242
Tlx. 54264 FETS CH
Cable: FETSI,ZURICH

United Kingdom
· London

*Majestic Trading Co. Ltd.
5th Floor, Bewlay House
2 Swallow Place
London W1R 7AA
Tel. (01)629-1516
Tlx. 25397 MAJECO G
Cable: MAJESCO LONDONW1

▲Taiwan Products Promotion
Co.,Ltd.
432-436 Grand Buildings
Trafalgar Square
London WC2N 5HD
Tel. 8395901
Tlx. 919744 FETS LG

NORTH AMERICA
Canada
· Montreal
▲FETRACO Inc.
P.O. Box 349
Place Bonaventure
Montreal,Quebec H5A 1B5
Tel. 866-0598
Tlx.055-61456 FETCOR
Cable: FETRACO MONTREAL

· Toronto
*Far East Trade Service, Inc.
2 Bloor Street East
Toronto, Ontario M4W 1A8
Tel. (416)922-2412
Tlx. 065-28086 TROC TOR

Cable: FETSTOR

• Vancouver

▲Far East Trade Service, Inc.
Vancouver Office
409 Granville St.
Vancouver, B.C. V6C1T2
Tel. (064)682-9501
Tlx. 04-51162 FETS VCR

U.S.A.
• Washington D.C.
*Economic Division, CCNAA
4301 Connecticut Ave., N.W.
Suite 420, Washington D.C.
20008
Tel. (202)686-6400
Tlx.440292
Cable: "SINOECO"
　　　Washington D.C.

• New York
*Investment and Trade Office,
CCNAA
8th Fl., 126 E. 56th St.
New York, N.Y. 10022
Tel.212-752-2340
Tlx. 426330 CITO
Cable: CITOCABLE

▲CETDC, Inc.
41 Madison Avenue
New York, NewYork 10010
Tel. (212)532-7055

Tlx.426299 CETDC NY
Cable:CETRANEY NEW YORK

• Chicago
*Commercial Division, CCNAA
Office in Chicago
20 North Clark Street
19th Fl.
Chicago, Il. 60602
Tel.(312)332 2535
Tlx. 253320 REP CHINA CGO
Cable: REPCHINA

▲Far East Trade Service, Inc.
Branch Office in Chicago
The Merchandise Mart, Suite 272
Chicago, 111, 60654
Tel. (312)321-9338
Tlx. 253726 FAREAST TR CGO

• Los Angeles
*Commercial Division, CCNAA
Office in Los Angeles
3660 Wilshire Blvd.,
Suite 918, Los Angeles
California 90010
Tel. (213) 380-3644
Tlx. 9103214021
　　　ROCTRADE LSA

• San Francisco
▲FETS Representative in
San Francisco

555 Montgomery Street
San Francisco, CA. 94111
Tel. (415)362-6882
Tlx. 470251 CENT UI
Cable: CETRA SAN

FRANCISCO
SOUTH & CENTRAL
AMERICA
Argentina
• Buenos Aires
*Oficina Comercial de Taiwan
Julio A. Roca 636, 7 Piso
1067-Buenos Aires
Tel. 307961, 307982
Tlx. 9901 BOOTH AR
Cable: OFICOMTAIWAN
BAIRES

Brazil
• Sao Paulo
▲FETS Inc.
Attn: Dr.Chien Han Sun
C.P. 60512
CEP 05899 Sao Paulo
Tel. 212-3037

Chile
• Santiago
*Centro Comercial del Lejano
Oriente
La Gioconda 4222, Las Condes
Santiago

Casilla 2-T,Correo Tajamar
Santiago
Chile
Tel. 2282919, 2283185
Tlx. 340412 PBVTR CK OFITAI
ATTN. CARLOS CHENG
Cable: OFITAI SANTIGO

Colombia
• Bogota
*Oficna Comercial del Lejano
Oriente
Carrera 7 No.79-75, Oficina 501
Bogota D. E.
Apartado Aereo 75189
Bogota D.e.
Colombia
Tel. 2554076
Tlx. 45892 CEBCA
Attn: Jaime Chen
Cable: MEARO, BOGOTA

Costa Rica
• an Jose
*Agregado Comercial, Embajada
de La Republica de China
Del Automercado 75 Mts AI Sur
Barrio Los Yoses
San Jose
Apartado 907
San Jose
Costa Rica
Tel.24-8180, 24-8191

Tlx. 2174 MEARO

Dominican Republic
· Santo Domingo
*Oficina Del Agregado
Comercial de La Embajada de
La Republica de China
Boy Scouts No. 16-A
Ens. Naco Santo Domingo
Apartado Postal 20322
Santo Domingo
Republica Dominicana
Tel. 5671275
Tlx. (RCA) 3264255 ECHINA
(ITT) 3460267 SINOEMB
Cable: "SINOEMBASY"
SANTO DOMINGO

Ecuador
· Guayaquil
▲Sucursal de la Oficina Comer-
cial de la Republica de China
P.O. Box 9245
Guayaquil
Tel. 303500
Tlx. 3770
OCRCHI ED
Cable: AGENCON
GUAYAQUIL

Guatemala
· Guatemala City
*Oficina de la Agregado Comer-

cial Embajada de la Republica
de China
Edificio Torre Cafe
10 Nivel
7a, Avenida 1-20
Zona 4, Guatemala City
Tel. 318705-318715
Tlx. 5107 MEARO GU
ATTN: SINOECON
Cable: SINOECON
GUATEMALA

Panama
· Panama City
*Office of the Commercial
Attache Embassy of the Repu-
blic of China in Panama
3-B Edificio "Carrillon"
Via Argentina
Panama City
Apartado 6-2696
Estafeta El Dorado, Panama
Republica de Panama
Tel. 69-4235, 69-2995
Tlx. 2661 SINOECON
Gade: "SINOECON"
368661 Panama

Paraguay
· Asuncion
*Office of the Commercial
Attache Embassy of the
Republic of China in Paraguay

Herrea 195 Esq Yegros
Edificio Inter Express. Rm. 302
Asuncion
Casilla 503
Asuncion
Paraguay
Tel.94-361
Tlx. 702 PY ECHINA,
　　　Asuncion Paraguay

Peru
・Lima
*Centro Comercial del Lejano
Oriente Lima, Republica del
Peru
Jiron Ramon Ribero 1069
Barranco, Lima 4
Casilla 177, Miraflores
Lima 18
Peru
Tel. 465865, 405265
Tlx. 21411 CCLOTW

Uruquay

・Montevideo
*Oficina del Agregado
Comercial
Embajada de la
Republica de China
Calle Dr. Jose Scoseria 2871
Bis Apt. 201
Montevideo
Casilla de Correo 12173
Montevideo
Uruguay
Tel. 709459, 708711
Tlx. MEARO UY6102
Cable: "SINOEMBASY"

Venezuela
・Caracas
▲Oficina Comercial de Taiwan
Apartado 68717, Altamira
Caracas 1062-A
Tel. 328673
Tlx.24619 TACOM
Cable: TAICOM CARACAS
VENEZUELA

陸、與我國有合作關係可供應商情之商業組織
　　（註：中華民國對外貿易發展協會提供）

　1.香港:

　Hong Kong General Chamber of Commerce P.O. Box
　852 Tel:5-237177, Hong Kong

　2.日本:

　The Japan Chamber of Commerce and Industry 2-2

Marunouchi 3-Chome, Chiyo da-Ku, Tokyo 100, Japen

3.韓國:

Busan Chamber of Commerce and Industry #38,2-GA,

Daegyo-Dong, Jung-Gu, Busan, Korea Tel: 22413618

Korea Chamber of Commerce & Industry

G.P.O. Box 25, Seoul, Korea

Korea Traders Association

10-12-Ka, Hoehyun-dong, Chung-Ku, Seoul, Korea.

Tel· 28-8251/4

4.沙烏地阿拉伯:

Chamber of Commerce and Industry of Mecca P.O.

Box 1086, Mecca, Saudi Arabia

Tel. (022) 25775

Eastern Province Chamber of Commerce and Industry

Damman P. O. Box 719, Saudi Arabia Tel. (031) 25218

First National City Bank

P.O. Box 490, Jeddah, Saudi Arabia

5.阿拉伯聯合大公國:

Sharjah Chamber of Commerce & Industry

P.O. Box 580 Sharjah, United Arab Emirates

6.土耳其:

Export Promotion Research Center Ataturk Bulvari 53ʹ

Ankara, Turkey

Tel. 179037

Istanbul Chamber of Commerce

P.O. Box 337

Tel. 45-41-30

7.美國:

American Importers Association

420 Lexington Ave.

New York, N.Y. 10017, U.S.A. Tel. (212) 683-4993

Atlanta Chamber of Commerce

1300 Commerce Building

P.O. Box 1740

Atlanta, Georgia 30303, U.S.A.

Chamber of Commerce of Hawaii

Dillingham Buiding

735 Bishop St., Honolulu, Hawaii 96813

Dallas World Trade Center

2100 Stemmons Freeway, Dallas, Texas 75207, U.S.A.

Chicago Association of Commerce and Industry

130 South Michigan Ave, Chicago, Ill. 60603, U.S.A.

International Center

1320 South Dixie Highway

Gables one Tower, Suite 280, Coral Gables, Florida,

33146, U.S.A.

New York Chamber of Commerce and Industry

65 Liberty St. New York, N.Y. 10005, U.S.A.

California Mart

110E. 9th St. L.A. Calif. 90015. U.S.A.

8. 阿根廷:

Camara Argentina de Comercio

Wenceslas Vielafane 740

Buenos Aires, Argentina

9. 巴西:

Confederacao Nacional do Commercio

Av. General Justo, 307-ZC39

Rio de Janeiro, GB

Tel. 222-9971

10. 委內瑞拉:

Association Venezolana de Exportadores

Padre Sierra Amonoz

Edificio Disconti S Piso, Caracas, Venezuela

11. 法國:

Centre Mediterraneen de Commerce International

25A, Avenue Pasteur, 13007 Marreille, France

12. 西班牙

Banco de Vizcaya

Departments Central de Extranjero

Alcala, No. 45, Madrid, Spain

13. 瑞士:

Union Bank of Switzerland

45 Bahnhefstrasse, 8021, Zurich, Switzerland

14. 英國:

Confederation of British Industry

21 Tothill St., London SWIH 9LP, U.K.

15.西德:

Chase Manhattan Bank

Bleichstrosse 14,4 Duesseldorf 1, West Geomany

16.南非聯邦:

The Durlan Chamber of Commerce

P.O. Box 1506, Durban 4000, South Africa

17.澳洲:

Bank of New South Wales

G.P. O. Box 1, Sydney N.S.W. 2001, Australia

18.印度:

Trade Development Authority

Bank of Baroda Building

16, Parliament St, New Delhi-110001, India

19.科威特:

Kuwait Chamber of Commerce & Industry

P.O. Box 775, Kuwait Gity, Kuwait, Tel. 433864

20.加拿大:

The Canadian Chamber of Commerce

Commerce House 1080 Beaver Hall Hill

Montreal 128, Quebec, H22 1T2, Canada, Tel. 8664334

21.智利: Association Nacional de Importadores

Santa Lucia 302, 4 Piso, Santiago, Chile

（以上資料摘自外貿協會1978年印行之 *List of Oversea Trade Organizations Cooperating with CETDC & FETS pp.* 1-43)

各國行銷及行銷研究機構

　本節所提供資料係根據發技氏（R. Ferber）所編印之行銷研究手冊（Handbook of Marketing Research）而得。該手冊內容甚豐，玆就重要者列舉於后，以供參考:

1). Argentina（阿根廷）

　　Sociedad Argentina de Marketing

　　Avenida Belgrano 1670, 5 Piso, Buenos Aires

2). Australia（澳洲）

　　Marketing Research Society of Australia

　　c/o Dr. Arthur Meadows, 8 Beauty Point Road

　　Mosman: New South Wales

3).Austria（奧地利）

　　Verband Marktforscher Osterreichs

　　c/o Henkel Austria, Erdbergstrasse 29, A-1030 Vienna

4). Belgium（比利時）

　　Belgian Market Research Association

　　Chaussee de Wavre 16 1050 Brussels

　　Belgian Management and Marketing Association

　　5 Place du Champs de Mars, 1050 Brussels

5). Brazil（巴西）

　　Associacso dos Directores de Vendas do Brasil

　　Alameda Santos 2326, Sao Paulc

6). Czechoslovakia（捷克）

　　Czechoslovak Marketing Association

Smetanovo Nabrezi 26, Prague 1

7). Denmark （丹麥）

Association of Market Research Organizations in
Denmark-AMRCD

Lindevangs Alle 14, 2000 Copenhagen

Danish Market Research Association

c/o Masius Reklamebureau A/S, Halmtorvet 20 1700
Copenhagen

8). Finland （芬蘭）

Finnish Marketing Association

Runeberginkatu 22-24, Helsinki 12

Finnish Marketing Research Society

c/o Suomen BP Oy, Nikonkatu 8, Helsinki 10

Suomen Myynti——Marketing Research Section

c/o Mrs. Sirpa Saarikivi, IFH Research International

Oy Keskukatu 3, Helsinki 10

9). France （法國）

ADETEM-Association nationale pour le Développe-
ment des

Techniques de Marketing, 30 rue d'Astorg, 75 Paris
8eme

10). Germany （德國）

ADM—Arbeitskreis Deutscher Marktfors chungsin-
stitue e.v.

Altkonigstrasse 2, 6231 Schwalbach am Taunus

BVM--German Market Research Association

Eulenkamp 14, 2000 Hamburg 70

11). Greece（希臘）

GMA --Institute of Marketing

6 Philellinon Street, Athens 118

Hellenic Marketing Association

c/o 57 Acadimias Street, Athens

12). Hungary（匈牙利）

Hungarian Committee for Marketing

V. Kossuth Lajos ter 6-8, Budapest

13). India（印度）

Indian Marketing Association

PO Box 1015, Bombay 1

14). Ireland（愛爾蘭）

Marketing Society of Ireland

19 and 20 Upper Pembroke Street, Dublin 2

15). Israel（以色列）

Israel Marketing Association

Leon Recanti Graduate School of Business Adminis-

tration Ramat-Aviv, Tel-Aviv

16). Italy（義大利）

Associazione Italiana per gli Studi di Marketing

Via Olmetto 3, Milano

17). Japan（日本）

Japan Marketing Association

Ginza Studio Building

16-7, 2-chome, Ginza Chuo-ku, Tokyo

18). Korea (韓國)

Korean Marketing Association

PO Box 3774, Seoul

19). Mexico (墨西哥)

Mexican Marketing Association

PO Box 20-350, Mexico 20 D.F.

20). Netherlands (荷蘭)

Ndeerlands Instituut voor Marketing

Parkstraat 18, Den Haag

Nederlandse Vereniging van Marktonderzoekers

Organisatio-Bureau Wissenraet NV

Van Eeghenstraat 86, Amsterdam 1007

International Marketing Federation

General Secretary: A. van Goch

Parkstraat 18

The Hague

Netherlands

ESOMAR-European Society for Opinion and

Marketing Research

Secretary General: Ms. F. Monti

Raadhuisstraat 15

Amsterdam

Netherlands

21). New Zealand（紐西蘭）

Market Research Society of New Zealand

PO Box 2147, Wellington

22). Norway（挪威）

Norwegian Marketing Research Society

c/o Marketing Assistanse A/S

Tronheimsvein 135, O.1o 5

23). Pakistan（巴基斯坦）

Marketing Association of Pakistan

23 Zaibunnisa Street, PO Box 7438, Karachi 3

24). Portugal（葡萄牙）

Sociedade Portuguesa de Commercializacao-Marketing

Avenida Elias Garcia 172, 2 Esq, Lisboa 1

25). Rumania（羅馬尼亞）

Rumanian Marketing Association

12 Republicii Boulevard

Bucharest

26). South Africa（南非）

South African Market Research Association

PO Box 10483, Johannesburg

27). Spain（西班牙）

Asociation Espanola de Marketing

Avenida de Calvo Sotelo 29, Madrid

Asociation Espanola de Estudios de Mercado yde

Opinion

c/o Apartado 12. 170, Barcelona 6

28). Sweden (瑞典)

Swedish M——Gruppen

Fladerstigen 7,13671 Handen

29). Switzerland (瑞士)

GFM——Schweizerische Gesellschaft fur Marktforsc-
hung Dorfstrasses 29, 8037 Zurich

GREM——Groupement Romand pour 1 Etude du
Marche et du Marketing

Bellefontaine 18, 1001 Lausanne

30). Thailand (泰國)

Marketing Association of Thailand

c/o Thailand Management Development and Produ-
ctivity Center, 6 Rama Road, Bangkok

31). United Kingdom (英國)

Association of Market Survey Organisations

c/o Victory House, 99-101 Regent Street, London WIR
8DH

Industrial Marketing Research Association

28 Bore Street, Lichfield, Staffordshire

Market Research Society

51 Charles Street, London WIX 7PA

EVAF-European Association for Industrial Marketing
Research

Secretariat: Mrs. Boyd Stevenson

39-40 St. Jame's Place

London SWI

United Kingdcm

32). United States（美國）

World Association for Public Opinion Research

Secretary-Treasurer:P. Hastings

Roper Public Opinion Research

Center

Williams College Williamstown Massachusetts

American Marketing Association

222 S. Riverside Plaza, Chicago, Illinois 60606

33). Yugoslavia（南斯拉夫）

Yugoslav Marketing Association

Makanceva 16, 41000 Zagreb

（取材自 A.G. Cranch, "Organization of International Marketing Research", in R. Ferber. (ed.), Handbook of Marketing Research (N.Y.: McGraw-Hill. 1974), pp.4:357-359.

　　我國外銷廠商收集商情資料之方式，據一項調查顯示，主要由國外客戶提供，其次爲訂購國內外商情報章雜誌，再其次爲派員出國考察、同業公會提供、外貿協會提供、外國商社提供等。

　　外銷廠商商情資料之蒐集方式與企業規模之關係，一如表5-2所示，在 X0.05 水準以下並無顯著差異❻。

　　表5-2顯示，我國廠商商情資料之主要來源似掌握於國外客戶，同時對目前較具權威性資料之來源，諸如國貿局及外貿協會，所提供

---

❻ 同註❺，第61～62頁。

之服務，尚未能多加利用，甚為可惜。

本國廠商規模尚小，國際商情資料之蒐集工作，無法如美日大廠商大力推進，如再不好好利用政府及外貿服務機構所提供之資料加以詳細分析，將更無法在國際行銷上提高應變效率。現今國貿局商務連繫中心，以及外貿協會均正積極加強國際情報網之建立，並已建立電

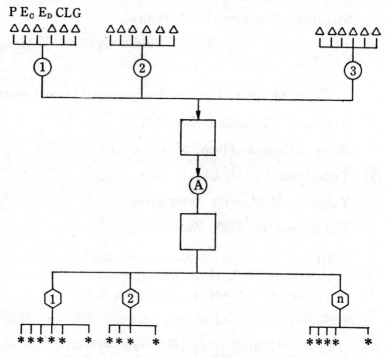

圖例 5-8 國際商情蒐集『陣線』與組織架構

P	政治	△	表資訊尖兵
E_C	經濟	○	表資訊前衛
E_D	教育	□	表資訊總站
C	文化	⬡	表資訊分站
G	自然	*	表資訊主動個體
L	法律		

表 5-2　外銷廠商情報資料之蒐集方式與企業規模關係

企業規模	資料蒐集方式	訂購國內外商情報 章雜誌提供	國外客戶提供參考	派員出國蒐集提	國外商社駐商派人員提供	外貿協會提供	同業公會提供	參加國際供性商展	其他	合計
大	家數	21	23	20	10	12	13	16	7	9	131
	百分比	16.0	17.6	15.3	7.6	9.2	9.9	12.2	5.3	6.9	24.3
中	家數	20	25	26	13	9	16	18	8	10	145
	百分比	13.8	17.2	17.9	9.0	6.2	11.0	12.4	5.5	7.0	27.0
小	家數	42	56	50	17	13	26	22	23	13	262
	百分比	16.0	21.4	19.1	6.5	5.0	9.9	8.4	8.8	5.0	48.7
合計	家數	83	104	96	40	34	55	56	38	32	538
	百分比	15.4	19.3	17.8	7.4	6.3	10.2	10.4	7.1	5.9	100

資料來源：黃明璋撰，我國對外貿易資訊系統建立之可行性研究，國立政治大學國際貿易研究所，民國70年6月，未出版碩士論文，第61~62頁。

$X^2 = 9,802 < X_{0.05}(9) = 26.299$

腦資料檢索系統，藉以快速加強對廠商之服務。只要廠商善加利用，起碼對總體商情以及各地主國之社、經、法律與文化背景之了解將大有助益。

至於廠商（或總體機構），應如何逐漸展開商情蒐集作業，以及如何有系統地組成資訊蒐集『陣線』與『組織』，各界關心人士頗多論及，茲就較簡便而易行之架構以圖例 5-8 簡述於下❼。

1.資訊尖兵由資訊前衞機構構成分子擔任（假定他們係透過專長檢定挑選出）。各負責總體各方面如政治、經濟、教育、文化、社會等。資料的探訪蒐集。

2.資訊前衞可由駐外政府機構，海外辦事處，海外分公司或代理人擔任。

3.資訊總站設於國內為一專門之供諮詢各方面資料之研究機構。其資料應分總站式和細節式二種以便應付所需，且加以促進資訊流通速率。

4.資訊分站為總站分出之資訊機構，其所提供之資料應為總括性質。若需細節性內容，該站設有某電子微詢管道，經由彼處可取得。

5.資訊主動個體為索求資訊的每一個人或機構或公司企業，有電腦系統者，可經由某操作程序接通資訊分站或總站甚至前衞基地；無電子系統者，可經由電話獲得較少量的資料。

---

❼ 此一架構係由政大國際貿易研究所學生於民國70年度上國際行銷管理課時提出討論而獲得之結論。

第六章 國際行銷研究

- 行銷研究之程序
- 國際行銷研究之特質
- 國際行銷研究之範圍與重點
- 行銷研究設計方法
- 如何做好國際行銷研究

第一節 行銷研究之程序❶

壹、研究之基本程序

探索、研析、解決或預防問題之過程實係科學與藝術之結晶。蓋研究本身除了側重事實之依據、精確之估量，與不斷之追求原因外，仍要依賴研究人員本身之主觀判斷與其獨特之構思。研究程序雖因各研究人員之構思以及研究對象之性質而異，但其基本程序實大同小異。企業研究之基本程序可大別為：㈠辨認問題所在；㈡收集有關資料；㈢整理所收集資料；㈣分析及研判；以及㈤研究所得之報備等五步驟。如圖例 6-1 所示，倘研究所得不合理想或研究結果對所遭遇之問題，無所關連，在程序上應重新檢討問題，覓求對所遭遇之問題力求正確之了解，然後再度循序求解。此乃研究反饋之本旨。研究程序

---

❶ 本節之部分資料來自郭崑謨著,現代企業學管理學(台北市: 華泰書局,民國67印行年), 第370~390頁。

實質上與解決問題之步驟相仿。有時企業研究旨在發掘問題或探索問題之有無, 甚或防備問題之發生。此種研究, 其所應依循之階段除偶而停留在辨認問題階段而不必再進一步進行各種研究就可獲得答案外, 亦大都遵循解決問題之步驟。

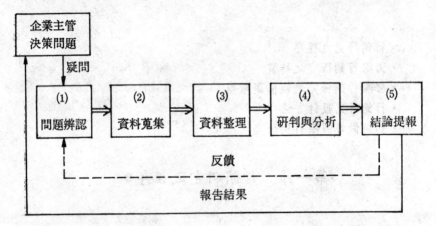

圖解: ⟹ 研究作業流向; --▶ 反饋流向; ──▶ 報備流向。

圖例 6-1 行銷研究程序

貳、問題之辨認

研究任何問題, 首應辨認並認清問題之本質。其重點乃在辨別問題之徵候與問題之癥結所在以及認清問題確切之範圍, 進而作解決問題之構想。此一步驟在研究問題之過程中佔有非常重要之地位。蓋了解問題後所作之解決問題構想引導其他各研究步驟。如圖例 6-2 所示, 問題一經辨認清楚, 如情況表示需要進行更進一步之調查研究分析, 其所需資料悉依問題之本質而定。若其辨認問題之結果表示問題並非真實存在或問題之解決不需進一步之調查研考分析, 研究作業自停留於斯而終結。

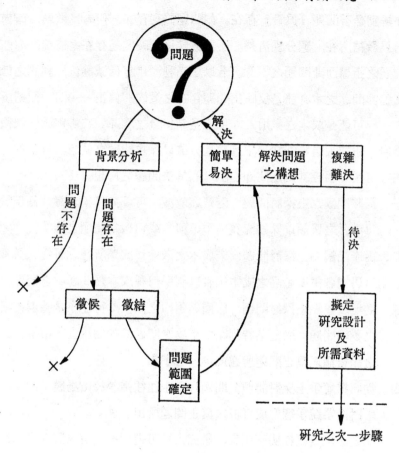

辨認問題之整體作業流向

✕　　非研究對象

－－－　研究作業上之各步驟分界

圖例 6-2 辨認問題之整體作業

　　背景分析上所需資料通常有兩個來源：一爲廠商內部資料，諸如銷售記錄、在庫、發票、客戶記錄、會計資料、賒帳等等。另一爲自外界覓獲之資料，如同業界之銷售額，消費者之所得額、人口、同業競爭、同業人士及專家學者之意見等等。據此資料所作之背景分析旨在辨別是否問題『眞實』存在。如問題眞實存在，何者爲徵候，而何者爲徵結所在，應分別清楚。所謂徵候係反映問題存在之情況，亦卽問題之指標而非問題之本身。若以廠商利潤年年低減爲例，利潤之低減並非問題之本身而是反映出問題存在之徵候，眞正──問題徵結所在──可能是成本之激增，亦可能是銷售量之驟降。在辨別徵候與徵結時，研究人員不妨採用下列數種方法以探求問題之眞象。該數種方法亦可用以明確地劃定問題範圍以利解決問題之構想。

一、從時間觀點上探討問題：若賣額驟減，可細究每季、每月甚至於每半月之賣額以探知究竟何季、何月或何週爲問題之癥結。

二、從產品觀點上探討問題：若成本之激增爲問題所在，研究人員當可研究各主要產品之成本細目以判明何種成本爲問題中之問題。

三、從地域觀點上探討問題：廠商銷售額之減少，可能不是整個市場之萎縮問題，而是某特別區域市場之問題，如能細查各市場分區之銷售額，眞正問題所在或可一目了然。

四、從同業競爭上探討問題：問題之發生往往歸咎於市場競爭因素，研討同業競爭態勢或可根求眞正問題所出。

　　問題之本質旣經明確劃定，研究人員可進而擬定解決問題之構想或腹案。其爲構想或腹案，並非意味問題已可迎刃而解，只是表示問題解決之可能性而已。一如上述，在特殊情況下，此種可能性十分明顯，試以解決構想或腹案，問題就已消除，無需進一步之研究，研究於斯結束。但在一般情況下，問題之解決需要更多之探究，需要特定資料以資究考、研判，非有周詳愼密之研究設計無法順利逐行資料之蒐集、整理分析、研判等等之具有系統之研究作業。擬定研究設計成爲研究程序上一特別重要之工作，研究設計各法乃將於第二節作專題介紹。

參、資料之蒐集

研究上所需資料可分初級資料與次級資料兩類：為所從事研究之問題而由研究人員初次蒐集之一切資料皆為初級資料；其他人員、機關單位所蒐集之資料或由從事研究問題之人員為其他問題所收集之資料皆屬次級資料。顯然次級資料不一定能運用於所要研究問題之分析。是故研究人員應慎重挑選，而不可隨便取用。一切業經出版或發表之資料或業經收集存檔之資料均為次級資料，這些資料既容易獲得，成本又低，甚至免費，省時省費，如能取用應優先取用。在取用次級資料時應注意下列數端：

一、資料是否新穎及時。

二、資料是否與所要研究之問題十分相關。

三、資料收集者或機關單位之作業可靠否。

四、資料收集方法是否正確妥當。

五、資料所示度量單位是否與本研究所用單位相符。

六、資料出版是否有連續性，易言之，該資料是否陸續出版或供應。

七、資料之本身是否一貫、系統確立而明顯。

次級資料之來源甚為廣泛，若依其來源性質分類，可歸為下列數類：

一、政府普查資料：如人口普查、工商普查等等。

二、各項登記資料：如車輛登記、結婚登記、營業執照、建築許可、選舉登記等等，依法應行申報事項。

三、各項刊物及研究報告：如學術論著、書籍、專題報告、文摘、報章雜誌、學報等一切業經刊登發行之資料。此種資料概可在圖書館、研究機構等尋獲。

四、政府機構之經濟調查統計資料及有關檔案：包括中央、省、縣、
　　市、區、鎮等單位所搜集之資料。

五、各工、商、農、漁、林、牧、礦業同業公會及工會所搜集之資料
　　及檔案。

六、企業資料商所備售資料：專司企業資料之蒐集及研究公司，雖在
　　我國臺灣省不甚普遍，就我國現今工商農林工礦等各業之逐漸趨
　　向專業分工之情況看，企業顧問公司及研究公司皆可視為企業資
　　料商，皆以出售其服務或資料為營運之目的。

　　　初級資料之蒐集，不但較費時日，費用也較鉅，且往往不易取得
資料蒐集對象之通力合作。惟在無次級資料可資查考之情況下必須設
法求得。蒐集初級資料之方法，大別之有調查與觀察兩大類。前者之
調查對象為一般個人或代表組織團體之個人。後者之觀察對象為事物
之動態、人群動態、事故紀錄等等。調查方法又可分通訊調查、面談
以及電話調查等三項。觀察可分儀器觀察紀錄與肉眼觀察及聽察等兩
項（見圖例 6-3）。不管採用何法搜取所需資料，初級資料之蒐集意旨乃
在正確地向蒐集對象搜取『第一手』消息或資料以供研究分析。是故
如何有計劃有系統地遂行蒐集作業乃為每一研究人員所關心之問題，
通常有計劃有系統的蒐集資料工作反映在標準調查表（或記錄表）之
製訂，調查或觀察對象之遴選，以及實地調查之規劃及執行三大項目
上。每一項目均係『可能』誤差之源泉。任何誤差終必導致分析究判
之錯誤而抹殺研究作業之價值。研究人員蒐集初級資料時，不能不慎
重行事。據波以得（Harper W. Boyd Jr.）及維斯特否爾（Ralf
Westfall）兩教授之論調，若以 t 代表所研究問題之真實價數；r 代表
對該問題之研究所得價數；a 代表實際抽樣所得之價數；而 p 代表原
擬定抽樣調查應得價數；則研究結果之潛在錯誤可藉公式(1)表示❷：

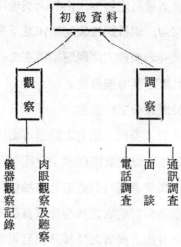

圖例 6-3 初級資料蒐集方法

$$\frac{t}{r} = \frac{t}{p} \times \frac{p}{a} \times \frac{a}{r} \cdots\cdots\cdots\cdots\cdots\cdots\cdots\cdots\cdots (1)$$

公式(1)中之 $\frac{t}{r}$ 是研究結果之總錯誤比例值；$\frac{t}{p}$ 係取樣調查所具有之差誤比例值；$\frac{p}{a}$ 為由於調查對象拒絕合作而生之差誤比例值；$\frac{a}{r}$ 為研究程序上可能發生之測度或究析差誤比例值。由此可見 $\frac{p}{a}$ 及 $\frac{t}{p}$ 兩差誤均發生在蒐集資料之過程中。研究者若能在蒐集資料階段慎重行事，定可減少研究錯誤而提高研究之精確度。

調查表製定上之基本原則是簡明、易爭取調查對象（即被調查者）之合作以及反映所需蒐集之各項問題。向被調查者所問問題，可用『問答對話式』，或『選擇答案式』）——二個或三個以上之可能答案。所謂問答對話式係提出問題，由被調查者自由作答。選擇答案式

---

❷ 參閱: Boyd H. W. Jr. and Westfall. R. *Marketing Research Text and Case*,3rd Ed.(Homewood, Illinois: Richard D. Irwin, Inc., 1972), pp. 217-219.

乃為就所提問題，提供數種可能答案，由被調查者擇一作答，擬定問題時應避免雙重否定文句，編排調查表時應注意下列事項：

一、比較具有吸引被調查者興趣之問題應編排在先。

二、分類分段編排，其順序應有連貫性。

三、編插難答之問題於調查表之中途處。

四、如辨認被調查者之個人資料，應有之問題可編排於調查表末段。

由於調查成本之限制，以及實際作業上之困難，初級資料通常僅向部份調業對象蒐集；如何遴選被調查者乃為抽樣問題。抽樣方法有機率抽樣與非機率抽樣兩類。前者之抽樣係根據機率原理使每一調查對象均有被抽選調查之可能。後者之抽樣乃出自研究者之主觀判斷做計劃性、代表性或方便性選樣調查。愛國獎券之抽獎乃為機率取樣之例，其過程若用於對被調查者之選樣，所抽選者便係機率取樣之結果。現今有許多種機率或隨機數目表可資敷用，可節省不少選樣時間及費用。隨機數目表之應用非常簡單。在應用前只需將被調查對象或潛在對象編號（數目字），然後依據隨機數目表之數目循序擇取便得。被調查對象潛在總數若有三位數，在隨機表上擇取之單位亦以三位數為準。隨機表之編訂係採用各種隨機過程之結果，故表上之數目不管是縱序或橫序、斜序或逆序均屬隨機安排，依此表取樣當屬隨機（或機率）取樣。非機率選樣之例有配額任選、標準性取樣、方便性取樣等等，該種取樣，深具取樣者或研究人員之主觀成份，故其結果往往帶有偏差。從統計學觀點着論，只有從隨機取樣調查所得結果才能確定研究結果之精確度，因此隨機取樣方法，已逐漸普遍受用。隨機取樣方法甚多，諸如單純隨機取樣、層次隨機取樣（Stratified Random Sampling）、集群隨機取樣（Cluster Samping）、系統隨機取樣、區域隨機取樣等等不勝枚舉。應用何法當視研究性質，潛在被調查者名單之整全與否，以及研究經費之多寡而定❸。

抽樣調查之另一問題是抽樣多少的問題。此種問題，如採取隨機抽樣，則易做統計上之解決，否則悉依研究人員之主觀判斷外，並無特別精確具統計依據之決定。如採取單純隨機取樣，則可循統計學上之常態分佈觀念決定抽樣數目於後❹。

如以 n 代表抽樣數目；K 代表統計可信賴程度（Confidence Level)，亦即多少標準差； r 代表所需研究結果之精確度（以百分比表示)；C 代表相對標準差，亦即等於標準差（σ）與平均數（M）之比例；P 代表百分比率 （Proportion)，則抽樣數目可由公式(2)或(3)推算而得。

$$n = \frac{K^2 C^2}{r^2} \quad\text{.....................................(2)}$$

其中： $C = \frac{\sigma}{M}$

$$n = \frac{K^2}{r^2} \left(\frac{100-P}{P}\right) 10{,}000 \quad\text{...............................(3)}$$

抽樣方法及取樣數目既經決定，研究工作人員便可逐行現場調查作業。對調查工作人員之職前訓練非常重要，職前訓練之重點如下：㈠ 如何執行面談式訪問； ㈡ 如何覓找被調查者； ㈢ 如何減低調查差誤； ㈣如何與現場主管取得連絡解決困難；以及㈤如何報備填妥之調查表格等。如調查作業規模龐大或調查作業特別重要，二、三次之「「模擬」預演，係良好之訓練項目之一。現場主管對現場調查人員之管制及考評制度亦應事前釐定。抽查工作人員，進度之報備、審核填

❸ 有關抽樣技術之詳細究討，讀者可參考：
Cochran. W. G. *Sampling Techniques*. New York: John Wiley & Sons, 1963.
❹ 抽樣數目之決定方法很多，本法只是比較簡單之方法而已，比較詳細之方法，參看註❷第八章。

妥調查表、完成調查面談件數之比例等等皆屬可行之辦法。

肆、資料之處理

整理所蒐集資料之主要目的是使分析究判作業容易精確達成。所蒐集之資料堆集一處，各項目資料若不加以歸類成系、去除誤差，分析之結果必滲有錯差，分析究判當較費周章。

資料之整理涉及編輯、分類、編號以及計算列表等作業。編輯之重點在乎去除錯誤並求取資料之一貫、清晰明瞭，此種作業可於現場執行亦可於研究中心統籌進行。資料之分類應依循研究分析之構想設定分類分組之組距。每一分類或分組不得重覆，並且應能使每一資料均有所屬。在許多情況下須特設類、組以吸收或容納無任何適當歸類或歸組之資料。編號之目的乃在使計算列表容易進行。何種編號較佳，悉視所用計算工具而定。現今電腦之應用逐漸普遍，許多廠商對調查資料之整理均採用電腦卡編號方法。圖例 6-4 所示者乃普遍受用之國際商業計算機公司(I. B. M.)之電腦資料整理卡(Punch Card)，該卡橫數有80欄，縱數有十排，皆係阿拉伯數目，在適當安排下當可容納許多資料。如一卡不足，當可用二卡或二卡以上，以便輸入電腦計算機計算或列表。例如表卡之第一欄及第二欄可用以作被調查者年齡之編號，第三欄至第五欄為職業編號等等，至於計算列表之方法當然可用手算列表，亦可用簡單分類計算機 (Tabulating Machine)，比較快速之方法是電腦資料卡輸入電子計算機 (Electronic Data Processing Machine) 計算列表，利用電子計算機整理資料時須在資料卡上依編號穿孔 (Punch the Card)，如圖例 6-4 中之黑色長方形所示者，穿孔當然亦用打孔機進行，速度相當快速。

圖例 6-4　電腦資料整理及統計用卡之使用

伍、資料之分析與研判

資料分析之重點乃在將所整理妥善之資料隨一細驗探求各部份間之關係，進而覓求整體資料之一貫性並且尋出偏差（包括取樣及非取樣誤差）以確定研究之精確性，研判之要旨乃在就所分析之結果做研究本題之總評論。該種總評論應能明晰地道出所研究問題之原因所在，以及可以解決問題之途徑，每一研究人員在研判分析結果時，應對研究精確度有所闡述，同時提供並忠告解決問題上可能導致之偏差。分析與研判作業所運用之統計及理論上之技術相互連貫，其所受用較廣而且較為基本者有：中央傾向及偏差分佈之估定、相關性之究定、統計顯異性研判、概差平方分析、差異源研判、兩極分析以及因素分析等數種。茲將其概要簡述於后：

一、中央傾向及偏差分佈之估定（Determmming Central Tendency & Dispersion）：可藉以代表群像或群體資料之典型數值謂之中央傾向。通用之中央傾向有平均值、中位數、集中數（Mode）等。用以表達群像或群體資料中各個別群像資料與中央傾向相偏之程度者謂之偏差分佈，偏差分佈可以標準偏差（或標準差）群體資料之最大數值與最小數值之差距（又稱序列差距）等等表明。

二、相關性之究定（Determination of Relationship）：1.交叉分類研判：將資料交叉分類以取求資料間之相關；2.百分比：用以表示兩數、兩例數或兩群像之關係。如國立政治大學男生或女生之百分比，便說明此兩群體之關係數值；3.時間序列分析（Time Series Analysis）：究定群像或群體資料與時間變動之關係；4.單相關研究分析（Simple Correlation Analysis）：從兩種資料序列中尋求其相互關係；5.複相關研究分析（Multiple Correlation Analysis)：從三種或三種以上之資料序列中研定重要相互關係。

三、顯異性研判 (Significance Analysis)：統計顯異性研判乃藉常態分佈原理，究析兩種群體資料是顯然相異，抑無顯然差異。通用者有 "t" 測驗與 "Z" 測驗兩類。

四、卡方分析 (x² Analysis)：該分析係用以分析三種或三種以上序列之差異而研判序列間之差異是否僅爲抽樣上之不可避免差異或眞實之差異。

五、變異數分析 (Analysis of Variance)：此種研判可分明差異之來源，所用測驗方法是「F」測驗。

六、區別分析 (Discriminant Analysis)：該分析之重點乃在將關連因素分成兩極，諸如好與壞、高與低、長與短、重與輕、有影響與無影響等等，以決定何者之影響較爲顯著重大藉以解決問題，或說明問題之原因所在。

七、因素分析 (Factor Analysis)：影響或促使問題存在之因素有時甚爲繁複，此種因素通常稱之變數 (Variables)。因素分析之功能係將此繁複之變數，藉研究分析各變數間之相互關係，縮減成少數重要變數，以說明其對某問題之影響與關係所在。

第二節　國際行銷研究之特質❺

一般行銷研究之原理原則，均可應用於國際行銷研究，惟各國環境因素互異，在行銷研究上所面臨之問題當較繁雜。茲將國際行銷研

---

❺ 見郭崑謨著，國際行銷管理，第三版（臺北市：民國71年 9 月，六國出版社）第186～187頁。

究之特質簡述於后：

㈠國際商情資料之獲得，端賴外國購用者之合作提供有關資料。在衆多國度裡消費者對調查者（或研究人員）抱有懷疑態度，尤其對外來陌生調查人員驚而遠之，無法進行交談，就是可接近交談也無法獲得應有資料，此乃由於"忌外""排外"或"懼外"心裡所導致。例如在泰國及印尼，婦女驚遠外來陌生人，在中東沙烏地阿拉伯等國度裡，忌外與排外心理相當濃厚，一不小心，現場調查人員有被殺害之危險❻。

㈡各國之統計資料完整性與可靠度不一，有些國家具有比較完備之政經社會、商情資料，但有些國家則缺如。有些國家就是有各種資料，資料之可靠度甚低，這與一國之教育水準，經濟發展程度以及民族自尊攸關❼。

㈢一國之教育程度與文盲率，語言之溝通能力在在影響研究工作之進行。由於文盲率高，郵寄問卷之方式無法進行。就是文盲率低之地方，由於溝通能力之欠佳，往往使所得資料產生誤差。

㈣國際行銷研究涉及不同語言，對不同語言之眞正意義甚難確實了解，因此在收集分析及解釋資料時往往產生語意差誤，影響研究結果。不但如此，同一國度往往有許多通用語言，更增加國際行銷研究之困難，如印度有14種官方語言，在此種情況之下，顯然無法進行全國性之郵寄問卷調查❽。

---

❻ 開發中國家民族自尊心高昂，往往在報導各種經建成果時過份：強調其成就 Philip K. Catera & John M. Hess, *International Marketing* (Horuwead Illinois: Richard D. Irwin, Inc., 1975), p. 81.

❼ 同註❼。

❽ 參閱：John Gunther, Inside South America (NY. Harper & Row Publishers, 1967), pp. 12 & 6–7.

㈤各國通訊設備之健全與普通程度互異，開發中國家電話設備以及郵政服務較差，進行調查研究時，勢必借助其他溝通媒介，如人員訪問，集會訪問等方式舉行。如巴西電話設備既不普遍，電話服務又甚差，郵政服務亦未上軌道，電話訪問調查以及郵寄問卷調查，誠非合適之蒐集資料工具。據悉有時在巴西里約(Rio)市內通電話遠較先通美國紐約之國際電話，再由紐約轉撥國際電話通至 Rio 更緩慢。

㈥國際行銷研究問題涉及因素遠較國內行銷研究爲多。諸如電冰箱需求量之研究，所涉及因素有家庭採購習慣，自家用汽車之普遍程度，冷凍食品之消耗習慣個人消費支出、婦女就業機會（或就業率），信用卡之使用情況，住宅建式，研究地區之家庭僱工供需情況，家庭成員之多少，休閒時間等等舉不勝舉。

㈦各國環境因素除了上述者外，尚有法律、貿易障礙、經營理念、交通運輸、經濟成長程度等因素。這些因素往往加重國際行銷研究之困難，是故做國際行銷研究時應能周詳了解始能妥作研究規劃。

第三節　國際行銷研究之範圍與重點

國際行銷研究包括新產品市場之研究、舊產品競爭態勢之研究以及爭取這些市場之"策略性"研究。策略性研究可分下列項目❾：

(1)產品適合性研究：該研究旨在找出外國市場所能接受之產品構面以便規劃，以及管理產品。

(2)國外經銷商及他類中間商之實況研究：此研究提供遴選中間商及考核中間商之用。

❾ 同註❺，第187頁。

(3)推銷廣告效果之研究： 此研究俾便選擇媒體以及釐訂適當訴求之佈局以及作廣告推銷開支之依據。

(4)市場價格結構之研究： 此研究之結果可作爲報價之依據。

表 6-1 爲比較西歐國家與美國之企業對國際行銷研究之重點與方向之不同❿。從此表吾人不僅可得知歐美先進國家對國際行銷之實際研究重點，並可知國際行銷研究重點與方向因國家之不同而不同。如西歐國家首重一般資訊之研究，其次爲產品之研究；而美國卻以產品研究爲首，其次是有關企業集團營運 (Syndicated Information)。表 6-1 所示者係伯諾特 (Steven E. Permut) 調查歐美企業對行銷研究之觀念與作法所得之發現。

表 6-1 美國與西歐企業之國際行銷研究預算

研 究 計 劃 形 態	西 歐 國 家		美 國	
	預算百分比	名次	預算百分比	名次
一般資訊	38	1	6	5
一般市場研究				
交易研究				
環境研究				
企業形像研究				
產品	36	2	33	1
產品測試				
包裝				
價格				
產品觀念				
市場定位				
消用者	12	3	20	3
廣告	10	4	18	4
企業集結營運資訊	5	5	23	2
(Synadica te information)				

資料來源：取材自Steven E. Permut, "The European View of Marketing Research," Columbia Journal of World Business, Fall 1977, exhib 3. p. 99.

❿ Philip R. Cateora, *International Marketing,* 5th Ed. (Homewood, Ill: Richard D. IRWIN, INC., 1983), pp. 252-253.

第四節　行銷研究設計方法❶

壹、研究設計方法之類別

研究設計作業應包括研究目的之確立，研究特殊依據之闡明，所需資料、分析、究判等依據之釐定，成本費用之預估，以及研究總『藍圖』之製訂等等項目。該數項目中以所需資料、分析、究判等依據之釐定作業最費周章亦為研究分析究判之關鍵所在，研究設計之重點誠然在此。是故在論及研究設計時，其焦點乃集中於如何設計分析與究判之方法，本節之重點乃為介紹幾種比較基本之分析究判方法，用以說明研究設計之精華所在。依照此種觀念，研究設計乃特指分析究判方法之設計而言。分析究判方法之設計可分實驗法設計、統計推論法設計、與模擬作業設計三大類，統計推論法設計又可分為歸納法與演繹法兩種。

貳、實驗法設計

實驗乃為一種特殊研究過程，該過程之特徵是研究者可以造成容易收集資料及控制變數之環境以達成研究目的。影響問題之變數謂之實驗變數。收集資料之對象，亦則被實驗之人或物，稱為實驗對象。在某特定環境下，測定實驗變數對實驗對象之影響程度，例如登刊廣告（實驗變數）以視廣告效果（實驗對象對廣告之反應）便有實驗之涵義。實驗在企業營運研究上已逐漸普遍，其為研究之方法，已普遍被重視，下列數種實驗法之設計在歐西各國受用相當普遍。我國工商

❶ 同註❺，第187頁。

界對該數種實驗方法雖尙未臻普遍，以其應用在市場及運銷作業之研究範圍旣廣泛又簡明，其普遍受用當係時日之問題而已⑫。

實驗法設計之重點包括：㈠實驗主題之確切辨認；㈡實驗對象之擇定；㈢實驗變數之控制；㈣實驗結果之測量；以及㈤管制實驗對象之設定等。所謂管制實驗對象乃爲與實驗對象相類似之對象，但對該對象並不加以實驗變數。設立管制實驗對象之目的乃在用以與實驗後之實驗對象反應相較，以求得變數之眞正效果。實驗法之設計有許多種類，其不同之處大致在其是否作實驗前測量與是否設定管制實驗對象：比較常用之實驗法設計有後測實驗、前後測實驗、前後測具管制實驗、雙組前後測具管制實驗、後測具管制實驗、拉丁方框實驗設計及永久實驗樣本設計等類。各種實驗設計各有不同後果及副作用：爲便於表達實驗結果及其副作用，玆以 X_1、X_2、X_3 與 X_4 分別代表第一組實驗對象之前後測量值與第二組實驗對象之前後測量值。Y_1、Y_2、Y_3 與 Y_4 分別代表第一組管制實驗對象之前後測量值與第二組管制實驗之前後測量值。（前後測量值係指實驗前與實驗後測量之數值，該數值若係市場運銷實驗，通常是銷售額、運輸量、顧客光顧次數、顧客對產品之喜愛程度等等）：

㈠**後測實驗法**：選定實驗對象，投以實驗變數，經一段時日後，測量實驗對象對實驗變數之反應。例如擇定某特定商店所在地

---

⑫ 本段之實驗法設計乃依據康杯而 (D.T. Campbell)、史旦雷 (J.C. Stanley) 兩氏之創見而編寫。康、史兩氏之有關實驗方法之著作是：Donald T. Campbell and Julian C. Stanley, " Experimental and Quasi-Experimental Designs for Research on Teching," in N.L. Gage ed., Handbook of Research on Teaching (Chicago: Rand Me Nally Company, 1963), pp.171-246. 康、史兩氏之實驗法大要亦可從波以得 (H. W. Body) 氏之市場研究一書閱得。參閱註❷，第87～114頁。

區域，廣告該商店商品，經一段時日後（或一個月或三個月）
查核該商店商品賣額以測定實驗變數（廣告）之效果。採用後
測法，以無前測可資比較，實驗效果只限於粗略之估定。是故，
往往僅適用於「探測」或「初試」實驗，以便做比較大規模之
實驗。實驗結果可以（$X_2-\overline{X}$）代表，$\overline{X}$乃為實驗前之平均實
額。

㈡前後測實驗法：本法與前法㈠相異之處乃為本法不但有後測可
稽而且亦有前測可資比較。在投放實驗變數前正式測量實驗前
之價數（X_1）。變數對實驗對象之效果可以（X_2-X_1）表示
之，話雖如此，（X_2-X_1）價數除了反映出實驗變數之效果外，
亦反應出實驗前測所導致之影響、實驗對象在實驗期中之交互
反應作用（如實驗對象間之交談、交換意見等等影響）以及與
實驗變數全無相關之其他變數影響。非實驗變數所引起之效果，
均可視為實驗之副作用。此副作用乃實驗本身所不欲使其表現
者。如以 a、b、c 與 d 分別代表其他變數所導致之效果、實
驗前測所導致之影響、實驗對象在實驗期中之交互反應作用所
生之效果以及實驗變數之效果，則前後測實驗法所產生之效果
可以公式⑷表示於后：

$$（X_2-X_1）= a + b + c + d \cdots\cdots\cdots\cdots(4)$$

公式⑷中之（a + b + c）係實驗副作用所產生之效果，d 乃為
實驗變數所導致之真實效果。利用前後測實驗法雖參雜副作用
效果，但以其方法簡便，又比後測法較具精確性，在經費有限
而精確性可略降低之情況下乃不失為良好之實驗法。

㈢前後測具管制實驗法：本法與前後測實驗法之惟一異同之處乃
在本法具有管制實驗對象，雖對管制實驗對象不投於實驗變數，

但對此管制實驗對象在對實驗對象施以前後測同時亦行測量其價數。其主要目的乃爲藉對管制實驗對象之前測與後測之相差價數,測估其他變數所導致之效果以及實驗前測所引起之影響,從而估價實驗之效果與實驗期中實驗對象間之交互反應所生效果。此種情況可以公式(5)表示之。

$$(X_2-X_1)-(Y_2-Y_1)=(a+b+c+d)-(a+b)$$

$$\therefore (X_2-X_1)-(Y_2-Y_1)=c+d \cdots\cdots\cdots\cdots(5)$$

㈣**雙組前後測具管制實驗法**:本法之實驗設計比較繁複,但其結果可算最爲精確。在實驗前遴選相仿之實驗對象四組,兩組爲實驗對象,另兩組爲管制對象。實驗對象與管制實驗對象(簡稱管制對象)之各一組(第二組)不施行前測,其餘與前後測具管制實驗相同(見圖例 6-5)實驗結果可作下列數種分析求得精確之答案。

雙組前後測具管制實驗法所測量之數值有 x_1、x_2、x_4、y_1、y_2 與 y_4。從此六個數值既可求得前後測具管制實驗法之結果(公式(5)所示),亦可求得實驗變數之眞實效果。如以 x_1 與 y_1 之平均值代表第二組之前測(在觀念上第二組雖無前測,但在一般情況下假定某數值存在,而此某數值卽以 x_1 與 y_1 之平均值代之。此種假定並不影響實驗之精確性,蓋在推算上此值乃自行相消如公式(6)所示),則實驗變數之眞值可由公式(6)看出。

$$\left[x_4-\frac{x_1+y_2}{2}\right]-\left[y_4-\frac{x_1+y_2}{2}\right]=\left[d+a\right]-a$$

$$\therefore \left[x_4-\frac{x_1+y_2}{2}\right]-\left[y_4-\frac{x_1+y_2}{2}\right]=d \cdots\cdots\cdots\cdots(6)$$

㈤**後測具管制對象實驗法**:雙組前後測具管制實驗法所得之結

果, 如公式(6)所示, 既然可由 x_4 及 y_4 兩測求得。實驗對象實無需四組, 實驗對象與管制對象各一組便可濟事, 因此乃有此後測具管制對象實驗法之採用, x_1 與 y_4 實際上係後測, 任何一組之後測均可, 因此後測具管制對象實驗法之結果實可由公式(7)代表如后:

$$x_2 - y_2 = d \cdots\cdots\cdots\cdots\cdots\cdots\cdots\cdots\cdots\cdots(7)$$

實驗對象 測量 作業	實　驗　對　象		管　制　對　象	
	第一組	第二組	第一組	第二組
前 測	√ x_1		√ x_1	
後 測	√ x_2	√ x_4	√ y_2	√ y_4

圖註: √: 代表施行測量

x_1, y_1: 代表各測量值 (說明如前)

圖例 6-5 雙組前後測具管制實驗法設計大要

其他實驗法諸如拉丁方框設計 (Latin Square Design)、永久性實驗對象 (Panel Sampling)、因素分析 (Factorial Analysis)、以及隨機實驗對象之選定 等等設計乃為比較高深之樣本選擇實驗上之技術。讀者可參閱有關樣本設計及研究之書籍[13]。

參、統計推論法設計與模擬作業設計

統計推論有演繹與歸納兩法。前者乃基於對一般物象之了解而推

---

[13] 除了樣本研究書籍外市場運銷實驗書籍對此數設計均有所闡述, 如: Bank Seymoun, *Exprementation in Marketing*. New York:McGrawhill Book Co., 1665.

演特別物象之推演方法。後者則基於對特別物象之觀察而推及一般物
象之推理方法。演繹推理需要對許多物象有基本而且正確之了解，始
能據此了解作具有系統及一貫性之理論構想，藉此構想以說明某特別
物象。例如我國台灣省依照過去許多記實及物象顯示男女出生率以男
性偏高，若據此一般了解，推論台南縣鹽水鎮之男女出生率亦以男性
偏高，則該種推理方法顯然是演繹法。是否台南縣鹽水鎮之男女出生
率以男性偏高，除非與實際調查所得之資料或實際戶口登記資料相核
對無法證實。是故演繹法之特徵是始於理論之構築而追之以實際資料
之測驗證實其正確及可行性。

　　歸納推理需先對特別實況以調查或收集資料之方式了解後，據實
際資料判明其關係所在而構成可適用以對一物象解釋之道理。由此構
成之理論亦要再藉其他有關資料測驗其正確性或可行性。是故歸納推
理之過程乃始自實況之調查研究，然後構成理論，再追之以其他實
際資料之證實。例如由台南縣鹽水鎮之出生記錄研判出該地區之男女
出生率以男性偏高，據此發現而推論在同樣情況下，台灣省其他各地

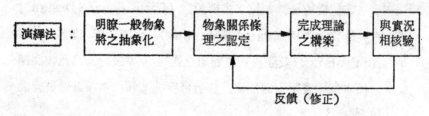

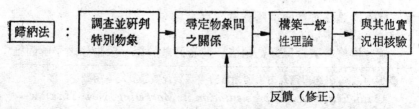

圖例 6-6 統計推論法設計程序圖

之男女出生率亦應是男高於女，如此推論乃屬歸納推理之範疇。

統計推論法設計之程序應視研究本題之性質以及研究人員之偏好而定。演繹及歸納兩法之程序依據前述觀念，可將其表明如圖例 6-6 於前：

所謂模擬作業乃指對業已構成之理論模型加以實驗以視其結果之研究作業而言。對理論模型加以不同之實驗變動數值——簡稱輸入資料，可得不同之結果。模擬作業之要旨乃爲從不同之輸入作業中，測出並判定可獲最佳結果之輸入以助企業決策者之決策。

第五節　如何做好國際行銷研究

每一國政經法律社會文化環境之差異使國際行銷研究工作較繁雜，國際行銷研究人員對每一問題均應參酌國外政經法律社會文化之特徵，從該國觀點解釋問題始能順利蒐集正確資料。

收集初級資料可僱用當地之居民作訪問調查，以求得較好的研究資料。次級資料之使用應特別注意資料之可靠性。大凡國外次級資料之利用須經過愼重的選擇及鑑別，以確定其研究價值。研究人員對次級資料應據下列數點加以評估：

(1)資料來源是否可靠？

(2)是否有臆造事實之跡象？

(3)爲何種目的而蒐集？

(4)蒐集資料之方法爲何？

(5)資料整體是否相連貫？

(6)資料與研究之問題是否相關？

第四篇　個案：渥克公司*

(原著：L.P.Dowd, "Walkers Corporation. Licensing Foreign Production," in J.M.Hess, *International Marketing*, 4th Ed. pp. 706–710.)

渥克公司是一家老牌的機械、汽車、飛機工業的附屬設備製造商。1956年渥克被合併成爲另一家飛機附屬設備製造商——克羅尼公司——的子公司，但合併後渥克與克羅尼乃各保持固有的本質與功能。

外銷方面，渥克與克羅尼都沒有外銷部或出口銷售部專司其責。在重要的國外市場渥克使用自己的配銷通路銷售其產品，並且在其它國家擁有部分握股或全部握股的子公司。日本的 KTS 公司被授權在日本製造渥克的產品。

基於技術性的考慮，航空器材一向只能在國內銷售，直到最近航空器材才被准許外銷，並且只能透過出口商及外國航空公司的採購部門外銷。除了出口仍有窒礙存在外，由於航空器材具有廣泛的軍事用途以及國外市場仍然有限，公司不准由外國廠商代理。1974年底國外市場逐漸擴大，因此，到了1975年夏外銷部門必須增加一個銷售代表來協助處理航空器材的產品線。

克羅尼公司在二次大戰前是透過在東京的代理商—— KTS 公司——配銷其產品。1964年克羅尼與 KTS 再重新開始業務往來並獲得 K.T.S. 25％的股權；緣由 K.T.S. 承認在戰時曾利用克羅尼的產品設計加以模仿製造。因此以支付專利權使用費及25％的股權做爲補償。在日本 KTS 這種行爲是合法的。

渥克與克羅尼合併後不久，K.T.S. 派代表至渥克要求授權在日本生產渥克產品。K.T.S. 的代表透露在戰爭期間，他們已曾替替日本政府生產渥克的某些機械設備，並願意支付權利金做爲補償，事實上在交涉期間 K.T.S. 當局已決定無論交涉是否成功仍將繼續該項生產；交涉結束渥克同意該項授權並收取權利金。

由於上項授權並未包括航空器材在內，因此在1973年 K.T.S. 要求將某些飛機附屬設備加入上項授權書中，但遭受拒絕。K.T.S. 再轉而要求代理銷售權，亦受拒絕，其原因爲渥克希望保護飛機附屬設備的所有權，並且認爲日本的飛機工業還沒有能力生產該項產品。如果 K.T.S. 獲得特許生產它們所要求的航空器材，他們將能製造較爲廉價的型式並輸入其它國家，如此一來將會掠奪渥克的市場。此外，另一個考慮是日本正與共產國家就貿易關係進行談判。

在同一期間，美國政府與日本防衞廳正討論將某些美國設計的飛機交給日本生產以供日本空軍及美國駐軍使用，其中有些飛機必須使用渥克生產的附屬設備。由於大部分的附屬設備是在軍事援外法案下以低價售予日本政府，因此渥克

* 取材自郭崑謨編，國際行銷個案，修訂三版（臺北市：六國出版社，民國74年印行），第376-381頁。

對其產品的最終使用者並無控制權。

1974年底，K.T.S. 再派遣一個代表團到渥克磋商航空器材代理權的問題。代表團強調飛機工業在日本經濟發展中佔有舉足輕重的地位，並希望獲得渥克的代理權。雖然結果是再次遭到拒絕，但並未因此關閉交涉之門。此次交涉後不久，渥克的外銷部門報告說他們在日本的一些較小客戶已關閉，其中包括航空公司與飛機修理廠。同時 K.T.S. 對飛機器材的代理表現得更積極。

1975年初，渥克公司銷售副總經理寫信給 K.T.S. 的總經理建議 K.T.S. 處理日本廠商向渥克的詢價信，對於若因此而成交的訂購單，K.T.S. 並不能享有任何的價格折扣；換言之，K.T.S. 將被視同渥克的外國客戶而非代理人。

1976年初，日本政府與美國政府談判要求授權在日本生產美國製噴射機。此項授權費共包括 250 架噴射機，而其中大部分附屬設備均使用渥克的產品。因此 K.T.S. 馬上派代表赴美要求渥克核可生產其附屬組件，再被否決，此事終遭擱置。

1976年底，K.T.S. 的代表參加日本飛機業訪問團訪美，再向渥克提出授權生產的建議，由於他的能言善辯，因此渥克的外銷經理向管理局呈上一份備忘錄，如下：

關於K.T.S. 的航空器材……，該公司的代表——木村先生，提出了一項值得我們考慮的問題，無疑地，木村先生的任務在於取得本公司產品在日本製造的授權協定。有關這個問題：

1. 在日本，美國空軍及日本防衛廳所使用的 F86-K 型戰鬥機，幾年來都是由日本廠商承攬飛機的修護及零件更換等工作。

2. 名古屋航空公司已獲授權從事 F86-K 型機的裝配，附屬設備或由日本廠商或由全美航空公司來供應。而這些飛機的附件全是渥克的產品。

3. 日本防衛廳正考慮購買授權日本製造的格魯曼 F11-F 型戰機。這些戰機將由三山企業所屬的名古屋飛機製造廠所生產，大約承製兩百架F11-F型戰機，而這些飛機的附件則使用渥克的產品。

4. 丸樣重工業株式會社所生產的日製 T1F-1 型噴射機，其附屬設備亦是渥克的產品。

在與木村先生的晤談中，我們獲悉：

1. 日本防衛廳已指定 "在日本製造的飛機，必須使用日製的附屬設備"，其結果凡是授權在日本製造的飛機，若非使用日本製的附屬設備，將一律更換。

2. 數年來，K.T.S. 一直擔任美國空軍及日本防衛廳所使用的 F86-K 型戰機之修護工作，而從美國有關當局獲得零件更換權。

3. 新市製造商正與大阪的三菱公司進行商議，討論如何使其裝配與修理用的產品能符合日本政府的要求，其目的在於取代目前防衛廳所使用的全部渥克設備。

4. K.T.S. 獲悉日本設計的兩種新式機型，皆考慮購買渥克的產品。

從上面的敍述，我們提出下列的假設:

1. 對日本的航空工業及防衞廳而言，K.T.S. 則是渥克公司的製造商及獨家代理人。爲保留面子起見，應該授權于 K.T.S. 以便從事製造渥克的產品。

2. K.T.S. 若不能獲得授權的話，勢必轉而購買渥克產品的設計，而從事設備的製造，就該公司多年來，裝修 F86-K 型戰機的經驗及握有的資料，毫無疑問地能承擔這些產品的生產計劃。

因此，對於 K.T.S. 的問題處理，我們建議採用下列方式:

1. 假如日本防衞廳採用了格魯曼 F11-F 型的生產計劃，本公司應允許 K.T.S. 爲在日本地區的獨家代理商，代理期間爲一年。

2. 若格魯曼 F11-F 的生產計劃被採納，那麼原設備中將包括大約 600 至 800 組渥克生產的附件，爲了附合機型的要求，我們建議授予 K.T.S. 有關渥克設備的修護權，而原產品與更換用的零件則需直接向渥克公司採購。這些能够符合日本防衞廳的要求，而且確保渥克的產品不致於被新市公司的產品所取代。

3. 授予 K.T.S. 有關裝修維護 F86-K 及 F11-F 型機種的產品製造權，然而，零件及完整組件的製造權利則仍保留。產品代理權限制在日本地區。

依照上面的情形，渥克公司必須獲得下列保證:

1. 產品設計所有權的維護。

2. 維護與修護技術的控制。

3. 開拓產品的新市場。

4. 網羅日本地區合適的市場。

總之，依目前日本航空事業的發展，有關航空產品的銷售，可以採這幾種方式。

1. 目前的做法則是，透過 K.T.S. 指定在美國境內的日本代理商進行銷售。

2. 提供 K.T.S. 在日本享有一年的獨家代理權，代理權利限制在日本境內；而日本廠商位於美國的採購辦事處，採購產品之前必須經過核准。

3. K.T.S. 爲渥克公司在日本的代理商，並取得日本防衞廳使用的飛機有關渥克產品的修護權利。

4. K.T.S. 取得產品製造權，這些產品則是提供防衞廳所使用的美製飛機的需要。這項權利並包括了維護、修理及代理權。

5. 不授予任何日本廠商代理權（包括 K.T.S.），毫無疑問地，將迫使日方廠商製造美式飛機上的渥克產品。

研究發展部估計日本地區每年的潛在需求量約在一千五百萬元左右，透過代理或授權製造的方式，本公司預期將佔有50%的市場。

依外銷部經理的備忘錄，管理當局則進行下列討論，銷售副總經理主張，對公司及 K.T.S. 的產品，日本航空業界尚無這份有效的潛在需求。

外銷部經理則認為，若不授予 K.T.S. 特別的權利，該公司勢必將仿製這些產品。

工程部經理則憂慮，一旦產品在日本製造之後，所涉及的產品設計所有權及專利權的保護問題。

產品銷售經理的看法是，若產品在日本地區不給予適當的代理權，則日本政府可能對目前所使用的飛機，尋求日本廠商的合適產品以撤換取代本公司的產品，這樣的話，勢必損害到本公司產品的信譽，而且影響到產品的國外銷售。

市場研究部經理與外銷部經理堅持，在這種快速成長的航空市場上，為了有效地參與競爭，本公司勢必要經由對更多國外廠商的授權與更優厚的代理，才能讓本公司的業績得以擴充。然而，生產部經理則覺得產品製造技術的連絡問題，須付出相當龐大的費用，若是為了爭取更廣大的市場，則尚須承擔此項風險。

第五篇　國際市場之分析與規劃

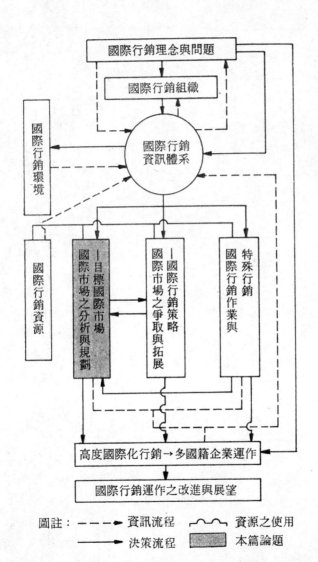

國際行銷理念與問題

國際行銷組織

國際行銷環境

國際行銷資源

國際行銷資訊體系

目標國際市場 ─ 國際市場之分析與規劃

國際行銷策略 ─ 國際市場之爭取與拓展

特殊行銷 國際行銷作業與

高度國際化行銷 → 多國籍企業運作

國際行銷運作之改進與展望

圖註：- - - → 資訊流程　　〰〰 資源之使用
　　　　──→ 決策流程　　▨ 本篇論題

第七章 國際市場總體分析（一）
——分析架構——

- 國際市場之研究與規劃程序
- 總體分析之項目
- 總體分析之程序
- 總體分析之施行

第一節 國際市場之研究與規劃程序

國際市場之研究與規劃程序包括國際市場之總體分析、國際市場之區隔、目標市場之遴選，以及銷售額之預測等四項，其間之流程如圖例 7-1 所示。

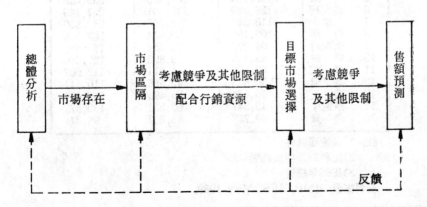

圖例 7-1 國際市場之研究與規劃流程

第二節　總體分析之項目 ●

壹、總體分析之概述

　　總體市場分析之基本內涵，涉及範圍甚廣。惟一般而言，宜對我國外銷情況有所了解，始能建立在此種了解之基礎，作更多層面之分析。所謂先「知己」之後，再進行「知彼」之工作。茲就我國在世界貿易中之地位，亦即市場地位以及外銷結構（含產品結構與地區結構）分別以表 7-1、7-2、以及 7-3 示明於后，俾供參考。

表 7-1　中華民國臺灣地區在世界貿易中之地位
(1988年)

順位	國　名	輸　出　額	輸　入　額	貿　易　額
1	美　國	321,600	459,570	781,170
2	西　德	323,373	250,554	573,927
3	日　本	264,856	187,378	452,234
4	法　國	167,786	178,874	346,660
5	英　國	145,133	189,920	335,053
6	義大利	128,529	138,591	267,120
7	加拿大	118,394	115,456	233,850
8	荷　蘭	103,195	99,444	202,639
9	比利時	94,278	95,584	189,862
10	香　港	63,158	63,892	127,050
11	韓　國	60,696	51,811	112,507
12	臺　灣	60,585	49,656	110,241
13	瑞　士	50,624	56,490	107,114
14	西班牙	40,341	60,531	100,872
15	瑞　典	49,747	45,627	95,374

註：1)共產國除外
　　2)比利時包括盧森堡
　　3)1988年統計
資料來源：IMP, IFS, May 1989.

● 見郭崑謨著，國際行銷管理，第三版（臺北市：民國71年9月，六國出版社印行），第 205～207 頁。

表 7-2 臺灣地區外銷地區結構
(1988年)

順位	1975 國別	出口金額	佔總出口%	1980 國別	出口金額	佔總出口%	1985 國別	出口金額	佔總出口%	1988 國別	出口金額	佔總出口%
1	美國	1,822.7	34.3	美國	6,760.3	34.1	美國	14,770.3	48.1	美國	23,431	38.7
2	日本	694.2	13.1	日本	2,173.4	10.9	日本	3,459.9	11.3	日本	8,762	14.5
3	香港	363.0	6.8	香港	1,550.6	7.8	香港	2,539.2	8.3	香港	5,579	9.2
4	西德	316.3	6.0	西德	1,075.9	5.4	加拿大	944.7	3.1	西德	2,338	3.9
5	加拿大	181.7	3.4	新加坡	545.2	2.7	新加坡	884.7	2.9	英國	1,905	3.1
6	印尼	177.8	3.3	沙烏地阿拉伯	544.5	2.7	西德	805.3	2.6	新加坡	1,680	2.8
7	新加坡	140.7	2.7	澳大利亞	539.4	2.7	澳大利亞	747.3	2.4	加拿大	1,582	2.6
8	英國	137.6	2.6	印尼	478.2	2.4	英國	650.4	2.1	荷蘭	1,506	2.5
9	澳洲	125.6	2.4	英國	471.6	2.4	沙烏地阿拉伯	589.9	1.9	法國	938	1.5
10	韓國	119.5	2.3	加拿大	459.7	2.3	荷蘭	457.7	1.5	沙烏地阿拉伯	629	1.0
合計		4,079.1	76.9		14,598.8	73.4		25,894.4	84.2		48,350	79.8

資料來源: 1.財政部,「進出口貿易統計」, 1989印行。
2.1989年貿易年鑑, 財政部印行。

從表 7-1 得知，我國臺灣地區之對外貿易總額，據 1989 年世界各國之貿易統計資料，排行第十二，為世界貿易大國之一。至於臺灣地區之外銷結構，論地區，歷年來，仍集中於美國、日本、香港等國家，我國對十大輸出對象國之輸出總額佔總輸出總額之比率高達百分之八十左右，可見地區集中之情況相當顯著（見表 7-2）。

就外銷產品結構而言，一如表 7-3 所示，以電子電氣類產品所佔

表 7-3 臺灣地區外銷產品結構
（1988年）

區　　　　分	輸出總額 （百萬美元）	結構比率 （％）	與前年相比 增減率（％）
總　　輸　　出	60,585	100.0	13.0
農　礦　產　品	3,331	5.5	2.6
工　　業　　品	57,255	94.5	13.7
纖　維　類	7,792	12.9	0.5
鞋　　　　類	3,889	6.4	3.3
玩　具　休　閒 運　動　用　品	3,333	5.5	2.1
塑　膠　製　品	2,960	4.9	16.5
電　子　電　氣	14,997	24.8	24.6
一　般　機　械　類	3,188	5.3	34.3
鋼　鐵　製　品	928	1.5	69.1
金　屬　製　品	3,489	5.8	8.1
運　送　用　機　械	2,520	4.2	6.4

資料來源: 財政部，「進出口貿易統計」，1989年印行

比率最高，1988年高達百分之二十四‧八之高；纖維類次之，達百分之十二‧九左右。產品集中之情況相當高。

　　上述市場地位，以及外銷結構，雖僅概略情況，但可反映我國目前總體市場之重要構面，作爲進一步分析之參考。

　　據史坦尼教授 (Charles F. Steilen) 研究，總體分析之項目應包括下列四大類❷：

　　(1)競爭概況：包括各競爭廠商之市場佔有率及其消長趨勢、競爭者之推銷策略、競爭者目標市場之辨認。

　　(2)市場概況：包括一般商情、市場大小及其趨勢、不同消費者及消費團體之重要性及未來演變、消費者或消費團體對某特定品牌之反覆購買行爲。

　　(3)消費概況：包括消用率分析，如非使用者、輕度使用者、中度使用者及高度使用者等之辨認（依消用者對產品及品牌之使用頻率區分），消用者對產品之態度與動機之辨認。

　　(4)產品概況：包括產品系列中每一競爭產品之差異、自己產品之長短處。

　　上述四類所涵蓋之分析項目尚未能將外國之眾多助長外銷市場以及限制外銷市場之因素包括在內。吾人在分析國外市場時應就下列數端加以分析始能窺視某一特定外銷市場之存在情況。

　　(1)政經法律概況：如人口數量，人口增加率，人口之年齡結構及

---

❷ 見史坦尼 (Charles F. Steilen) 博士，行銷管理研討大綱，民國67年6月，臺北陽明管理發展中心印行之講義，第2～3頁。

地理分佈，家庭之大小，所得之高低，分配以及增加情況，信用制度之健全與否，通貨膨脹率，資本之疊積情況，外滙底存，進出口，結構，外貿限制，助長外貿因素，國際行銷通路之結構，工資之高低與變動，社會基本設施，推銷成本，市場競爭情況，機械化程度，產銷技術進步情況，管理技術之應用情況，產銷及管理技術之革新率，法律規定，政治制度，政局之穩定與否，勞工組織，民情反應（對國際行銷作業），勞工之供需情況等等。

(2)社會文化概況：如宗教信仰，教育水準，社會制度，家庭大小及家庭關係，語言，風俗習慣，價值觀念，審美觀點，種族，都市文化程度，社會階層，社團組織等等。

(3)自然環境：如地形，地勢，雨量（溫度之高低），溫度，人口之自然分佈，天然資源之豐瘠與分佈情況等等。

(4)消用者或消用團體之心理狀況：如態度，購買動機，知覺，性向(如內向、外向、積極進取、消極、順和、反抗心理)等等。

貳、總體分析項目之選擇

上述各類項因素之研究與分析對外銷市場之認識必有莫大助益。國際市場包羅廣泛，現有一百四十餘國家及地區，每一地區之情況不盡相同，何一因素比較重要，悉視各國之情況而定，並非每一國都具有相同產品市場。是故在進行總分析時，寧可作比較廣泛之分析而所分析國家亦可酌量增加，庶能有較多之選擇機會。

舉如中東國家，如沙烏地阿拉伯（Saudi Arabia）、科威特（Kuwait）、阿拉伯聯合大公國（United Arab Emirates）以及埃及（Egypt）諸國雖具相同之宗教信仰、民族特性、地域環境，由於經濟環境之異同與法律之限制，就有不同之產品市場。沙烏地阿拉伯油元（Petro Dollar）豐富，工業化程度低，在積極推動其經濟建設之努力下，對手工具、工作機、塑膠品製造機、建築器材之需求量甚大，要依賴進口，而對進口限制亦甚少，已成為許多國家外銷廠商所追求爭取之良好市場。相反地埃及由於外滙存底甚少（大部份由沙烏地阿拉伯及美國供應及支援），本國工業化程度較諸沙國、科國及聯合大公國高，保護（國內工業）主義擡頭，進口限制較嚴，對上述種種產品雖有需求，並非我國之市場良場。又如上釉磁磚，由於埃及磚工業已建立，並將持續成長，雖有需求亦無法打進埃及市場。沙烏地阿拉伯之情況則迥然不同。沙國不但對各類平面及裝飾用地板及牆磚需求很大，且目前尚無法自製，加以油元豐富，只要產品品質及價格適當，勢必為我國之外銷肥沃市場❸。

　　上舉中東市場簡例，旨在闡述總體分析上，由於各項因素之差異可導致市場之存在與不存在兩相反後果。市場分析人員當可視各國情況之特殊層面，而掌握數項關鍵因素，作總體分析。

第三節　總體分析之程序❹

壹、桌上研究

　　外銷市場之繁複，迫使每一外銷廠商，先行做少數國家或地區之總體分析，俾便做進一步之探查。初步之探討可藉次級資料作"桌上研究"縮小研究範圍，亦卽減少所要考慮之市場數目，然後再作進一

---

❸　參閱外貿協會（CETDC）民國67年8月印行之貿協叢刊：市場研析類，第67～215號，沙烏地阿拉伯、科威特、阿拉伯聯合大公國與埃及建材市場調查報告，第5～14頁。

❹　同註❶，第208～221頁。

步之詳盡分析，判定有無市場，或值不值得進行市場區隔。

次級資料之"桌上研究"應針對選擇國之重要政經法律、社會文化、自然環境等種種指標加以研究分析。這些指標當中比較容易獲得之資料爲各國進口出口資料。聯合國出版之貿易統計 (Commodity Trade Statistics) 爲一良好之初選用資料。各國之統計年鑑 (Statistical Year Books)、我國之進出口資料（貿協 CETDC、國貿局以及主計處均有該種資料可資查考)等等均爲容易得到之次級資料，惟這些資料之分類方法，往往不甚一致，市場分析人員應注意其異同，作適度之重新整理始能做比較分析。聯合國之分類標準，卽標準國際貿易產品分類(Standard International Trade Classifiation)，簡稱ＳＩＴＣ，業被衆多國家採用，研究某產品之出進口情況當較以前方便。

進出口統計數字研析項目應包括:

(1)地主國某產品或產品系列之進口額。

(2)各國向該地主國進口之佔有率（包括我國之佔有率）。

(3)歷年來地主國之進口。

(4)各國進口數量之比較（可依進口額之大小排列）。

(5)我國佔有率與各國佔有率差距比較（可探出最大差距，藉資進一步探討其原因所在），以及

(6)進口數額較少之國以便尋找原因所在。

做此種進出口統計數字之研析之重點乃在藉以過濾許多進口量不足外銷廠商考慮"進軍市場"之國家或地區。

分析次級資料時，首應對世界經濟景氣，尤其是世界性貿易情況作全盤性檢討後，再對目標國家或地區作比較深入之研析。例如從國貿局所提供之世界貿易展望資料中，吾人得悉雖然預測一九八〇年美

國進口數量將可望只增加 0.9%，較之歐洲共同市場之 3.1%，以及其他先進地區之4.1遠低❺，但從進口金額觀看，仍然相當可觀，據估計約爲 2,245 億美元❻（見表 7-4）。由於諸多貿易阻碍，歐洲共同市場雖然龐大，美國市場將被視爲仍有潛力。假設廠商對消費用品，如玩具類之市場具有濃厚興趣，則在總體分析上應對美國消費市場着手研究，以便分析玩具市場。

表 7-4　1980 年世界貿易的預估

（金額：一億美元）

	輸　　出		輸　　入	
	1979年	1980年	1979年	1980年
世　　　　　　界	15,722	17,988	15,722	17,988
日　　　　　　本	1,031	1,216	972	1,153
美　　　　　　國	1,770	2,014	1,968	2,245
歐 洲 共 同 市 場	5,637	6,440	5,620	6,400
其他先進國（地區）	1,997	2,233	2,335	2,675
石 油 輸 出 國 家 組 織	2,053	2,517	932	1,057
非產油國之發展中國家	1,793	1,936	2,430	2,846
共　產　國　家	1,438	1,630	1,463	1,609

資料來源：國貿局印行，國際貿易參考資料，第160期（69年1月5日），第3頁。

影響玩具市場之因素甚多，諸如未來孩童人口、所得、教育、婦女職業等等。總體分析之次一重要步驟爲從美國消費市場之現況及展望中求取必須資料。據統計推估，一九八〇年代第二次世界大戰後之超高出生率所導致之人口結構反映美國當時出生之六千萬（一九四七至一九六一出生者）嬰兒❼，現在年齡爲十九歲至三十三歲，正是達到生男育女之階段，加之主婦就業率增加，所得不斷提高，正意味玩

❺ 國貿局印行，國際貿易參考資料，第160期（69年1月5日），第3頁。
❻ 同註❺。
❼ 國貿局印行，國際貿易資料，第 218 期（民國69年8月20日），第2~3頁。及外貿協會印行，外銷機會，第 566 期（民國71年4月10日），第29~30頁。

具市場之樂觀前途。

　　總體分析之第三步驟當爲美國玩具進口動態或進口結構。如表7-5
A所示，一九七五年至一九七九年之各類玩具進口增加率中以電子遊
樂玩具、電動玩具，以及縫製玩具居高，它們分別爲23.5％、19.8％
與11.1％。此乃意味該三種玩具之市場至少在目前以及短期內看好。

　　爲進一步明瞭我國在美國玩具市場之競爭地位，作總體分析時，
須對主要對美輸出國家以及其市場佔有率作比較分析，此種分析之資
料可從表7-5與表 7-7 獲得。這些資料以及表7-5B 所示資料將成爲區
隔市場之重要依據。有關國際市場之區隔觀念與方法將於第十一章再
行探討。本節所提述有關總體分析之方法，僅爲非常簡單之案例，旨
在闡明分析之總概念與架構爾。其他方法，尚有利用產品貿易依賴度
推論競爭能力，以貿易集中度推斷市場之重要性，以及市場地位等等
不勝枚舉。

表 7-5A　美國玩具輸入動態

	1971			1974			1979		
	金　額 (1,000 美元)	—	比率 (%)	金　額 (1,000 美元)	74/71比率 (%)		金　額 (1,000 美元)	79/75比率 (%)	
組配玩具	7,407	—	2.9	21,111	2.9	5.8	48,953	2.3	4.4
模型玩具	6,201	—	2.4	24,132	3.9	6.6	23,743	1.0	2.1
洋娃娃、人偶（含配件、衣服）	69,020	—	27.2	87,458	1.3	24.0	123,585	1.4	11.1
縫製娃娃	9,759	—	3.8	9,860	1.0	2.7	50,369	5.1	4.5
動物玩具	12,144	—	4.8	22,317	1.8	6.1	83,777	3.8	7.5
書籍玩具	1,352	—	0.5	2,574	1.9	0.7	3,979	1.5	0.4
積木玩具	757	—	0.3	4,288	5.7	1.2	21,969	5.1	2.0
樂器玩具	3,227	—	1.3	2,605	0.8	0.7	8,483	3.3	0.8
紙製裝飾玩具類	1,005	—	0.4	1,102	1.1	0.3	2,208	2.0	0.2
附發條之玩具	3,356	—	1.3	6,023	1.8	1.7	15,610	2.6	1.4

塑膠玩具、橡膠製玩具	39,010	—	15.4	54,925	1.4	15.1	92,781	1.7	8.4
電動玩具、friction玩具	51,856	—	20.4	71,766	1.4	19.7	220,478	3.1	19.8
魔術玩具	2,394	—	0.9	4,435	1.9	1.2	4,483	1.0	0.4
聖誕節裝飾玩具	34,375	—	13.5	27,262	0.8	7.5	79,554	2.9	7.2
玩具用馬達	12,086	—	4.9	24,667	2.0	6.6	70,440	2.9	6.3
電子遊樂玩具	-	—	—	—	—	—	260,700	—	23.5
合　計	253,949	—100.0	364,525	1.4	100.0	1,111,112	3.0	100.0

表 7-5B　主要對美國輸出玩具的國家

總輸入（％）				不包括馬達、電子遊樂玩具、聖誕節裝飾玩具在內的總輸入（％）			
	1971	1974	1979		1971	1974	1979
日　　本	31.2	14.4	10.6	日　　本	29.9	11.6	6.9
香　　港	32.9	35.3	39.9	香　　港	38.7	39.9	39.5
中華民國	11.7	15.4	19.3	中華民國	7.1	13.2	18.4
韓　　國	0.1	6.0	11.5	韓　　國	0.6	6.2	14.7
西　　德	4.0	3.7	1.5	西　　德	3.2	2.7	1.4
墨西哥	9.0	8.4	3.5	墨西哥	10.9	9.6	3.6
合　計	88.9	83.2	86.3	合　計	90.4	83.2	84.5

資料來源：國貿局印行，國際貿易參考資料，第218期（69年8月2日），第17頁。

表 7-6A　主要對美國輸出電動玩具等的國家

磨擦、發條、電動玩具、玩具（％）				人偶、洋娃娃（％）			
	1971	1974	1979		1971	1974	1979
日　　本	48.4	18.0	13.0	日　　本	17.0	4.3	1.5
香　　港	25.8	32.5	34.6	香　　港	48.9	45.3	51.5
中華民國	2.7	9.5	18.9	中華民國	9.4	23.3	21.2
韓　　國	0.1	7.7	13.7	韓　　國	0.3	8.6	7.6
西　　德	3.1	2.6	1.0	西　　德	0.2	0.6	0.8
墨西哥	10.1	10.6	2.3	墨西哥	20.5	14.0	4.6
合　計	90.2	80.9	83.5	合　計	96.3	96.1	87.2

表 7-6B　主要對美國輸出電子遊樂玩具等之國家

電子遊樂玩具（%）			塑膠或橡膠製玩具（%）			
1971	1974	1979		1971	1974	1979
日　　本 —	—	16.6	日　　本	11.8	6.8	3.0
香　　港 —	—	54.4	香　　港	64.1	59.7	61.0
中華民國 —	—	14.1	中華民國	9.2	10.3	20.6
韓　　國 —	—	5.5	韓　　國	0.1	1.1	2.1
西　　德 —	—	0.1	西　　德	3.8	1.3	0.5
墨西哥 —	—	4.6	墨西哥	5.8	12.5	6.2
合　　計 —	—	95.3	合　　計	85.6	91.7	91.3

表 7-6C　主要對美國輸出動物玩具、縫製玩具之國家

動物玩具（%）			縫製玩具（%）			
1971	1974	1979		1971	1974	1979
日　　本 42.7	27.3	1.5	日　　本	62.3	14.7	3.1
香　　港 29.2	41.8	34.0	香　　港	6.1	7.3	1.1
中華民國 16.5	19.7	19.1	中華民國	2.5	22.4	24.5
韓　　國 0.2	0.3	32.8	韓　　國	1.7	23.4	57.2
西　　德 4.1	2.5	0.6	西　　德	9.8	5.6	0.7
墨西哥 0.1	1.6	6.3	墨西哥	8.6	14.0	5.6
合　　計 92.8	93.2	94.3	合　　計	91.0	87.4	92.2

資料來源：國際貿易參考資料，國貿局印行，第218期（69年8月2日），第18頁。

表 7-7A　美國各類玩具之銷售額

（單位：100 萬美元）

主要各類玩具	1977年	1978年	1979年
智力遊樂玩具	464	519	522
電子遊樂玩具（不包括電視遊樂器）	21	112	375
組合、教學玩具	324	365	388
人偶、洋娃娃和其飾佩	385	308	288
汽車、卡車、小舟、飛機等玩具	148	155	190
乘坐用車玩具	159	154	178
縫製玩具	228	234	231

表 7-7B　美國玩具人口預估

（單位：1,000人，%）

年　　齡	1976年 人口	1980 年 人口	1980 年 較76年增減	1985 年 人口	1985 年 較76年增減	1990 年 人口	1990 年 較76年增減
5 歲以下							
男　孩	7,924	8,336	5. 20	8,981	13. 34	9,231	16. 49
女　孩	7,575	7,949	4. 94	8,552	12. 90	8,778	15. 88
合　計	15,499	16,285	5. 07	17,533	13. 12	18,009	16. 19
5～9 歲							
男　孩	8,852	8,243	△ 6. 88	8,453	△ 4. 51	9,102	2. 82
女　孩	8,504	7,886	△ 7. 27	8,061	△ 5. 21	8,666	1. 90
合　計	17,356	16,129	△ 7. 07	16,514	△ 4. 85	17,768	2. 37
10～14歲							
男　孩	10,101	9,082	△ 10. 09	8,484	△ 16. 01	8,691	△ 13. 96
女　孩	9,709	8,722	△ 10. 17	8,106	△ 16. 51	8,276	△ 14. 76
合　計	19,810	17,804	△ 10. 13	16,590	△ 16. 25	16,967	△ 14. 35
0～14 歲	52,665	50,218	△ 4. 64	50,637	△ 3. 85	52,744	0. 015

資料來源：國際貿易參考資料，國貿局印行，第218期（69年8月2日），第16頁。

除了進出口資料外其他較易獲得之資料爲各國人口資料、經濟發展指標, 如國民總所得毛額 GNP、每人每年平均所得毛額 GNP Percapita 關稅, 配額設限規定。各國人口資料以及所得資料除了分別可從聯合國人口年鑑 (UN Demographic Year Book) 及聯合國統計年鑑 (UN Statistical Year Book) 獲得外, 我國行政院經建會經濟研究處印行之「國際經濟情勢週報」爲一重要之資料來源, 又經建會除了週報外, 亦出版許多有關國際貿易及經濟統計資料, 表 7-8 中之人口及國民所得資料, 係從1980 Taiwan statical Data Book 擷取者。由於市場潛力之大小, 往往無法從進口資料窺知, 在許多情況下要深入從一國之人口以及每人每年所得研究始能了然。一切產品之消用在於人, 而人要具有購買力始能購買, 此一購買力之指標通常是平均每人每年所得 (如係以家庭爲購買單位之產品, 如家電用品、家俱類則以平均每家庭每年所得毛額爲指標), 每人或每家庭每年消用百分之多少之所得於何種產品, 可進一步從聯合國國民所得統計資料 (UN Year Book of National Account Statistics)獲得, 譬如美國人平均花用 2%之收入於飲料, 20%之收入於食物, 9%之收入於衣着; 歐洲各國平均每人每年花用24%之收入於食物, 6%之收入於飲料等等[8], 便是從此年鑑中獲得之資料。此種資料對產品之潛在市場辨認上有甚大助益。

除了過去之資料外, 未來經濟情況之預測資料爲國際行銷研究規劃上所必備者, 此種資料之來源甚多, 聯合國、經建會、國貿局等處均爲重要來源。例如國貿局經常對各國市場有所報導, 並對各國國內總生產毛額 (GDP) 之成長率與預測提供快速資料,俾便業者參考,

---

[8] 歷年度之 UN Year Book of National Account Statistics, 係由聯合國出版, 我國政治大學社會科學資料館以及經建會圖書館隨時都有最新之年鑑以及歷年之年鑑可資研考。

舉如下列資料，可從該局獲得❾。參閱表 7-9。

表 7-8　選擇國別人口及國民平均每人所得毛額

國　　別	人　口（百萬人）*	平均每人所得（US$）**
中華民國	17.5	1,466[a]
南　　非	28.5	1,341
義 大 利	56.9	3,077[c]
英　　國	55.8[b]	4,978
日　　本	115.9	7,250
美　　國	220.1	8,612
法　　國	53.5	8,025
荷　　蘭	14.0	8,598
加 拿 大	23.7	7,554
西　　德	61.7	9,371

*: 1980年資料，**: 1978年資料，a：1980年預估，b：1979年資料，c：1977年資料
資料來源：Council for Economic Planning and Development, *Taiwan Statical Data. Book 1980* (Taipei Taiwan, ROC: CEPO, 1980)
（由各頁彙總整理而得）

表 7-9　選擇國別 GNP 或 GDP 之實質與名目成長率

國　　別	實 質 成 長 率			名 目 成 長 率		
	1978	1979	1980[c]	1978	1979	1980[c]
美　　國[a]	4.4	2	0	12.0	11	9
加 拿 大[a]	3.4	3.3	1.4	10.0	11.2	11.0
西　　德[a]	3.5	4.0	2.5	7.5	8.0	7.0
義 大 利[b]	-2.6	-4.3	-1.5	16.2	20.4	15.8
丹　　麥[b]	1.0	2.2	0.3	Na	Na	Na
哥倫比亞[b]	8.6	6.6	6.8	Na	Na	Na
瑞　　士[a]	0.2	0.5	1.4	Na	Na	Na
挪　　威[b]	3.5	3.0	4.2	Na	Na	Na
巴　　西[b]	6.0	-6.0	-6.0	Na	Na	Na

註　a：GNP，b：GDP，c：預估。
資料來源：國際貿易局，國際貿易參考資料，專題報導第 2～8 頁，
民國69年1月12日出版。

此外各國關稅及配額等地主國之限制足可使外銷廠商裹足不前，對於此種阻力，當然反映於地主國進口資料中。惟一旦阻力減輕或剔除，則本來由貿易資料研判為微不足道之市場，或有成為最"肥沃"市場之可能。故業者應時刻注意各國之貿易限制，庶能作快速認識國際市場之演變，把握良機，登先進軍市場爭取市場之領導地位。如日本於一九七七年度調整其農產品優惠關稅表，免稅項目（如魚卵、香蕉、蕃石榴、牛脂、礦水、炭酸水、清酒、飼料用調整品等等）增列許多，其最高稅率亦不過百分之廿五❿。諸如此類資料之分析亦為總體分析中應行考慮之重要事項。

貳、調查、訪問、觀察

對各國消用者之購買意欲之了解較費時日，亦較無法確鑿了解，多半要借助於調查、訪問，觀察等方式達成。上述種種次級資料之研析完成後，廠商可作比較深入之分析探查。深入之分析與探查作業，除對上述之各政經法律等因素作更詳細之研究外，對社會文化、自然以及心理因素亦要作檢討。尤其是各國之風俗習慣、社會結構、家庭制度、民族性、自然環境、民情價值觀念等等要特別慎重研析。由於語言之隔閡，這些資料之獲得與研判較費周章，廠商有時要腳踏實地，遣派人員到地主國或潛在地主國訪問、參觀、調查或觀察，有時可委託當地研究機構進行收集必備資料。不管以何種形式進行研析，資料之收集，要靠政府或企業團體力量始能破除調查訪問之阻力。

---

❾ 「國際貿易參考資料」第43期，民國67年6月，國際貿易局印行，第11頁。

❿ 貿協叢刊第66～301號，日本1977年度優惠關稅簡介及優惠對象品目，民國66年5月，外貿協會印行，第7～15頁。

　　比較詳盡之總體分析上另一不可忽略者厥爲通路結構問題。譬如某國之通路只有一兩種，而此一兩種通路已被競爭廠商佔有，訂有契約，若非“退而求其次”利用較差之經銷商然後設法藉加強訓練、拓銷活動等方法以求彌補，他也許有忍痛放棄這一市場之必要❶。通路情況之了解，通常要作實地參觀、訪問、調查始能明白眞象。

參、二介面法⑫

　　市場分析可以二方面觀之，第一爲決定國外市場機會，第二爲發展行銷方案。這個程序包括桌上研究——應用出版的資訊、調查、訪問等。圖例 7-2 指出分析者首應了解公司的目標，再利用與決策有關的資訊，便可以列出行銷機會。

肆、甄選程序⑬

　　通常在甄選有潛力的外國市場時，決策者會涵蓋各方面的因素，卻疏忽了深入的研究。以下所介紹的選擇方法將著重於下列數端——市場大小、市場趨勢、競爭者及其政策、訂價及市場進入的限制等等，包括九個步驟。

　　一、決定產品所能滿足的需求及潛在消費者的特性。通常產品能滿足的需求，國內外市場是相同的，但也有不同的情形。例如沒有冷凍室的冰箱可以當成是物品的暫時貯存處所，也可以是在低度開發國家中地位的表徵。在所得及工業成長迅速的地區，購買者的需求變動

---

　❶　許士軍著，國際行銷管理，再版，民國66年，三民書局印行，第79～80頁。

　⑫　Ruel Kahler, *International Marketing*, 5th Ed. (Cincinnati, Ohio: South-Western Publishing Co., 1983) pp. 66-67.

　⑬　同註⑫，第68～69頁。

很快。

　　二、建立目前滿足上述需求的方式。可由出版的政府及貿易資料獲取目前市場上有關產品的資訊。

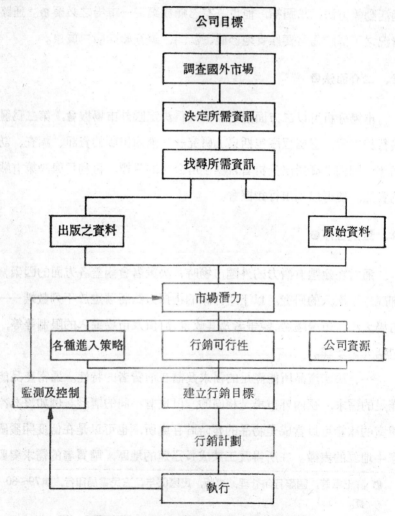

圖例 7-2 市場分析——進入市場的可行性

資料來源: Ruel Kahler, *International Marketing*, 5th Ed. (Cincinnati, Ohio: South-Western Publishing Co., 1983), pp.66-67.

三、選定反應市場潛力的指標。對於消費產品而言，指標可能是人口、市場成長、個人所得。

四、自指標估計市場潛力。「多元廻歸」分析技術可派上用場。

五、刪除不能達到最低需求量的國家。

六、將剩餘的國家依潛力排定順序。

七、檢查有助於擴張的地理區。如巴西可能是個適當的環境，可以之為行銷其他拉丁美洲國家的基地。

八、刪除貿易或投資障礙會阻礙行銷的國家。

九、選擇最合適的國家做進一步分析──發展市場進入策略、制定行銷計畫。

第四節　總體分析之施行⑭

總體分析既費時日又需鉅大費用，非一般廠商可以自始至終自行承擔，故分析所需資料，若可從政府機構、市場研究機構取得，當以利用該次級資料為原則，惟利用此種次級資料時應加以再整理，使之符合所需。必要時可利用市場研究機構蒐集必需之資料，惟需注意確定研究目標及範圍、控制研究機構之活動，時常協調、溝通，最後將研究機構之研究結果視為一種決策參考而非決策。同時在研究分析市場時須拋棄本位主義觀念 (Self-Reference Criterior, SRC)，不應以自己之價值觀念衡量他國之有關行銷之行為及作法。

---

⑭ 同註❶，第221～222頁。

第八章　國際市場總體分析（二）
——分　析　方　法——

- 國際市場分析之基本認識
- 國際市場分析方法之探討
- 國際市場分析方法——實例

第一節　國際市場分析之基本認識

壹、正確觀念之確立

『國際市場』不但在觀念上甚爲含糊，在實際分析與規劃上亦不易掌握重點。話雖如此，吾人若能對下列數端有所了解，不難增加分析之精確性。

(1)國際市場之分析，可分總體與個體分析兩階段。總體分析之主要目的在於辨認『總體行銷』機會，遴選成長中或具有成長潛力之行業。個體分析之目的在乎確定廠商本身之『個體分銷』機會，確認適合於本身之目標市場。

(2)雖然沒有任何次級資料係爲個別廠商而發表，刊載，廠商應能善用現有次級資料，不要輕易放過可能使用之次級資料，特別是總體資料。

(3)總體分析之幅度要大，使分析範疇『廣而不漏』。

(4)國際市場之分析，不但要貨品、勞務兼顧，且要市場與供源並重。供源之重視，往往被國際行銷人員忽略，殊不知供源之分析係三角貿易（包括轉口貿易與『文書作業』貿易）之重要作業事項。

⑸分析市場，雖應『廣而不漏』，但須要在分析過程中，適時集中於少數有利市場之分析；蓋如斯始能管制分析市場之成本。

⑹對客戶數目較少，如重機械，整廠輸出之產品，可將分析地區再度擴大。

⑺分析市場時，絕對要避免『普通化』作業，將廣大地區，或涵蓋甚廣之消費者視同一個市場作規劃。

⑻競爭分析，應重視比較分析，並要有共同基準，始能獲得正確答案。

貳、計質與計量分析之並重

國際市場分析上，計質分析若能與計量分析並重，可節省許多時間與費用。計質因素若可尺度化當應尺度化藉以提高分析層次。計量資料之來源甚多，所可獲得者亦不少。一般受用較廣者有進出口貿易統計資料、人口、所得資料、價格資料等等。進出口貿易統計資料之來源互異，所用之產品分類亦不同，使用較廣有下列數種分類（詳見表 8-1，表 8-2 以及表 8-3）。至於三者之對照可從表 8-4 窺視而得。

1. CCC: Classification Import and Export Coumodities of The Republic of China
2. SITC: Stardard International Trade Classification
3. CCCN: Customs Co-operation Council Nomenclature

除此而外，CTRN（Customs Tariff Return Numbers）以及 BTN（Brusell Trade Nomenclature）亦常被採用。

計質資料通常可用以作初步之過濾使國際市場分析之範圍逐漸縮小。下述數端可用以過濾廣大繁複之市場。

(1)母國之政治及法令限制，如地區之限制、產品之限制、方法之限制等等。

表 8-1　中華民國進出口貨品分類*

第1類	農、林、漁、牧、狩獵品
11	農產品
12	林產品
13	禽畜產品
14	水產品
15	狩獵品
第2類	礦產品
21	能源礦產品
22	金屬礦產品
23	非金屬礦產品
24	寶石（包括次寶石）原石
第3～4類	製造業產品
31～32	加工食品
33	飲料及菸類
34	紡織品
35	紡織品所製之衣服及其他紡織衣著裝飾製品（紙製者列入384）
36	皮革、毛皮及其製品
37	木、竹、藤製材及製品
38	紙漿、紙、紙製品及印刷品
39	化學材料
40	化學製品
41	橡膠及塑膠製品
42	非金屬礦物製品
43	基本金屬
44	金屬製品（貴金屬製品列入491）

15	機械
46	電機及電器
47	運輸工具
48	精密儀器設備
49	其他製品
第5類	水、電、煤氣
50	水、電、煤氣
第6類	其他商品
61	預製房屋
62	軍用武器及彈藥
63	藝術品、珍藏品及古董
64	特殊商品

---

* 中華民國商品標準分類第三次修訂，自70年1月1日起實施。

依中華民國進出口貨品分類表新一版，共分為6類計33項172小項912目3039小目26,458節。

資料來源：「中華民國進出口貨品分類表新一版」，經濟部國際貿易局出版，民國69年6月。

(2)地主國之政治及法令限制。

(3)本國技術有無能力達到地主國之產品規格標準，如 JIS、UL 等等。

(4)地主國進口稅之高低。

(5)地主國國內市場之競爭程度，如有無特大之競爭對象。

(6)地主國之外滙存底，存底過低如非無力進口，對進口亦將必有相當大的限制。

(7)政治之動盪不安情況，與民情之反應。

(8)產品是否易於腐敗。

計質因素，尤其總體環境因素通常可尺度化，藉以衡量其優劣程度作為過濾之依據。表 8-5 所列者，可供參考。表 8-5 之尺度化量表為評估國際行銷環境之一相當詳細之方法。

表 8-2 CCCN 商品分類表

第1類	動物及動物性生產品	第6類	化學工業及生產品
1	活動物	28	無機化學品及貴金屬、放射物
2	肉、動物之內臟	29	有機化學品
3	魚、甲殼類及軟體動物	30	醫療用品
4	酪農品、鳥卵	31	肥料
5	動物性生產品	32	染料
第2類	植物性生產品	33	香料、化妝品類
6	樹木	34	洗劑、潤滑劑
7	食用之菜、根、塊莖	35	蛋白系及膠着劑
8	食用之果實	36	火藥類
9	咖啡、茶、辛香料	37	感光性及映劃用的材料
10	穀物	38	各種的化學工業生產品
11	加工穀物	第7類	人造樹脂、人造塑膠、合成及天然橡膠
12	植物之種子		
13	染色用之植物脂	39	人造樹脂
14	植物性的材料可用雕刻	40	天然、合成橡膠
第3類	動物性或植物性油脂	第8類	皮革、毛皮及製品、旅行用具
15	動物性油脂		
第4類	食物調製品、飲料、醋、煙草	41	原皮及皮革
16	肉、魚類、甲殼類之調製品	42	革製品及旅行用具
17	糖及砂糖菓子	43	毛皮、人造毛皮及製品
18	可可及其調製品	第9類	木材及其製品
19	穀物等之調製品	44	木材及其製品
20	菜、果實等植物之調製品	45	軟木及其製品
21	各種的調製食料品	46	枝藤製品
22	飲料及醋	第10類	製紙用原料、紙板及製品
23	飼料	47	製紙用原料
24	煙草	48	紙及紙板及其製品
第5類	礦物性生產品	49	書籍、報紙、圖案
25	鹽、硫黃、土石類	第11類	紡織用纖維及其製品
26	金屬礦	50	絹及絹織物
27	礦物性燃料，瀝青	51	人造纖維的長纖維及製品

52	金屬紗及其織物	78	鉛及其製品
53	羊毛及其他獸皮之毛織物	79	亞鉛及其製品
54	亞麻系之織物	80	錫及其製品
55	棉及棉織物	81	其他卑金屬製品
56	人造纖維之短纖維製品	82	卑金屬製家庭用品工具利器
57	其他植物性纖維物	83	各種卑金屬製品
58	網織物	第16類	機械類、電氣機械及其零件
59	其他網織物	84	鍋爐類及其零件
60	編織物	85	其他電器機械
61	衣類及其附屬品	第17類	車輛、飛機、船舶及其零件
62	紡織用纖維的其他製品	86	鐵路用車輛及其零件
63	纖維製品（舊衣料）	87	鐵路用以外之車輛及其零件
第12類	靴、帽子、羽毛、製品、造花、人髮	88	飛機及其零件
		89	船舶及其構成物
64	靴、鞋	第18類	光學儀器、精密儀器、樂器等及零件
65	帽子		
66	傘	90	光學儀器及零件
67	羽毛製品、造花、扇子	91	鐘錶及其零件
第13類	石、石綿、陶磁製品、玻璃製品	92	樂器、錄音機等及零件
		第19類	武器、銃砲彈及零件
68	石、石綿、雲母等材料	93	武器、銃砲彈及零件
69	陶磁製品	第20類	雜項
70	玻璃製品	94	其他家具、寢具及零件
第14類	眞珠、貴石、貴金屬	95	玳瑁製品、加工製品
71	眞珠、貴石、貴金屬	96	其他帚、刷、羽毛刷等
72	貨幣	97	玩具、運動用具及零件
第15類	卑金屬及其製品	98	鋼筆、打火機、及其他
73	鋼鐵及其製品	第21類	美術品、藝術品
74	銅及其製品	99	美術品
75	鎳及其製品	第22類	無法分類之特殊商品
76	鋁及其製品	00	特殊商品
77	鎂土及其製品		

資料來源：日本貿易統計月報。

表 8-3 SITC 商品分類表

項	名　　　　　　　　　稱	項	名　　　　　　　　　稱
0 類	食物及活禽畜	33	石油、石油產品及有關材料
00	活禽畜	34	天然氣及煉製煤氣
01	肉類及其製品	35	電流
02	乳酪產品及禽卵	Ⅳ	動植物油脂及臘
03	魚類、甲殼類、軟體類及其	41	動物油及脂
	製品	42	固定（不揮發）植物油及脂
04	穀類及其製品	43	經處理之動植物油脂；動物
05	蔬菜果實		性及植物性臘
06	糖、糖製品及蜜	Ⅴ	化學品及未列名有關產品
07	飲嗜料及其製品	51	有機化學品
08	家畜飼料（未碾穀類除外）	52	無機化學品
09	其他食品及製品	53	染料、鞣料及色料
Ⅰ	飲料及菸草	54	醫藥品
11	飲　料	55	精油及香料，化妝品、擦亮
12	菸葉及菸製品		及清洗製品
Ⅱ	非食用或燃料用原料	56	肥料製造
21	生皮及生毛皮	57	炸藥及烟火品
22	油用種籽及果實	58	人造樹脂及塑膠材料及纖維
23	生橡膠（包括人造橡膠及再		素，酯及醚
	生橡膠）	59	未列名化學材料及製品
24	軟木及木材	Ⅵ	製造業（按原料區分）
25	紙漿及廢紙	61	未列名皮革、其製品及硝毛
26	紡織纖維及廢纖維		皮
27	礦物及礦物性肥料粗料	62	未列名橡膠製品
28	金屬礦及碎屑	63	軟木及木製品（家具除外）
29	未列名動植物原料	64	紙、紙板及紙漿、紙或紙板
Ⅲ	礦物性燃料潤滑油及有關材		製品
	料	65	紗布、紡織製成品及未列名
31			紡織有關產品
32	煤焦炭及煤製品	66	未列名非金屬礦產品

項	名　　稱	項	名　　稱
67	鋼鐵	83	旅行用品、手提袋及類似盛器
68	非鐵金屬		
69	未列名金屬製品	84	成衣及服飾品
VII	機械及運輸設備	85	鞋類
71	動力機械及設備	86	
72	特殊工業之專用機械	87	未列名專業用、科學用及控制用儀器及器具
73	金工工具機		
74	未列名一般工業用機械與設備及未列名零件	88	未列名攝影用器具設備及供給品與光學用品時錶及時鐘
75	辦公室用機械及自動處理資料設備	89	未列名雜項製品
		VIIII	未列名商品交易
76	電訊、錄音及複製之器具及設備	91	未按種類區分之郵件
		92	
77	未列名電力機械，儀器與器具及其零件	93	未按種類區分之特種交易及商品
78	道路機動車輛	94	未列名活禽畜
79	其他運輸設備	95	
VIII	其他製品	96	貨幣（金幣除外）無法償者
81	未列名衛生、水管、暖氣、照明用設備及其附屬品	97	非貨幣用黃金（不含金礦砂及精砂）
82	家具及其零件		

資料來源: 中華民國進出口統計月報。

第二節　國際市場分析方法之探討

壹、預估市場潛力應考慮之事項

　　預估市場潛力為市場分析之重點所在。倘潛力之預估錯誤，廠商自將『陷入』不適行業，甚或夕陽行業，就是有再好管理專家與經營技術亦無法挽回其經營惡運。預估市場潛力應考慮之事項有:

　　(1)地主國各類產品之進口比例。

表 8-4　CCC code 與 CTRN* SITC 商品項組略參考對照表

CCC 項目	CCC 名稱	CTRN 項	SITC 項	CCC 項目	CCC 名稱	CTRN 項	SITC 項
11	農產品	10,07,08,12,13,14,24,09,06.	04,05,07,22,26,29.	38	紙漿、紙、紙製品及印刷材料	47,48,49.	25,64,89.
12	林產品	44,40,13,14.	24,23,29,	39	化學製品	28,29,31,56,51,39.	52,51,56,26,65,58.
13	禽畜產品	01,05,04.	00,26,94.	40	化學製品	32,30,29,27,38,33.	53,54,33,59,42,43.
14	水產品	03,71,05.	03,29.	41	橡膠及塑膠製品	40,64,65,39.	62,84,85,58,89.
15	狩獵品	05.	29.	42	非金屬礦物製品	68,69,70.	66.
21	能源礦產品	27,25,26.	32,33,34,27,28.	43	基本金屬	73,74,75,76,77,79,81,71.	67,68,28,69.
22	金屬礦石	26.	28.	44	金屬製品（貴金屬製品列入491）	82,73,83,76,82.	69.
23	非金屬礦產品	25.	27.	45	機械	84,82.	71,74,72,73,75.
24	寶石（包括次）原石	71.	66.	46	電力及電器	85,83.	77,76,75,89.
31~32	加工食品	02,41,43,05,11,23,17,15,21,07,03,20,16,04,09.	01,21,26,27,29,04,05,06,08,41,42,03,02,07.	47	運輸工具	86,87,89.	79,78.
				48	精密儀器及器設備	90,91,37.	88,87.
33	飲料及菸類	22,20,24.		49	其他製品	71,92,97,67,42,96,66,89.	66,89.
34	紡織品	50,60,53,58,55,56,57,59.	26,65,84.	50	水、電、煤氣	27.	35,34.
35	紡織品所製之衣服及其他紡織品及署裝飾品列入（紙製品列入384）	60,61,65,64,62,94,59.	84,65.	61	預製房屋	68,73,39.	66.
				62	軍用武器及彈藥	93,87,88,89.	95,79,78.
36	皮革及其製品			63	藝術品、珍藏	99.	89.
37	木、竹、籐製材及製品	44,45,94.	24,63,65,89,82.	64	品及古董特殊商品	05,22,98.	79,11,91,93,89.

資料來源：中華民國進出口貨品分類表（新一版），經濟部國際貿易局。民69年6月。粗略彙總作成。

* ：海關所使用之CTRN乃係參照BTN製成。

表 8-5 國際行銷環境評估量表

評估分類	要素	單位	評 5	4	3	2	1 點
一、自然環境							
1 國土面積		萬 km²	300以上	100以上	50以上	10以上	10未滿
2 人口		10萬人 (普查人口)	500 〃	200 〃	100 〃	50 〃	50 〃
3 人口密度		人/1km²	10以下	10 〃	50 〃	100 〃	300以上
二、教育文化							
1 在學率		在學者數/人口 (%) (5-24歲)	60.0以上	50.0以上	40.0以上	30.0以上	30.0未滿
2 文盲率		文盲人口/人口 (%) (15歲以上)	10.0以下	10.0 〃	20.0 〃	30.0 〃	40.0以上
3 新聞發行份數		每千人份數	300以上	200 〃	100 〃	50 〃	50以下
4 新聞用紙使用量		公斤/一人	20以上	15	10	5	5 〃
三、政治情勢							
1 政治暴亂次數		最近5年內次數	0	1	2	3	4 以上
2 執政黨的危機		〃	0	1	2	3	4 〃
3 政變次數		〃	0	0	0	1	2 〃
4 基本的憲法改正數		〃	0	0	0	1	2 〃
5 議會的有無及其效果			有效果	有效果	部份效果	無	無議會存在
6 政黨的聯合或對抗			一個以上的政黨: 不是聯合	同: 同	同: 聯合對抗 不是對抗	無	一個政黨
四、國內經濟情況							
1 GNP		10億美元	100以上	50以上	25以上	10以上	10以下

		2,000以上	1,000以上	500以上	200以上	200以下
2 平均每人GNP	美元	2,000以上	1,000以上	500以上	200以上	200以下
3 GNP 成長率	%	8以上	6 ″	4 ″	2 ″	2 ″
4 政府支出	政府支出／GNP（%）	20以上	17 ″	14 ″	11 ″	11 ″
5 固定資本形成	固定資本形成／GNP（%）	25以上	20 ″	15 ″	10 ″	10 ″
6 外匯存底	百萬美元	3,000以上	2,000	1,000	500 ″	500
7 輸入依存度	%	10以下	10 ″	15 ″	20 ″	25 ″
8 債務償還比率	%	20以上	15 ″	10 ″	5 ″	5 ″
9 工業化比率	第二級產業／GNP（%）	30以上	25 ″	20 ″	15 ″	15 ″
10 實質供給率	貨幣給量／現金　幣	3.5以上	3 ″	2.5 ″	2.0 ″	2.0以上
11 躉售物價上漲率	1970＝100	110以下	110 ″	115 ″	120	130以上
五、投資環境						
1 獎勵外人投資之有無及安定程度						
2 外資匯回之限制						
3 投資金額之限制	評估辦法另訂					
4 僱用限制						
5 國有化計劃						
6 國產化計劃						
7 對外資之優待措施						
六、勞動條件						
1 平均工資（製造業）	週薪（美元）	10以下	10以上	20以上	20以上	40以上
2 失業率	%	8以上	6 ″	4 ″	2 ″	2以下
3 勞動力安定性	勞動人口／人口（%）	40 ″	30 ″	20 ″	10 ″	10以下

項目	單位	115以下	115以上	120以上	125以上	135以上
4 消費者物價上昇率	1970年＝100	115以下	115以上	120以上	125以上	135以上
七、運輸、通信						
1 道路網	每平方公里哩程 萬哩	1,000以上	500以上	100以上	50以上	50以下
2 商用車輛	萬台	100 "	50 "	10 "	5 "	5 "
3 鐵路網	每平方公里哩程 千萬哩	1,000"	500 "	100 "	50 "	50
4 鐵路貨物運送力	千萬噸	2,000"	1,000 "	500 "	200 "	200
5 海運貨物處理能力	載重、面積合計（10萬噸）	1,000"	500 "	300 "	100 "	100
6 港口裝卸能力	入港船舶總噸數（10萬噸）	1,000"	500 "	300 "	100 "	100
7 通信網	每百人電話數	25 "	15	5 "	3	3
八、供應環境						
1 能源供給安定性						
2 能源消費量	平均每人消費量（以煤炭 Kg 表示）	2,500 "	1,500 "	500 "	100	100 "
3 能源需求狀況	消費／生產（％）（以煤炭 Kg 表示）	150以下	150	200	250	300以上
4 電力供給狀況	發電量億 Kwh	1,000以上	500	300	100	100以下
5 平均每人電力供給量	發電量 Kwh	2,000 "	1,000 "	500 "	100	100 "
6 電力發電能力	100Kw	5,000"	3,000 "	1,000"	500 "	500 "
7 其他能源					有	無
九、與我國的關係						
1 與我國的距離	以基隆為起點（海哩）	4,000以下	4,000以上	5,000以上	7,000以上	9,000以上
2 與我國的貿易差額	商品：輸出－輸入（百萬美元）	(甲)100以上	(甲)50 "	甲50以下	(甲) 50 "	(甲)100
3 與我國的貿易量	上年出口＋進口（百萬美元）	500	300	100以上	50 "	50以下

	單位	200以上 100 〃	100以上 50 〃	50以上 10 〃	50以上 1 〃	10以下 10 〃
4 民間企業投資件數	件					
5 來自我國的投資金額	10萬美元					
6 與我國合資關係						

資料來源：櫻井雅夫，「危ない國の研究—カントリー・リスクにどう對應するか」東洋經濟新報社，昭和55年10月 3 日發行，第51～55頁。

(2)地主國之國內需求量，以 I＋Mfg－E＝D 模式預估。式中之
I代表進口額； Mfg 製造額； E出口額； D國內需求量。

(3)地主國之人口成長率。

(4)地主國之 GNP 成長率。

(5)替代品之存在與否，以及其替代能力。

(6)消費統計資料，與消費水準。

(7)地主國之經建計劃以及其執行情況。

(8)各競爭國在地主國之市場佔有率。

貳、市場潛力之估計

市場潛力之估計可透過市場佔有率之分析、價格與非價格競爭力
之分析，以及廠商意見之尺度化等級相關分析而得其概要。

市場佔有率分析之要旨在於針對產品之主要供應國中分別就我國
在競爭國中之佔有率，依序列舉，再考慮該各項產品之市場佔有率成
長情況來決定市場機會。在一項歐市市場研究中，所使用者為：我國
在亞大四國向歐市出口比率與我國在所有向歐市出口國之佔有率比
較，將此一比率較高者，視為具競爭力，低則認為非我國之市場，中
等者視為意味我國產品若經改良，可能有市場潛力❶。至於高、中、
低等競爭力之標準可視實際情況而異，諸如：

    ＜ 5 ％者，定為低競爭力

    6 ～25％者，定為中競爭力

    ＞25％者，定為高競爭力等等。

為正確辨認我國產品之競爭力，進而推定市場潛力，下列數項實

❶ 吳榮義撰，如何拓展我國對歐洲共同市場貿易問題之研究（台北：行政
院研究發展考核委員會，民國71年12月編印）第57～65，83～96頁。

應加以考慮。

(1)依市場區隔觀念，開發中國家與已開發工業國家在某一地區有
不同之目標市場，屬於不同區隔市場。是故在考慮目前（短期）
競爭能力時，或可藉我國在新興國家之該地區佔有率與我國在
非該地區開發中國家中之該地區佔有率之比較研究判定市場競
爭態勢。

(2)從長期觀點論之，市場地位之判定，或可藉我國在非該地區各
國新興國家中之該地區佔有率及我在非該地區各國中之該地區
佔有率研究分析中判定。據 L.T.Well 之貿易週期與區位觀念，
現在居於劣勢者或將有成為優勢者之可能，但要配合產品之改
進與革新。

(3)從依賴度推論競爭能力時似應：

①考慮地主國之市場成長率（應平減地主國之成長率）；②考
慮其他國家之成長率；以及③考慮設限之可能性。

(4)從次級資料往往無法發現為何某一市場不買我國產品之基本原
因。此種資料除可從地主國之其他有關資料（特別是初級資料）
獲得外，或可從廠商之意見調查中獲得一小部分。

(5)市場之飽和與否要看地主國該產品之總體生命週期以及我國該
產品之貿易週期如何，加以制定。L.T Well 與 Arch Patten
之理論基礎有助於市場飽和度之測驗。

價格競爭力之分析可藉公式 8-1 與 8-2 判定❷。

$$PC_t = \frac{WPI_t/WPI_t}{EX_t} \quad \text{..............................8-1}$$

式中之 PC_t＝出口價格競爭力指數

　　　WPI＝躉售物價指數

---

❷ 參閱臺灣經濟研究所叢刊之二，對日貿易問題之研究，第67～68頁。

EX＝應收滙率的指數（每一本國貨幣可交換之外國貨幣）

i ＝我國

j ＝他國

$$InX_{tt} = a + bInY_{t-1} + cI_n PC_{t-1} + dInPC_{t-2} \cdots\cdots 8\text{-}2$$

式中之 X_{tt} ＝ i 國第 t 期對 j 國實質出口指數

Y_{t-1} ＝ j 國第 t−1 期實質國民所得指數

PC＝與公式 10-1 同義

吾人可經公式 10-2 之廻歸分析結果，解釋競爭能力，廻歸係數大者可視爲重要解釋變數。

　　非價格競爭分析可藉廠商之意見調查，用尺度化資料驗證。如果將進口產品之潛力，依調查所得之廠商意見，作等級倒數排列，與出口產品之潛力等級順數排列，以史比曼等級相關驗證，若有顯著相關，則有互補作用。由此可推論我國產品之潛力或具有潛力之我國產品。史比曼等級相關之驗證公式如下：❸

$$\rho = 1 - \frac{6\sum d^2}{n(n^2-1)} \cdots\cdots\cdots 8\text{-}3$$

參、國際市場分析計量架構芻議——決策樹法

　　國際市場分析上之計量模式，理論相當深奧，亦有很多論據。本段所要簡介者係一非常簡易之決策樹推理過程之應用，故稱之曰決策樹法。

　　研究人員，可就廠商能提供之研究資源，依進出口統計資料按 SITC 或 CCC，CCCN 等產品分類，先以地區別依進口量按大小順序編列後，再依產品別列出該國各產品佔世界輸入總值之比率、我國

---

❸ 黃俊英著，行銷研究增訂版（台北：華泰書局，民國70年 2 月印行），第485～488頁。

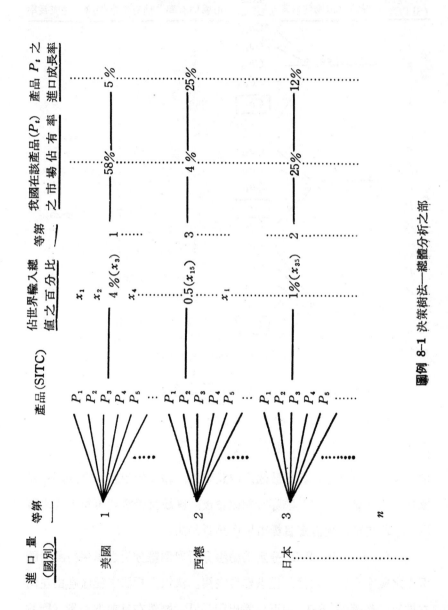

圖例 8-1　決策樹法—總體分析之部

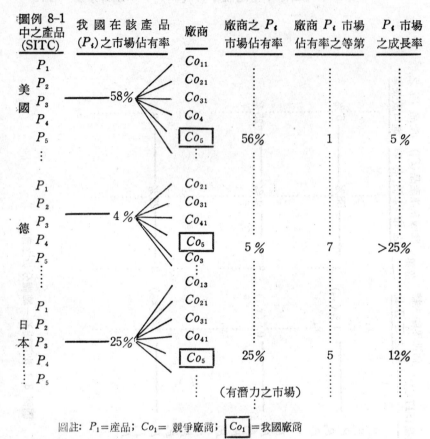

圖例 8-1 中之產品 (SITC)	我國在該產品 (P_i) 之市場佔有率	廠商	廠商之 P_i 市場佔有率	廠商 P_i 市場佔有率之等第	P_i 市場之成長率
美國 P_1 P_2 P_3 P_4 P_5	58%	Co_{11} Co_{21} Co_{31} Co_4 $\boxed{Co_5}$	56%	1	5%
德 P_1 P_2 P_3 P_4 P_5	4%	Co_{21} Co_{31} Co_{41} $\boxed{Co_5}$ Co_3	5%	7	>25%
日本 P_1 P_2 P_3 P_4 P_5	25%	Co_{13} Co_{21} Co_{31} Co_{41} $\boxed{Co_5}$	25%	5	12%

（有潛力之市場）

圖註: P_1＝產品； Co_1＝競爭廠商； $\boxed{Co_1}$＝我國廠商

圖例 8-2 決策樹法─個體分析之部

在該產品之市場佔有率、產品之進口成長率、廠商之在該產品市場之佔有率以及該產品市場在該國之成長率等，藉以判定廠商之國際行銷機會。當然廠商認定其國際行銷機會後，應視實際需要再行市場之區隔，以便更精細地訂定目標市場與銷貨預測。

圖例 8-1 與 8-2 分別為總體分析與個體分析之總架構圖。圖例中之數字為假設數值，僅供參考之用。決策分析法之程序應由左向右推算。從圖例 8-1 中可以看出產品 P_3 雖然在目前進口量（對我國言爲出口機會之指標）甚大，且我國產品在該國之佔有率相當高，但正意味着數種可能情況：

(1)美國國內可能會改變產業結構，影響該產品之輸入。

(2)美國可能對該產品加以配額限制，使我國之出口受到人爲阻礙。

同時該產品之進口成長率偏低（5%），亦意味 P_3 之產品生命週期已達飽和狀態（包括『人爲』飽和）。因此美國 P_3 似非爲良好外銷市場。

至於西德之 P_2 市場亦非樂觀。蓋我國在該市場之佔有率僅爲 4%，雖成長率相當高（>25%），但我們之競爭力非常差。

日本之 P_3 似爲我國廠商之機會所在。因爲若選擇該市場，只要廠商稍加區隔，並作產品差異化，便可使該產品之行銷有進展之機會。

第三節　國際市場分析方法──實例❹

壹、行銷環境生態之分析──從工業發展情形看行銷機會

國際行銷之生態環境包括文化、政治、經濟、法律、生產、財務、人事等等行銷之外在影響因素。本段不擬從所有層面分析行銷生態，而僅就工業發展情況看行銷機會，旨在提供生態分析與行銷機會關連性，藉資顯示此種分析之觀念與作法，絕非意味其他環境生態因素並不重要，相反地這些其他因素皆甚重要，應多加細心分析。

---

❹ 郭崑謨與張東隆合著，如何拓展東南亞國家貿易之研究，（行政院委託之研究報告初稿，民國71年4月）第七章與第八章之有關章節。

工業化是一種集體的努力，經濟發展落後國家藉著這種努力，改善其所遭遇的貧窮、經濟波動等基本問題，並藉此終止其落後的局面，而使經濟現代化。

經濟發展落後國家，爲了達成經濟效率、經濟成長、經濟穩定與所得分配公平等基本目的，大都以工業化當作經濟發展過程內最迫切的一項重要任務，而發展進口替代工業又成爲各國加速工業化過程中首先採取的途徑。於經濟發展過程中進口替代工業之發展是一種自然的發展過程，也是一國走向工業化的主要動力，其影響較之需求的增加更爲重要❺。

在東南亞國家發展進口替代工業中，各國政府均扮演著極爲重要的角色。本段擬從東南亞主要國家歷年工業產品輸出發展趨勢來探討各國的工業發展情形，以及行銷機會之概觀。

本分析採用 SITC 的分類就品目別依時間系列對其輸出加以分析：

東協五國及香港，工業製品的輸出值及其所佔的比率由表 8-6 及 8-7 可以看出，從一九六五年起，除皮革製品、非鐵金屬外，新加坡及馬來西亞都有全面性的發展，但是印尼、菲律賓、泰國及香港之各業種輸出量的多寡卻有極端的變化。東協五國除新加坡外，各國對於初級產品輸出，皆偏重於少數項目。除新加坡、菲律賓外，其他三國的輸出以 SITC 68類（非鐵金屬）所占的比率最高。主要原因，在於印尼、馬來西亞及泰國有錫礦。菲律賓在七十年代初期，對於 SITC 63類（木製品）的輸出依賴度很高，但至一九七七年，已轉向發展 SITC 81-89（其他製品）類的產品，新加坡的 SITC 72類（電

❺ 杜文田著，"工業化與工業保護政策"，于宗先編，台灣工業發展論文集（台北：聯經出版事業公司，民國65年印行），第75～76頁。

表 8-6 東協五國及香港工業製品的輸出總額　　　　　　　（單位：1,000美元）

SITC / 年	51-59	61	62	63	64	65	66	67	68	69	71	72	73	81-89	51-89
印尼															
1965	—	—	—	—		—	—		—	—	—			—	—
1970	5,406	402	19	111		1,834	7		8,121	490	3,586			299	20,275
1974	30.661	2,101	59	1,375	2	5,903	4,052	456	231,749	7,851	6,635		48	2,097	292,989
1977	60,299					3,053	—	3,949	206,753*			33,530	—	30,520	338,104
馬來西亞															
1965	14,553	136	5,519	4,172	1,073	4,208	3,534	1,669	282,960	2,211	8,837	2,602	11,547	9,192	348,513
1970	19,652	73*	7,888	20,870	2,461	6,547	9,761	7,432	329,632	5,107	12,968	7,236	11,275*	22,116	463,018
1974	33,136	450	13,943	103,992	3,742	32,669	8,566*	8,628	632,685	11,982	65,698	83,257	16,909	164,436	1180,093
1977	35,293	—	21,032	125,470	—	58,817	—	—	695,888	19,898	40,266*	333,171	33,452	221,659	1584,946
菲律賓															
1965	3,128	—	68	31,757	13	4,474	—	89	68	185	26	—	36	3,119	42,963
1970	5,374	35	132	43,160	332	5,431	3,333	11,558	1,379	183*	655	30	114	8,867	80,583
1974	14,993	125	205	81,055	4,970	20,115	36,696	419*	60,732	1,830	4,209	2,140	1,301	67,959	296,749
1977	52,033	—	—	90,366	—	33,847	38,396	5,850	78,697	—	13,113	25,851	14,189	216,739	569,081
新加坡															
1965	35,874	958	4,199	3,304	6,223	45,886	13,546	16,703	4,837	18,498	35,172	16,688	50,206	47,711	299,805
1970	42,353	1,053	6,168	18,322	7,240	53,717	14,426	12,786*	3,760*	20,768	61,926	62,097	46,115*	80,679	431,410
1974	375,492	1,407	12,258	81,607	81,607	26,551	23,746	76,630	18,223	58,833	355,949	607,975	228,939	329,370	2335,003
1977	293,768	—	—	122,059	28,351	191,682	43,881	108,007	46,959	93,750	477,435	1176,530	363,133	575,247	3520,802
泰國															
1965	708	217	77	254	403	1,896	5,747	121	19,233	266	77	277	67	1,844	31,259
1970	1,620	509	337	1,759	319*	8,449	11,680	1,901	78,072	1,131	335	400	56*	3,735	110,303
1974	16,511	3,241	2,996	23,843	7,504	94,074	73,038	12,948	155,086	11,256	2,001	12,223	—	92,150	508,651
1977	17,319	—	—	41,504	—	171,212	73,985	—	245,986	21,301	19,733	64,810	—	154,347	810,197
香港															
1965	—	—	—	—		—	—	—	—	—	—	—	—	—	—
1970	100,210	—	—	—	7,428	274,965	132,144	11,608	8,325	60,684	38,191	230,817	16,679	1449,534	2330,585
1974	223,747	—	—	—	23,302	721,706	260,307	30,586	36,035	145,384	132,664	743,412	33,272	3109,380	5459,795
1977	338,128	—	—	—	33,445	824,942	318,617	—	38,841	246,614	225,691	1275,121	56,967	5546,256	8904,622

＊：表輸出較去年減少。　—：表示資料缺乏，或不明。

資料來源：1.採自谷口興二編，"ASEAN の工業開發と域內經濟協力"，東京；アジア經濟研究所，No. 293（昭和52年做成，第85號）1980年 8月20日，10-1 頁。

2."1979 Year Book of International Trade Statistics" New York: United Nations, 1970-71, 1976, 1979年有關資料彙總整理而得。

表 8-7　東協五國及香港工業製品輸出所佔的比率　　　　　　　　　（單位：%）

SITC 年	51-59	61	62	63	64	65	66	67	68	69	71	72	73	81-89	51-89
印 尼 1970	26.66	1.98	0.09	0.55	—	9.05	0.03	—	40.05	2.42	17.69	—	—	1.47	100.00
1977	17.83	—	—	—	—	0.90	—	1.17	61.15	—	—	9.92	—	9.03	100.00
馬來西亞 1970	4.24	0.02	1.70	4.51	0.53	1.41	2.11	1.61	71.19	1.10	2.80	1.56	2.44	4.78	100.00
1977	2.23	—	1.33	7.92	—	3.71	—	—	43.91	1.26	2.54	21.02	2.11	13.98	100.00
菲律賓 1970	6.67	0.04	0.16	53.56	0.41	6.74	4.14	14.34	1.71	0.23	0.81	0.04	0.14	11.00	100.00
1977	9.14	—	—	15.88	—	5.95	6.75	1.03	13.83	—	2.30	4.54	2.49	38.09	100.00
新加坡 1970	9.82	0.24	1.43	4.25	1.68	12.45	3.34	2.96	0.87	4.81	14.35	14.39	10.69	18.70	100.00
1977	8.34	—	—	3.47	0.81	5.44	1.25	3.07	1.33	2.66	13.56	33.42	10.31	16.34	100.00
泰 國 1970	1.47	0.46	0.31	1.59	0.29	7.66	10.59	1.72	70.78	1.03	0.30	0.36	0.05	3.39	100.00
1977	2.14	—	—	5.12	—	21.13	9.13	—	30.36	2.63	2.44	8.00	—	19.05	100.00
香 港 1970	4.30	—	—	—	0.32	11.80	5.67	0.50	0.36	2.60	1.64	9.90	0.72	62.20	100.00
1977	3.80	—	—	—	0.38	9.26	3.58	—	0.44	2.77	2.53	14.32	0.64	62.29	100.00

資料來源：同表 8-6。

氣機械）商品輸出已居於主要地位。香港以 SITC 72類（特殊機械）類及 SITC 81-89（其他製品）類商品的輸出佔主要的部份。雖然新加坡境內石油缺乏，但由於建有石油煉製場，因此 SITC 51-59 類（化學元素及其他化學製品）亦快速的成長。近年來，印尼為世界石油產國，因此其 SITC 51-59類（化學元素及其他化學製品）的輸出較他國多，由表可證明，東協各國除新加坡外，各國對天然資源的依賴度很高，而新加坡及香港能運用其特殊的地理環境，發展附加價值極高的電氣機械類及其他消費財等，因此亦能使其經濟成長不落人後，由此亦可證明，賴天然資源的輸出，其工業化進步的程度仍然有限，唯有提高天然資源的附加價值，才能帶動全面的經濟活動，也才能達眞正的經濟效率，有鑑於此，東協其他四國，除積極開發天然資源外，近已加強對一次產品的加工，或限制其天然資源輸出的數量。如馬來西亞對於原木的輸出在70年代初期，其成長率很高，由於原木的大量砍伐，再加上近年合板業的崛起，因此馬來西亞政府除限制原木的輸出，加強在國內的加工外，並積極的造林。此外，各國對於 SITC81-89 類的工業製品的輸出已漸生興趣，並極力朝此發展。

貳、『固定』市場佔有率與成長率並用之分析法

國際市場分析上尙用固定市場佔有率（如達進口之１％或某固定比率），謂之『進口比重』，及此一比率之成長率爲衡量市場機會之標準。本分析案例將進口比重佔１％以上且有增加趨勢之產品界定爲具有市場潛力之產品。

依據上述之標準從表 8-8 可發現印尼的具有市場需求潛力的產品有：輾製食品(04)、有機化學品(51)、人造樹脂、塑膠材料(58)、鋼鐵(67)、非鐵金屬(68)、精密儀器(87)、雜項製造品(89)。

表 8-8 1979 年印尼進口重要產品及結構趨勢

進	佔1％以上產品	04, 06, 07, 33, 51, 53, 58, 59, 64, 65, 66, 67, 68, 69, 71, 72, 74, 76, 77, 78, 79, 87, 89
口	比重增加產品	02, 04, 05, 07, 22, 25, 26, 33, 51, 53, 55, 56, 58, 59, 67, 68, 87, 89

表 8-8 之資料係依據表 8-9 所列之進口結構變動情況遴選而得。

參、市場佔有率之領先落後分析法

該法係先將我國的市場佔有率與競爭國比較並劃分成四種等級，即領先、落後一國、落後二國以及落後。競爭地位領先的產品表示我國較競爭國產品較有競爭能力，若非爲衰退期產品，則應予繼續維持，保有領先的地位。落後一國或二國的產品表示是我國應努力開拓、迎頭趕上競爭國的目標產品。落後的產品如果是成長期的產品，則仍可努力提高競爭地位使與競爭國家相抗衡。如果係飽和期產品當應設法退出市場。

以菲律賓爲例，我國在菲律賓市場以橡膠、紡織纖維、無機化學品、炸藥烟火品、塑膠材料、化學材料、皮革製品、紡織品、非金屬礦產品、鋼鐵、金屬製品、動力機械、特殊專用機械、金工工具機、一般工業機械、電力機械、道路機動車輛、成衣服飾品、精密儀器較具競爭力（見表 8-10）。此仍意味着這些產品之菲國市場頗具發展餘地。表 8-10，係根據表 8-11 資料整理而得者。

表 8-9 東南亞主要國家進口結構變動

	新加坡		印尼		馬來西亞		菲律賓		泰國	
	1976	1979	1976	1979	1976	1979	1976	1978	1976	1979
01	0.6	0.5			0.5	0.4	0.3	0.3		
02	0.5	0.4	0.7	0.8	1.4	1.2	1.6	1.4	0.9	0.8
03	0.6	0.5			0.9	0.8	0.9	0.5	1.0	0.3
04	1.7	1.5	9.6	10.0	4.9	4.1	4.5	2.8	1.1	0.8
05	2.0	1.6	0.4	0.5	1.6	1.5				
06	0.5	0.3	2.0	1.8	2.8	1.6				
07	1.4	1.1	0.8	1.0	0.8	0.7	0.2	0.3		
08	0.8	0.6			1.4		0.9	1.1	0.3	0.4
09										
11	0.4	0.3			0.5	0.5				
12					0.7	0.6	0.7	0.8	0.8	0.6
22	0.4	0.3	0.4	0.8	0.4					
23	5.8	5.3			0.7					
24	1.2	1.2							0.2	1.3
25			0.1	0.5			0.5	0.5	0.9	1.1
26	0.7	0.3	2.2	2.8	1.6	0.9	2.2	2.1	3.5	2.3
27	0.3	0.3	0.6	0.5	0.9	0.9	0.4	0.4	0.8	0.6
28	0.2	0.3			1.3	1.7	0.3	1.5	1.3	1.9
29	0.5	0.4			0.3	0.3				
33	27.4	25.2	7.7	11.0	13.4	11.9	23.3	20.6	23.2	22.2
42	0.8	1.1								
43	0.3	1.0								
51	1.4	1.5	2.8	5.9	2.9	(1.6)	4.1	4.5	4.2	3.4
52							0.4	0.04		1.2
53	0.6	0.5	1.1	1.2	0.5	0.5	0.7	0.8	1.2	1.2
54	0.5	0.5	0.7	0.7	0.9		1.1	1.1	1.7	1.3
55	0.5	0.5	0.4	0.5	0.6	0.6	0.5	0.5	0.6	0.6
56	0.3	0.4	0.4	0.8	1.4	(1.3)	0.4	1.0	1.9	1.9
58	1.1	1.6	2.2	3.3	1.8		1.9	2.1	2.3	3.0
59	0.6	0.8	1.8	1.6	1·2		1.2	1.0	1.9	2.0

表 8-9（續）

	新 加 坡		印 尼		馬來西亞		菲 律 賓		泰 國	
	1976	1979	1976	1979	1976	1979	1976	1978	1976	1979
61										
62	0.4	0.4	0.5	0.4	0.4	0.4	0.6	0.6	0.5	0.4
63	0.5	0.6								
64	1.0	1.0	1.9	1.8	2.2	1.9	0.8	1.2	1.3	1.2
65	4.7	4.3	3.8	3.0	3.7	3.0	1.3	1.8	2.4	1.9
66	1.6	1.7	1.9	1.0	1.4	1.3	0.8	0.8	0.9	2.2
67	3.4	3.8	7.7	8.3	4.8	5.8	5.4	6.4	6.6	7.1
68	0.9	1.0	1.7	2.0	1.4	2.3	1.4	1.6	2.0	2.3
69	2.0	2.0	3.9	2.7	2.7	2.3	2.2	2.2	2.1	2.2
71		1.8		4.4				3.4	(3.3)	2.8
72	9.8	3.6	18.8	7.3				5.1	(4.8)	4.7
73		0.7		0.6	12.2	(13.6)	16.5	0.8	(0.7)	0.9
74		3.7		5.3				5.2	(4.3)	4.2
75		0.8		0.3				0.7	(0.4)	0.4
76	10.6	0.3	12.6	1.9	10.9	(12.7)	5.1	0.6	(1.2)	1.1
77		9.2		4.1				3.5	(3.8)	5.1
78		2.5		6.6				5.8	(9.9)	5.6
79	5.4	4.4	9.3	1.1	9.7	(9.9)	7.9	2.4	(1.2)	1.0
84	0.8	0.6			0.6	3.4				
85										
87	2.6	0.9	1.1	1.3	2.2	(2.5)	1.0	0.9	(0.8)	0.9
88		0.2		0.6				0.6	(0.6)	0.6
89	2.6	2.5	1.0	1.1	1.9	1.7	0.9	1.2	1.5	1.1
					* 括弧者以 1978年代替				*括弧者以 1977年代替	

資料來源：Yearbook of International Trade Statistics 1979, U.N.
各項資料，經彙總而得。

表 8-10 我國產品在菲律賓之態勢

領　　先	23, 26, 52, 57, 58, 59, 61, 65, 66, 67, 69, 71, 72, 73, 74, 77, 78, 84, 87
落後一國	05（中共）,43（韓）,53（港）,56（港）,62（韓）, 64（韓）,76（港）,81（港）,89（港）
落後二國	51, 68, 54, 75
落　　後	27, 33

肆、競爭強度『尺度比較』分析法

本分析係以實證分析（據外銷廠商調查之資料）從我國廠商行銷東南亞市場的親身經驗，以李克特綜合尺度（Likert Summated Scale）來測量，將每一衡量項目從「無競爭」至「很強烈」間等分為五級，然後求其平均值。平均值為「1」表示無競爭，「5」則表示最強烈。受調查廠商有 210 家。

茲將我國產品在東南亞遭遇到每一競爭者的競爭程度以圖例 8-3 示明於後。

圖例 8-3 係自表 8-12 及表 8-13 兩表之數據繪成。由圖例 8-3 可以看出一些重要的事實：就出口方面，我國產品在東南亞市場以受到日本的競爭為最強烈（3.038 分），其次為我國廠商間的相互競爭（2.938 分），再次為韓國（2.857 分），中共的競爭力也不容忽視，排名第四（2.314 分）。就進口產品方面，日本的競爭亦最激烈（2.975 分），其次為我國廠商間之相互競爭（2.375 分），再次為韓國的競爭（2.1 分），中共亦排名第四（1.625 分）。

表 8-14 係以產品及競爭者兩個向度（dimensions），列出每一外銷產品在每一競爭者下的競爭激烈程度。就產品變項言，以成衣及

表 8-11　1978 年我國與競爭國家在菲律賓市場佔有率比較表

（單位：%）

競爭國家 產品分類	美國	日本	香港	韓國	新加坡	中共	我國
0	34.8	6.5	0.3	0.1	0.2	0.5	0.5
05	40.3		4.1	2.1		13.3	9.5
09	62.6	7.5					21.3
2	32.6	17.2	0.5	0.9	0.3	0.3	4.6
23	26.6	42.3					13.0
26	49.1	29		0.8		0.5	8.4
27	23.0	19.8		6.4	3.7	1.0	0.9
28	9.7	3.3					1.2
3	1.2	0.8	0.1	0.5	1.1	10.0	0.5
33	0.7	0.2	0.1	0.2	0.9	10.0	0.5
4	32.5	4.6	1.3	4.1	1.6	1.0	0.5
43	27.7	7.0		35.1			4.3
5	23.4	29.7	2.4	4.3	1.6	0.2	3.1
51	4.8	8.0	0.3	0.1	0.4		0.2
53	13.5	21.0	3.8	0.5	0.4		1.1
54	24.6	7.1	3.8	0.6	7.1	0.5	1.0
55	33.4	10.0	17.0				2.0
56	5.2	24.5	39.4				11.1
57	7.2	4.8					11.1
58	21.9	42.0	2.1	0.8	0.5		4.1
59	49.9	11.7	1.5		1.5		2.6
6	13.2	48.0	4.4	1.5	0.6	0.5	9.8
61	10.0	9.7	5.4				0
62	28.0	41.8	1.6	3.7	1.0	1.1	2.9
64	36.2	23.9	1.4	5.5			5.0
65	7.8	32.6	26.8	3.2	1.4	0.2	45.7
66	21.0	35.9	0.7	0.5	2.0	1.6	7.9
67	3.6	67.9	1.4	0.8			2.2
68	8.1	34.6	0.3		0.5	1.0	0.4
69	29.5	34.1	1.7	1.1	1.0	1.2	10.4

7	24.6	43.5	1.2	0.4	1.1	0.1	2.7
71	23.9	46.7	0.4	0.2	1.4	0.06	2.7
72	22.0	34.0	2.1	—	1.1	0.1	4.6
73	28.9	35.9	1.5		0.8	0.6	7.1
74	33.1	37.2	0.8	0.05	1.4	0.05	2.3
75	37.5	25.4	2.6		0.6		0.3
76	31.4	25.3	7.9	3.2	0.4		3.8
77	30.8	44.6	2.2	1.1	1.7	0.4	3.6
78	13.7	63.4	0.08	0.2	0.5		1.8
8	33.9	25.2	10.3	0.6	1.8	0.4	8.1
81	18.9	11.8	45.8			3.1	12.0
82	32.9	33.9					6.0
84	29.5	6.8	19.6				42.4
87	43.0	30.2	1.8	0.4	1.1	0.5	2.4
88	31.3	28.0	5.7				0.9
89	30.1	21.5	16.4	0.9	3.4	0.2	14.5

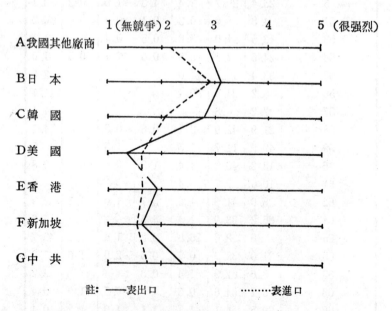

註：——表出口　　　………表進口

圖例 8-3 我國產品在東南亞市場受到各競爭者的競爭強度分析

表 8-12　我國外銷產品在東南亞市場受各國競爭激烈程度分析

競爭者 ＼ 家數(f) 程度(x)	5	4	3	2	1	總分 $\sum fx$	平均競爭程度 $\sum fx/210$	等第
A 我國其他廠商	67	21	32	12	78	617	2.938	2
B 日　　本	58	33	34	29	56	638	3.038	1
C 韓　　國	64	22	26	16	82	600	2.857	3
D 美　　國	4	3	19	21	163	294	1.400	7
E 香　　港	20	14	27	26	123	412	1.962	5
F 新加坡	5	7	26	14	158	317	1.509	6
G 中　　共	40	20	23	10	117	486	2.314	4

註：1.總平均競爭程度＝16.01/7＝2.288
　　2.樣本廠商中，有出口者計210家

表 8-13　我國自東南亞進口產品受各國競爭激烈程度分析

競爭者 ＼ 家數(f) 程度(x)	5	4	3	2	1	總分 $\sum fx$	平均競爭程度 $\sum fx/210$	等第
A 我國其他廠商	2	6	13	3	16	95	2.375	2
B 日　　本	8	7	13	0	12	119	2.975	1
C 韓　　國	4	5	6	1	24	84	2.1	3
D 美　　國	0	2	8	3	27	65	1.625	4
E 香　　港	1	3	6	5	25	70	1.75	6
F 新加坡	0	0	8	2	30	58	1.45	7
G 中　　共	3	4	0	1	32	65	1.625	4

註：1.總平均競爭強度＝13.9/7＝1.986
　　2.樣本廠商中有進口者計40家

表 8-14 我國外銷東南亞國家各產品受各國競爭強烈程度分析表

產品	家數	競爭者平均競爭強度							
		我國	日本	韓國	美國	香港	新加坡	中共	平均值
A 農產品	6	2.0	1.0	1.33	1.0	1.0	1.67	3.0*	1.57
B 林產品	2	2.5	2.0	2.0	1.0	2.0	3.0	3.0*	2.21
C 漁產品	2	2.5	4.0*	2.5	1.0	3.0	2.0	3.0	2.57
D 能源礦物	2	4	4.5*	3.0	1.0	1.0	1.0	3.0	2.50
E 食品罐頭及加工食品	12	3.08	2.5	2.33	1.25	3.0	1.83	3.25*	2.46
F 紡織品	43	3.05	2.67	3.49*	1.28	2.16	1.65	2.56	2.41
G 成衣及服飾	15	3.6*	2.67	3.53	1.8	2.8	1.67	2.93	2.71
H 皮件	5	4.2*	2.2	2.4	2.2	1.6	1.8	1.6	2.29
I 木、竹、藤製品	6	3.67*	2.33	2.33	1.33	2.0	1.67	2.17	2.21
J 紙漿、紙及印刷物	3	2.67	4.0*	1.67	1.33	3.0	1.67	2.0	2.33
K 化學藥品	8	1.88	2.0	2.13	1.38	1.38	1.25	2.88*	1.84
L 化學產品	26	2.58	3.31*	2.73	2.53	1.69	1.65	2.81	2.47
M 橡膠及塑膠產品	23	3.26*	3.17	2.74	1.3	2.3	2.3	2.17	2.13
N 非金屬礦物產品	5	2.6	2.6	1.0	1.2	1.4	1.8	3.2*	1.97
O 基本金屬	6	2	3.33	2.17	1	1	1	3.83*	2.05
P 金屬產品	33	3.18*	3.15	2.76	1.15	1.85	1.48	2.48	2.28
Q 機械	54	2.96	3.53*	2.85	1.43	1.87	1.65	2.46	2.39
R 電子及電器產品	37	2.78	3.14*	3.03	1.54	2.46	1.59	2.03	2.37
S 交通工具	26	2.54	2.65*	2	1.19	1.35	1.23	1.88	1.83
T 精密儀器	4	3.5*	2.75	2.75	1.25	2.75	1.5	2	2.36
U 建材	5	2.4	2.6	2.6	1.2	1.2	1.2	2.8*	2
V 娛樂及運動器材	5	3.4*	2.2	2.20	1.2	1.4	1.2	3.2	2.11
W 其他製造產品	8	3.63*	2.25	2.5	1.25	2.13	1.38	2.8	2.08

＊：代表某一競爭者在某產品上的競爭最激烈。

服飾、漁產品、能源礦物、化學產品、食品罐頭及加工食品、紡織品、機械、電子及電器產品等項產品受到各國競爭──程度較強烈。如依競爭者而言：(1)我國其他廠商在成衣及服飾、皮件、木竹藤製品、橡膠及其塑膠產品、金屬產品、精密儀器、其他製造品等項目的競爭比其他競爭者強，(2)日本在漁產品、能源礦物、紙漿、紙及印刷物、化學產品、機械、電子及電器產品、交通工具等項目較其他競爭者強，(3)中共在農產品、林產品、食品罐頭及加工食品、非金屬礦物、基本金屬、建材等項目較其他競爭者為強，(4)韓國在紡織品較其他國家為強，(5)在任何一項產品上美國、香港、及新加坡並非是我國最強烈的競爭者。

伍、競爭強度等第驗證分析法[6]

本節所述分析法範例，亦以調查廠商（210 家）所得資料，採用史比曼等級相關驗證而得之結果。本段所列之潛力程度係指調查資料（計質）尺度化之數值。

我國廠商對於我國產品在東南亞市場潛力看法。依表 8-15 的分析，我國廠商認為我國產品在東南亞市場最有潛力的前十類產品依序為：機械（4.2 分）、精密儀器（4.17 分）、電子及電器產品（3.96分）、交通工具（4.17 分）、基本金屬產品（3.67 分）、化學產品（3.61 分）、金屬產品（3.51 分）、化學藥品（35.5 分）、娛樂體育用品（3.5 分）及非金屬產品（3,4分）。這些產品大部份需要較高級技術者才有潛力，至於已沒有潛力的產品依次為林產品（1.85 分）、能源礦物（2.11 分）、漁產品（2.36 分）、農產品 （2.39 分）、木竹藤製品（2.72 分）、皮件（2.86分）、紙漿紙及印刷物 （2.89 分）、紡織品（3.02分）、食品罐頭及加工食品（3.03 分），這些產品類大部份是初級產品或需勞力密集的產品。

---

[6] 同註[4]。

表 8-15 我國產品外銷東南亞市場潛力分析表

產品種類 ＼ 潛力程度 (x) ＼ 家數 (f)	1	2	3	4	5	合計 $\sum f$	潛力平均值 $\sum fx/\sum f$	等第
A 農　產　品	8	2	10	2	1	23	2.391	20
B 林　產　品	7	1	5			13	1.846	23
C 漁　產　品	6		6	1	1	14	2.357	21
D 能 源 礦 物	4	1	3	1		9	2.111	22
E 食品罐頭及加工食品	7	3	10	4	7	31	3.032	15
F 紡　織　品	10	6	20	5	11	52	3.019	16
G 成　　　衣	6	2	11	3	7	29	3.034	14
H 皮　　　件	4	1	5	1	3	14	2.857	18
I 木竹藤製品	6	1	6	2	3	18	2.722	19
J 紙漿紙及印刷物	4	3	6	1	4	18	2.889	17
K 化 學 藥 品	1	2	8	6	5	22	3.545	8
L 化 學 產 品	3	1	16	10	11	41	3.610	6
M 橡膠及塑膠產品	6	3	12	3	9	33	3.182	13
N 非金屬礦物產品	2	1	6	1	5	15	3.4	10
O 基 本 金 屬	2		5	6	5	18	3.667	5
P 金 屬 產 品	5	2	12	11	11	41	3.512	7
Q 機　　　械		2	19	17	38	76	4.20	1
R 電子及電器產品	3	1	15	8	24	51	3.961	3
S 交 通 工 具	4	1	10	5	14	34	3.706	4
T 精 密 儀 器	1		6	9	14	30	4.167	2
U 建　　　材			2	1		3	3.333	11
V 娛樂及運動用品		1	1	1	1	4	3.5	9
W 其 他 製 品	1		5	1	2	9	3.333	11

表 8-16 我國自東南亞市場進口產品潛力分析表

產品種類 ＼ 潛力程度 (x)　家數 (f)	1	2	3	4	5	合計 Σf	潛力平均值 Σfx/Σf	等第
A 農 產 品	2		4		6	12	3.667	5
B 林 產 品	1		2	1	7	11	4.182	1
C 漁 產 品	1		4		5	10	3.8	3
D 能 源 礦 物		1	2	1	4	8	4.0	2
E 食品罐頭及加工食品	3		3			6	2.0	20
F 紡 織 品	2	1	5		3	11	3.091	9
G 成 衣	2	1	3		1	7	2.57	15
H 皮 件	2		2		1	5	2.6	14
I 木竹藤製品	1		4	2	3	10	3.6	6
J 紙漿紙及印刷物	2		1		4	7	3.571	7
K 化 學 藥 品	4	1	3	1		9	2.111	19
L 化 學 產 品	4	3	5		1	13	2.308	18
M 橡膠及塑膠產品	1	2	2	2		7	2.714	12
N 非金屬礦物產品	3		2	1	2	8	2.875	10
O 基 本 金 屬		2	3	2	4	11	3.727	4
P 金 屬 產 品	1	3	3		4	11	3.273	8
Q 機 械	4	2	3	1	1	11	2.364	17
R 電子及電器產品	1	4	4	3		12	2.75	11
S 交 通 工 具	3		2			5	1.8	22
T 精 密 儀 器	3		1			4	1.5	23
U 建 材	1	2	1	2		6	2.667	13
V 娛樂及運動用品	1				1	2	2.5	16
W 其 他 製 品	2	3	1			6	1.83	21

　　另外從進口方面看我國自東南亞進口產品的潛力，恰與上述出口產品潛力相反（詳見表 8-15）。表 8-16 顯示，進口產品最有潛力之前十類產品爲：林產品（4.18 分）、能源礦物（4 分）、漁產品（3.8 分）、基本金屬（3.7 分）、農產品（3.67 分）、 木竹藤製品（3.6 分）、紙漿紙及印刷物（3.57 分）、金屬產品（3.27 分）、紡織品（3.09 分）、非金屬礦物產品 （2.88 分）。屬於較無潛力的產品則爲：精密儀器（1.5分）、交通工具（1.8 分）、食品罐頭及加工食品（2 分）、化學藥品（2.11 分）、化學產品（2.31 分）、機械（2.36 分）等類產品。

　　如果將進口產品潛力之等級倒數排列，然後再依史皮曼等級相關（Spearman Rank Order Correlation）驗證與出口產品的等級排列是否相同，經代入公式 $\rho = 1 - \dfrac{6\sum d^2}{n(n^2-1)}$ 後，得

$\rho = 0.64875 > \rho = 0.5(\alpha = 0.1)$，〔或 $\rho = 0.64875 > \rho = 0.35$（$\alpha = 0.05$）〕，其意義表示在顯著水準爲 0.05 或 0.1 下，我國外銷東南亞的產品潛力之等級與將進口產品潛力依倒數排列後，則兩種等級有顯著的相關性，這可以說明我國產品與東南亞產品具有互補的性質；換句話說，東南亞市場需要產品如工業產品可以從我國獲得，我國需要的產品，如初級產品也可從東南亞市場取得。

　　綜合本節分析玆將其要者摘述如下：

　　㈠我國外銷東南亞產品，就整體而言，以受到日本的競爭最激烈，依次爲我國其他廠商、韓國、中共；進口產品的競爭也以受到日本的競爭最爲激烈，依次爲我國其他廠商、韓國、中共。

　　㈡我國外銷東南亞產品，如就個別產品言，高級產品或工業化產品以日本競爭最激烈；中共則在農林及食品加工方面最具競爭力。

　　㈢我國外銷東南亞市場的產品以價格競爭方式最爲強烈，非價格

方式競爭則以品質、支付條件、準時交貨較重要。

　　㈣我國產品與東南亞市場的產品，具有互補性，即我國外銷東南亞產品潛力大者，自進口方面說潛力則爲最小；我國外銷東南亞產品潛力小者，卻是自東南亞進口潛力大者。

第九章 國際市場之區隔策略

- 市場區隔化之意義
- 國際市場區隔化之特質、方法與目標市場之遴選
- 國際市場區隔化應注意事項
- 國際產品銷售預測概述

第一節 市場區隔化之意義

總體分析結果，廠商可能發現一國（或地區）或一國以上具有某特種產品之市場。廠商往往囿於資源，如人力、物力、資金等等無法將總體分析結果所辨認之市場全部規劃為其行銷目標，就是有足夠資源亦易流於過度分散資源，致降低其行銷效果，失却市場之優勢。是故將大市場分隔成較小而性質相類似（Homogeneous）市場，俾便遴選分隔後之一個或一個以上之市場為其所要爭取之目標市場，以便釐定合適行銷策略，集中資源進軍市場。此乃市場區隔與選擇目標市場之重點所在。

市場區隔（Market Segmentation）係史密斯氏（Wendell R. Smith）所首創❶。區隔觀念對國際行銷，在國家或地區眾多而繁雜之現今更有其使用價值。市場區隔之目的在於遴選合乎廠商資源之區

❶ 見 Wendell R. Smith, "Product Differentiation and Market Segmentation as Alternative Marketing Strategics," *Journal of Market*, July, 1956, pp. 3-8.

隔市場。區隔策略及程序、區隔之變數之選用、以及適切市場之選擇實爲市場研析與規劃作業之非常重要一環。

市場因其「異質」(Heterogeneity) 的程度而有不同。在一個極端的情形下，市場係由一群尋求實質上不同的產品品質和（或）數量的買者所構成。例如，衣服的買者尋求不同的式樣、尺寸、顏色、衣料和價格。這一類市場就是異質的，它是由購買需要和興趣不同的顧客集團所組成。這些集團就叫「市場區隔」。因此，「市場區隔化」(Market Segmentation) 是根據購買慾望或慾求來辨認買者集團的程序❷。

第二節　國際市場區隔化之特質、方法與目標市場之遴選

壹、區隔策略

大凡區隔策略可分:

(1)依經濟依存而將二國或二國以上之地域區域當作一市場，如歐洲共同市場 (EEC)，西非法語系六國經濟共同市場（由象牙海岸、尼日、上伏塔、馬利、茅里塔尼亞、塞內加爾等六國組成），再依其他標準細分市場。

(2)視小於一國之區域爲單位市場，再從此據其他標準分隔市場。

(3)依單位國家或地區之特性，視單位國家爲一市場，如中國、日本、梵諦岡等等，再據其他標準細分市場。

不管採取何一策略，廠商應基於預定行銷目標行事，再據不同變數將之區隔爲數個性質類似之小市場，如圖例 9-1 所示。

---

❷ 許士軍，行銷管理學，再版，（臺北市：成文出版社印行），第224頁。

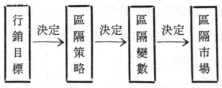

圖例 9-1 區隔策略及程序

行銷目標因廠商而異，概言之有下列不同目標。每一廠商可能兼有兩種或兩種以上之目標。

①銷售成長率某%或市場佔有率某%。

②利潤成長率某%。

③產品或產品系列增加某%。

④銷售地區增加某%或某數國家。

⑤為其他產品系列鋪路。

⑥建立三角貿易之基礎。

⑦先登市場，樹立市場之領導地位。

⑧確保小市場，不進行擴張，樹立市場之永久信譽。

⑨分散行銷地區，減少行銷風險。

倘廠商之行銷目標為在低利潤（如 2 ％）下擴展行銷地區，則似應以區域性市場為基礎進行市場之再區隔，藉以快速進入多國市場。若廠商之行銷目標保守，以確保小市場，樹立市場之超然永久信譽，則其區隔策略應以一國之特定區域為基礎進行市場之區隔較宜。

行銷策略既經決定，廠商可使用各不同區隔標準（或變數）進行區隔，區隔變數以及區隔範例分別於（貳）及（參）簡述於後。

貳、區隔變數

藉以區隔市場之標準曰之區隔變數，所使用之標準愈多，市場之區隔亦愈詳細，亦卽經區隔之小市場數目亦愈多。要精細到什麼程度始算合適，當視個別廠商之目標與資源而定。一般原則爲區隔後之小市場不致小到行銷策略之使用不甚經濟，而不大到市場過份龐大籠統，行銷策略無法發揮其競爭效能。

受用較普遍之區隔變數有：

(1)人口統計變數

　　人口總數、人口增加率、文盲率、家庭數、人口結構（如年齡、性別）、家長教育、家庭所得、人口密度（如市區、市郊、鄉村）、種族、宗敎信仰、語言等等。

(2)地域變數

　　經濟區域(二國或二國以上)，行政區域（如國、省、縣、市）連合行政區域（如連省、連縣、連市（Metropoly, Megapoly, interurbia））等等。

(3)心理變數

　　消費者之嗜好、個性（如積極、消極、善應變、保守、專制、民主、極端、保守等）、知覺、感受、反應、學習方式等等。

(4)自然變數

　　氣候（溫度、濕度、風雨）、地形地勢、資源分佈等。

(5)使用變數

　　使用次數（常用、不常用、高度常用）、客戶(大客戶、小客戶)、產品之使用別等等。

參、區隔範例

若據經濟之依存性而將二國或二國以上之區域視爲一市場，進行區隔，吾人可利用上述之一個、二個或二個變數區隔成數個小市場（或次級市場 Submarket）。茲舉一簡例以明之。

　　據外貿協會市場研析結果，中東四國、沙烏地阿拉伯、埃及、阿拉伯聯合大公國、以及科威特（分別簡稱沙、埃、大公國，以及科國），之木製門市場前途看好 ❸。廠商根據已有資料以及其他有關家庭所得資料、使用資料可將此一市場依據地域變數（國別）、人口統計變數（家庭所得），以及使用變數（使用別）等三標準區隔成 36（4×3×3）個性質相類之次級市場，以便配合個別廠商之資源挑選目標市場。此種區隔作業可藉觀念性架構圖例 9-2 表明其大要。

　　一如圖例 9-2 所示，經過區隔後有兩顯明而獨特之次級市場共四

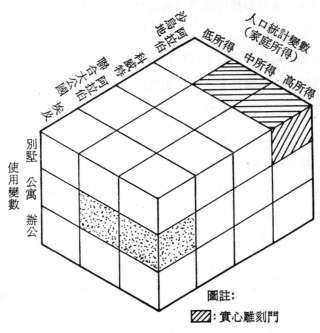

圖註：

▨：實心雕刻門

▨：空心平面鑲板門

圖例 9-2 國際市場區隔之觀念性架構（建材：木製門）

❸ 見 P. Kottler. *Marketing Management: Analysis, Planning and Control*, 2nd Ed. (Englewood Cliffso, N.J.: Prentice Hall, 1972), pp. 167–168.

個，兩大類，一為沙國之實心雕刻門，另一為埃及之空心平面鑲板門，其市場分別可定義為：

(1)實心雕刻門：沙國中、高所得家庭私人別墅用。

(2)空心平面鑲板門：埃國、中高所得家庭住宿公寓用。

肆、目標市場之遴選

目標市場之遴選端視廠商本身之資源如何而定。大廠商資源豐富或可遴選上述之四個獨特市場，小廠商倘資源欠豐亦可把握其中之一個區隔市場以備針對該市場釐訂強有力之行銷策略。所謂廠商資源實涵蓋下列數項：

(1)生產設備是否可生產供應目標市場。

(2)產品是否具備應有品質（如規格、品質、功能等等）。

(3)產品是否具備獨特之處。

(4)廠商是否能提供充分之售後服務。

(5)廠商是否能隨時供應。

(6)廠商是否有足夠之人力（推銷員），物力（修護設備及配件），資力（融通資金之能力）。

如果廠商挑選二個或二個以上之區隔市場，亦須訂定兩套或兩套以上之行銷組合弦外之音乃為每一區隔市場應有一套獨特之行銷組合，如產品規格，價格、推銷方法、通路，以及實體分配策略。

第三節　國際市場區隔化應注意事項

區隔變數甚多，選擇變數之標準，除了柯特勒氏（P.Kottler）之變數可衡量性（Measurability），策略之可傳達性（Accessibility），以及策略使用之經濟性（Substantiality）❹外，還要注意變數資料之易得性（Availability）以及變數資料之可靠性（Reliability）。

(1)可衡量性指特定消費者之特性資料可以衡量的程度。許多重要的特性資料是不容易衡量的，如消費者對於廠商商譽的考慮、對廠商服務品質的看法就很難衡量。

(2)可傳達性指廠商能有效地傳達其行銷力量於所選定市場之程度。並非所有區隔市場均具有此種特性，例如在文盲率很高的地區，如果以報章雜誌做為促銷的主要工具，則該區隔並之可傳達程度很低。

(3)經濟性指區隔之容量够大或獲利性够高，已達可以個別開發之程度。區隔行銷的成本很高，不考慮經濟性將是不划算的。

(4)易得性指區隔變數資料之容易取得程序。在已開發國家，其人口統計變數較易取得，在低度開發國家，其人口統計變數則不易取得。又心理變數資料亦屬不易取得範圍。

(5)可靠性指區隔變數資料之可靠程度。在對潛在消費者之研究調查中，常會發生年齡或所得資料不太可靠的情形，廠商須特別注意。

第四節　國際產品銷售預測概述

壹、雙階段預測法之要義❺

銷售額之預測可分兩階段，一為產品總體需求量之預測，另一為

---

❹ 同註❷。

❺ 本段資料來自郭崑謨著，現代企業管理學，修正版（台北市：華泰書局民國67年印行），第310～313頁。

廠商可能分享之市場佔有率估計，如圖例 9-3 所示。

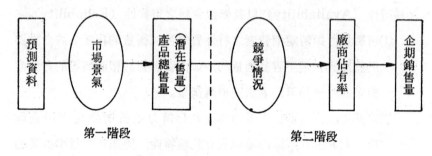

圖例 9-3 雙階段銷售量預測流程

　　個別廠商可銷售多少各類產品，非但受限於一國經濟情況與產品總體市場需求量，亦受廠方本身資源與運銷策略之影響。一國經濟情況爲決定產品總體市場需求量之重要因素（按總體市場係指相同業內所有個體廠商市場之總合而言。在一般情況下，反映在同業內所有個體廠商銷售量之總合量數。當然在最有利情況下，該總合量數亦爲最高。企業界常聞之『潛在銷售量』便是在最有利情形下之銷售量）。分析一國經濟狀況藉以估定產品之總體市場需求量，簡稱『產品總體需求量』，涉及經濟景氣分析，謂之市場景氣分析。此乃銷售量預估作業上之第一階段，亦爲關鍵階段。市場景氣分析結果與廠方本身資源一併作爲運銷策略擬定之依據。從此觀點，預估作業之第一階段應先於運銷策略之釐訂。待運銷策略擬定後，銷售量之預估便進入第二階段，亦卽估定個別廠商在同業界之競爭地位，進而推測其所能分享之市場成數。個別廠商之競爭能力，悉依廠方本身之資源與其運銷策略，諸如增加廣告預算作全面電視推廣或縮短運銷通路，增進時效，以及同業競爭情況而定。從此觀點銷售量預估作業之第二階段，則後階段，應後於運銷策略之釐訂。許多學者及企業家時常對銷售量之預估與運銷策略之釐訂，孰先孰後有所混淆，殊不知孰先孰後須視預估作業之任一階段而定。銷售量之預估方法甚多，筆者認爲上述預估觀念所產生之預估作業，定名爲雙階段預估法，可作許多其他方法之基本依據，爲銷售量預估上相當有價值之方法，每一市場研究人員以及企業主管應有所了解。

雙階段預估法之第一階段，係估定某貨品之總體需求量，該需求量之決定因素是人口，所得（稅後所得）、及消費傾向指標（如購買某產品之人口百分比，或每單位人口對某產品之消費額，或某貨零售額與總零售額之比例等等），例如傢俱總體需求量之決定因素乃爲有房屋之家庭數，其家庭所得與購買傢俱之家庭數比率。該種種因素對總體需求量之影響程度可藉相關規劃法，比例法或市場調查法等求得。若所預估貨品係已上市場之舊產品，相關規劃法便可用以測定產品總體需求量，與各總體經濟因素之相關係數，進而獲得產品總體需求量之預估。相關規劃法（Regressicn and Correlation Analysis）有直線相關與曲線相關。其函數關係可由公式(1)至(4)代表。公式中之 Y 代表總體需求量；X_1，X_2，X_3 等代表各經濟因素；a，b，c 與 p 代表常數。其若所預估貨品係新產品，無過去資料可稽，指數法或市場調查法可用以估定總體需求量。比例法之概念可以公式(5)說明。

$$Y = p + aX_1 + bX_2 + cX_3 \quad \cdots\cdots\cdots\cdots\cdots\cdots\cdots(1)$$

$$Y = p\ X_1^a \cdot X_2^b \cdot X_3^c$$

$$\log Y = \log E + a\ \log X_1 + b\ \log X_2 + c\ \log X_3 \quad \cdots\cdots\cdots(2)$$

$$e^y = pX_1^a \cdot X_2^b \cdot X_3^c$$

$$Y = \ln p + a\ \ln X_1 + b\ \ln X_2 + c\ \ln X_3 \quad \cdots\cdots\cdots\cdots(3)$$

$$Y = p^{ax_1 + bx_2 + cx_3}$$

$$\ln Y = \ln p + aX_1 + bX_2 + cX_3 \quad \cdots\cdots\cdots\cdots\cdots\cdots(4)$$

公式(5)僅是比例法之使用概念而已。當然有各種不同比例數可應用。

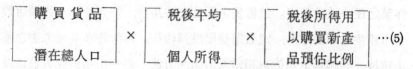

$$\left[\begin{array}{c}購\,買\,貨\,品\\[4pt]潛\,在\,總\,人\,口\end{array}\right] \times \left[\begin{array}{c}稅\,後\,平\,均\\[4pt]個\,人\,所\,得\end{array}\right] \times \left[\begin{array}{c}稅\,後\,所\,得\,用\\[4pt]以\,購\,買\,新\,產\\[4pt]品\,預\,估\,比\,例\end{array}\right] \cdots(5)$$

至於市場調查法乃藉隨機抽樣調查方式，調查消費者對某項貨品之購置傾向（或意向），據此意向，依政府現有之人口與所得資料，演算產品之總體需求量。

雙階段預估法之第二階段係估定個別廠商，對總體（業界）需求所得爭取銷售之成數。此成數受許多廠內外因素之影響，諸如同業間之競爭態勢，廠商本身之運銷策略等。個別廠商運用其運銷策略效果不一。其資源之雄厚與否各同業廠商相差甚大。在估評其競爭態勢時應加以研究。公式(6)可供作估定個別廠商所能爭取之總體銷售量成數時參考。公式(6)中之 M_1 代表 1 廠商之預估銷售成數；B_1 至 B_n 代表同業內各廠商之貨品投資額；E_1 至 E_n 代表同業內各廠商之運銷作業投資額；而 m_1 至 m_a 則代表同業內各廠商之運銷策略運用效果。

$$M_1 = \frac{(B_1 + E_1)^{m_1}}{(B_1 + E_1)^{m_1} + (B_1 + E_2)^{m_2} + (B_2 + E_2)^{m_3} + \cdots + (B_n + E_n)^{m_n}}$$

$$M_1 = \frac{(B_1 + E_1)^{m_1}}{\Sigma (B_t + E_t)^m} \quad \cdots\cdots\cdots\cdots\cdots\cdots(6)$$

預估個別廠商各產品銷售量之方法甚多，上述之雙階段預測法，僅係許多方法中之一而已。除此而外，常用者有銷售員估計總合法，時間序列之分析，直線相關法，連鎖指數法，階梯相關法等等不勝枚舉，讀者可自應用統計學書中求得更深了解。

雙階段法乃一般產品之預測方法，當然亦應用於國際市場銷售量之預測。至於養護用具如手工具、作業機、配件等類之預測由於其性質之特殊，要用蒙地卡羅模擬作業法（Monte Carlo Simulation

Method) 始能有效地預估❻。除了這些方法外，廠商亦可利用進出口及各類經濟指數求得概略之銷售額預估，此種預估法於討論簡易預測法時再行推介。

貳、簡易預測法

上述之雙階段預測法之第一階段亦可藉公式(7)推算而得❼

$$S_a = P_a + (M_a - X_a) - (I_{a1} - I_{a0}) \cdots\cdots\cdots\cdots (7)$$

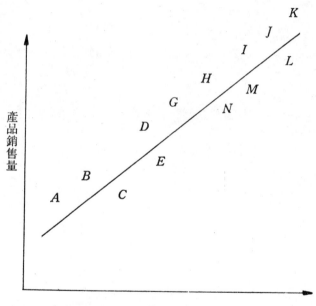

圖例 9-4 簡易相關分析法（用以估計潛在售量）
圖註: A、B、……M、N　　代表國別

---

❻ 詳閱郭崑謨著，存貨管理學(台北市: 華泰書局民國66年印行)，第39~45頁。

❼ 取材自許士軍著，國際行銷管理，再版，（台北市: 三民書局民國66年印行），第81頁。

公式(7)中之 S_a 代表一產品在 a 國潛在銷額, P_a 代表年產量, M_a 及 X_a 分別代表進口及出口量, I_{a1} 及 I_{a0} 則分別代表期末及期初存貨。第二階段之預測, 可從各國銷入 a 國之佔有率估定。

由於各國之經濟發展階段不同, 廠商亦可根據過去各國之產量與某經濟指標諸如國民總生產毛額、每人每年平均用電度數、工業生產指數、外滙底存等等求取其相關, 獲得來年之可能總需求量, 如圖例 9-4 所示。

第五篇　個案: 百利貿易公司*

一、公司背景及概況

百利貿易公司（以下簡稱百利公司）係國內中小型的貿易公司。該公司成立於民國六十年五月，當時係由四位股東出資組成，資本額新台幣五十萬。股東均為大學時代之好友，其中羅姓股東擔任公司總經理一職，其餘股東均另有職業，不參與公司之實際營運。該公司另雇秘書小姐一名，負責商業書信之寫作及打字工作，另業務員一名，負責與生產工廠、報關行、銀行、國貿局等機構之連絡，接洽工作。而總經理本人則負責與客戶、供應商之關係，產品之選擇、定價等工作。

百利公司自成立以迄六十三年年底，可以說是第一階段。在這段期間，公司業務拓展不甚順利，每年之營業額雖略有增加，但始終未達理想。六十三年營業額亦僅達美金四十餘萬。而營業淨利僅有臺幣五萬元左右。比起同時期中同業之快速成長的情形，百利公司的績效無法令人滿意。

在民國六十四年初的一個股東會中，羅總經理檢討三年多來公司經營成果時，很感慨地說：「自公司成立以來，整個經濟大環境可說是十分有利。很遺憾地，公司却未能充分把握這個有利之機會。本人任職總經理，理當向各位負完全之責任。最近，本人深感一個企業的成功，需要一位經歷、學識、才能均充足之主管人才。個人願為公司尋找更適當之總經理人選，並在其指揮之下，邁向更現代化的經營。」

羅總經理這種為公司舉才不惜退位之精神與眼光，深得各股東之敬佩。公司於是自六十四年二月起，改由劉先生任總經理，羅先生退居副總經理，並將公司資本額增加為一百萬，其中四十萬為新任劉總經理之出資，另十萬為歷年之保留盈餘。

劉總經理今年三十七歲，儀表出眾，待人和氣，做事十分負責，每星期均定期召集股東，報告公司業務進展之情形，深得股東之信任。劉總經理為美國某著名大學之企管碩士，主修行銷管理 (Marketing)，回國後歷任國內某大貿易公司之研究專員（企劃）、業務襄理、業務副理等職位，學識、經驗均十分充足。

劉總經理上任之後，首先就公司內部之管理，作了相當程度之改善，並得到羅

---

*取材自郭崑謨編，國際行銷個案，修訂三版（臺北市：六國出版社，民74年印行），第135～148頁。

副總經理全力的支持。此後，又極力開拓市場，爭取客戶。憑着劉總經理豐富的
學識與經驗，以及認真負責之工作態度，公司業績急轉直上。在最不景氣的幾年
中，公司營業額於六十五年竟突破百萬美元之大關。六十六年整年之營業額約在
美金一百五十萬元之譜。（關於百利公司使用之主要表格，參見附錄。）

談到公司未來的展望，劉總經理很自負地說：「今年（指民國六十七年），我
們的目標是兩百萬美金，依上半年的實際結果，必可超過目標甚多。未來兩三年
之內，公司有向後整合的成長計劃，現在大抵已選定了整合的行業，並已著手尋
覓工廠之用地。由於股東們充分的合作，設廠所需之資金，除向銀行洽貸之外，
不足之數，可完全由歷年保留之盈餘撥用。」百利公司之信用十分良好，與銀行
之關係極佳。

以下將分別就產品策略、目標市場、外銷通路、產品定價、客戶尋找及推廣
等方面分別介紹百利公司之行銷情況。

二、產品策略

百利公司目前僅為一貿易商，本身沒有生產工廠。因此，在羅先生任總經理
之時，公司可說完全沒有自己的產品策略，只要有薄利可圖，就做多少算多少。

「自己不生產並不表示可以完全沒有產品策略。」劉總經理接著說：「從事貿
易工作不可忽視對於產品的經驗。了解供應商之生產原料、成本結構，才能確實
掌握產品之品質與價格之合理。」劉總經理常利用休假時，親自開轎車去實地訪
問工廠，不斷地增加其產品經驗。並加強與工廠之關係，以便獲取合理之價格及
迅速之交貨，此外，並經常自國內外專業雜誌、經濟刊物、外貿協會、國內各公
會獲取有關產品之知識。

通常在選擇外銷產品時，百利公司係採下列原則：

㈠只做自己較了解（內行）之產品。

㈡儘量求生產者間之協力（Synergy）效果。

㈢要求某一百分比以上之毛利，卽拒絕利潤過低之定單，但此項原則仍視與
　客戶、供應商之短期、長期關係等因素而定，並非一成不變。

目前百利公司正在行銷的產品主要有下列項目：電子產品：包括電子錶、收
音機；傢俱；主要為木製傢俱；運動器材；橡膠製品；主要為機車輪胎。

三、目標市場之選擇

在羅總經理時期，公司主要依賴幾個美國客戶，百利公司亦爭取到其台灣區
總代理之地位。但由於公司之作風較保守，提供之服務也未令客戶滿意，因此成

交量一直無法提高。

劉總經理反對客戶過度的集中，並認爲公司過去並未把握許多有利之市場。因此，他乃廣泛收集有關資料，例如：歷年來臺灣出口商品之種類、數量及地理分佈，以及歷年其他國家（主要爲日本、韓國、香港）所出口之商品種類、數量及地理分佈。並選擇與公司產品策略相近之產品，以列入將來擴展產品線之交替方案（Altenatives）。此外，劉總經理並廣泛分析可能目標市場之①市場大小（或潛力）②關稅政策③進口政策④國際收支情況⑤所得水準及其趨勢⑥商業習慣⑦民情風俗等等因素。

在收集有關商情資料方面，劉總經理相當注重，並且特別聘用一位助理李君。李君畢業於國內著名大學經濟系，並在國內一家著名大學之企業管理研究所碩士班進修。李君之職位爲總經理助理，除了幫助總經理收集上述有關資料外，並代爲收集市場行情、消費者行爲、行業資料等，並須每月向總經理提出書面報告及口頭說明，並對收集之資料作較深入分析，從而提出與公司經營策略有關之建議。劉總經理對李君之工作表現十分滿意。

此外，劉總經理每年至少出國二次，每次時間達一個半月至兩個月不等。出國之目的，除拜訪客戶、調查國外市場之外，並經常參加各種展售會，以增加與國外買方接觸及交流之機會。近年來出國訪問之區域主要爲中東、南歐（義大利．土耳其、希臘爲主）、日本、北美、中南美等地。

目前公司主要市場（指地理分佈）依次爲美國、中東（主要爲沙烏地阿拉伯、科威特、黎巴嫩）、日本。將來希望增加中東與日本之比重，並計劃打入歐洲及中南美市場。

四、外銷通路

目前百利公司之外銷通路，主要有下列四條·

(1)生產者 →百利公司 →國外進口商 →批發商 →零售店 →消費者。

(2)生產者 →百利公司 →國外批發商 →零售店 →消費者。

(3)生產者 →百利公司 →國外工廠。

(4)生產者 →百利公司 →國外百貨公司或連鎖店之採購代理 →百貨公司或連鎖商 →消費者。

上述各通路之次序，卽依百利公司目前營業額之大小排列。

將來百利公司自設工廠後，卽兼任生產者與貿易商之雙重角色。

在談及是否向前整合時，劉總經理說：「自己到國外擔任批發、零售工作可以有許多好處，例如：較接近市場，便於就地收集市場情報，有利國內貿易、生產之進行，而且使銷路不致完全控制於外人之手。在經營要售後服務的產品也較便利。但是，目前公司之能力仍不足，向後整合以確保貨品之供應、品質、交貨準確等，乃當務之急，向前整合則列為較長期之目標。」

五、產品定價

百利公司之定價，通常按進貨成本加百分之五至十(視情況而定)，以作為報價 (FOB)。但劉總經理對於市場行情之變動十分敏感，因收集之市場情報充足，故定價加成幅度之變化亦非常有彈性。

「有時候為了吸引重要客戶，沒有利潤的生意也做，有時市場行情看好，也冒險買些貨進來，再行出售，這種交易毛利通常較高，二至三成的毛利並不足奇，但偶一判斷錯誤，虧損之情形也有。」在被問及定價政策時，羅副總經理說了以上的話。

百利公司內部作業採用的「外銷成本計算表」參見本個案之附錄。該公司利用此表計算外銷成本，送交劉總經理參考，劉總經理再依市場行情、客戶關係、競爭策略等因素綜合考慮之後，決定最終報價，然後送交秘書小姐作成報價單（（參附錄 Quotation No.）郵寄客戶，或直接以 Telex 作成報價。

六、客戶尋找

任何一個從事外貿業務的公司，均強調國外客戶之重要。百利公司也無不想盡各種方法，以求有效地尋找國外買主。找尋國外客戶之方法多種，而百利公司曾經使用的有下列各法：

(1)在外貿協會出版的刊物中找客戶：

外協定期推出「外銷機會」及「外銷市場」兩種刊物。任何貿易商只要到外協領取申請表，蓋上印鑑卡後，即可享受免費之刊物。其內容包括：貿易機會、國外商品市場動態、國內外貿易法規、貿易要聞、專題報導、國外商展消息、航運消息、國外招標消息、廠商服務等。但此類刊物中之貿易機會通常為各公司爭取對象，競爭較激烈，利潤較差。

(2)在國內外專業雜誌上登廣告：

外國專業雜誌很多，例如"International Textile Bulltin" 是有關紡織染整業的雜誌。"The Buqar" 是成衣、時裝業，"China glass & Tableware" 有關磁器、玻璃器具、各種餐具，"Creative Crafts" 有關手工藝品，"Play things" 有關兒童玩具、手工藝品，"Yachting"有關遊艇業（包括帆布、水上服裝、羅盤、無線電、尼龍繩索等），"Shoe and Leather News" 週刊則有關皮鞋。

百利公司找與自己產品線相近之專業雜誌，設計廣告。刊登廣告之次數不下數十，並曾在 "Taiwan Product", "Asia Sources", "The Economic News", "The Importer" 等國內刊物登廣告，所獲之效果極佳，並獲得幾個長期大客戶。

(3)參加國內外展售會並拜訪客戶：

　　劉總經理平均每年有 1/3～1/4 的時間在國外旅行。其行程在原則上一律配合各地之展售會，適時提供當地所需之產品，參加展出。展售會以外之時間，則親自拜訪當地之國外客戶，一方面增進客戶關係，一方面有機會認識客戶之同業朋友，彼此認識之後，公司之客戶又不斷地增加。劉總經理本人之外交能力與外語能力甚佳，更易爭取許多客戶。

這種客戶尋找之方式，是百利公司目前之重點，也是客戶之主要來源。

七、展望

「充足的客戶、良好的供應商是百利公司成長迅速之主要原因」，劉總經理接著說：「公司短期目標在於提高營業額，爭取長期客戶，並著手自建工廠，加入生產行列，並尋求購買現有工廠之機會。長期目標在於控制產品之行銷出口（Marketing Outlet)，以增加利潤。但長期目標應逐步漸近，須待時機成熟，不可操之過急。」

附錄

一、外銷成本計算表（內部作業用）：

百 利 公 司

外銷成本計算表

日期：_____

No.

| 經理 | 經辦者 |

客　戶_____　　　港　口_____　　　運　費_____

規　格	廠價	佣金	材數	運費	保險	包裝	成本	賣價	客戶要求

備　註：

二、訂貨單：向工廠訂貨

百　利　公　司

臺北市　　　路　　　號　　　樓

訂　　　貨　　　單

年　　月　　日

廠　商＿＿＿＿＿

交貨日期		交貨地點			付款條件	
注 意 事 項	1. 個別商品應貼 MADE IN TAIWAN 字樣於不影響商品外觀之處。 2. 貨品之規格，貨色等應遵照指定製造，貨品出口後若發現有不符或變質等情形時，由廠方負責。 3. 本訂單如不能如期或應分批交貨時應於交貨日至少十五天前通知本公司。 4. 貨品完成後應立即將包裝情形（數量、尺寸、重量）通知本公司並聽候發貨通知。				嘜 頭	
編　　號	規			格	數　　量	單　價	合　　計

經　理	課　長	承辦人		付　款　日　期

三、出貨通知單: 通知工廠出貨

百 利 企 業 有 限 公 司

臺北市　　路　　號　樓　　電話: 7687990 （3線）

郵箱: 臺北市 43-76

出　貨　通　知

日　期: _____

本公司向　貴公司訂購_____產品,

訂單號碼 _____。　　決　定 _____在

　　　　　結關, 由　　　　　　　　船裝運出口。

貨物請送 _____, 報關行 _____

_____, 電　話 _____。

　　　注　意　事　項:

1.包　　裝:

2.嘜　　頭:

3.其　　他:

四、裝箱單：郵寄客戶

*No.*_____

Bale Corporation
P. O. Box 43-76
Taipei, Taiwan. R. O. C.

Telex: 22674 BALE
Cable: "BALE" Taipei
TEL: 7687990 (3 Line) Taipei

Invoice No._____

PACKING LIST

Messrs._____

Shipped from_____ to_____

Per S. S._____ on_____

Commodity_____

Notify:_____

Date_____

Marks & Nos._____

No. of Package	Content Per Package	Total Quantity	Full description of goods and details of inside packing	Weight and Measurement Per Package			Total Weight and Measurement		
P'kgs				N./wt.	G./wt.	M'ment	N./wt.	G./wt.	M'ment
	pcs	pcs		kgs	kgs	cft	kgs	kgs	cft

E. & O. E.

五、形式發票: 寄給客戶作進貨成本之證明

Bale Corporation	Telex: 22674 BALE
P. O. Box 43-76	Cable: "BALE" Taipei
Taipei, Taiwan. R. O. C.	TEL: 7687990 (3 Line) Taipei

給客戶作爲進貨成本之證明

INVOICE

No._____ Date:_____

INVOICE fo._____

Messrs._____

Shipped from_____ To _____

Per S. S._____ Sailing on or about_____

L/C No._____ Issued by_____

Contract No._____ Bank certificate No._____

Marks. & Nos.	Description of Goods	Quantity	Unit Price	Amount

-E. &. O. E.-

六、報價單 向客戶報價用

MESSRS.

Bale Corporation
P. O. Box 43~76
Taipei, Taiwan R. O. C.

Telex: 22674 BALE
Cable: "BALE" Taipei
TEL: 7687990 (3 Line) Taipei

QUOTATION NO　　　　　　　DATE

Item No.	DESCRIPTION	PACKING			Approximate Messurement	PRICE	
		Each	Outer Boxed	Cartoned		F.O.B. TAIWAN	C.I.F.

第六篇　國際行銷策略

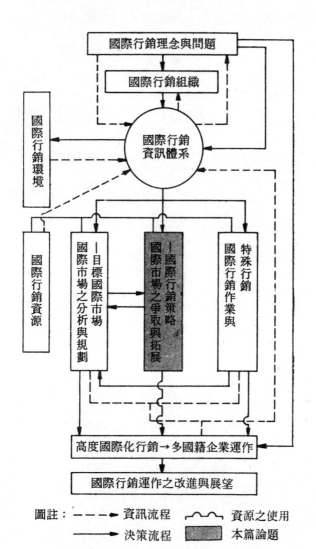

國際行銷理念與問題

國際行銷組織

國際行銷資訊體系

國際行銷環境

國際行銷資源

國際市場之分析與規劃│目標國際市場

國際行銷策略│國際市場之爭取與拓展

特殊行銷國際行銷作業與

高度國際化行銷→多國籍企業運作

國際行銷運作之改進與展望

圖註：----→　資訊流程　　∿∿∿　資源之使用

——→　決策流程　　▨▨　本篇論題

第十章　國際行銷之產品策略

- 國際行銷策略組合概要
- 國際行銷之產品發展策略
- 產品生命週期與國際行銷
- 國際產品策略之擬定
- 「整廠輸出」——產品策略之新層面

第一節　國際行銷策略組合概要

目標市場如經選定，廠商即可積極擬定爭取目標市場之方法。國際市場上之競爭愈來愈烈，所用之手段亦五花八門，自贈送、抽獎、免費試用、迅速運送、送貨到家，以至於免費修護、配件附贈、退貨保證、授信貸款等，不勝枚舉。然而廠商進行行銷策略之釐訂時，應掌握下列之策略組合：

(1)規劃推展優良產品——產品策略

(2)訂定合適之價格——訂價策略

(3)制定有力之推銷活動——推銷策略

(4)選擇實力雄厚可靠之經銷商——通路策略

(5)擇定迅速、可靠、合算之送達方式——實體分配策略

(6)擬定良好之公共關係——公共關係策略。

第二節　國際行銷之產品發展策略

　　在一個公司欲進軍國際市場之前，必須仔細考慮目前公司的產品
線是否能充分提供新市場之需要？如果不能，就得採行其他的方案。
產品標準化可收經濟規模之利，然而不同文化背景之市場，對標準化
產品接受的程度則有待研究。「正確」的產品應替公司帶來最大且持
續的利潤。由於產品一致化僅能表示成本之最小化，並無法保證利潤
之最大化，因此將產品加以改良以適應國際市場需要，所增加的收
入，很可能大於改良成本。除此之外，尚有下列因素使得產品需加以
改良。

一、使用之環境

　　例如氣候對產品對於溫度和溼度的反應，會有差異，使得產品欲
銷往熱帶或極地時，需加以特別處理或改良。縱使在美國本土，北部
市場上的車以配置暖氣為其標準設備，然而南部市場所售車子必須有
冷氣。另外，使用者技術水準不同、以及各國不同的道路及交通狀
況，均會使汽車及輪胎的設計需加以變更，譬如「防滑雪胎」便是其
例。

二、市場因素

　　世界各國國民所得自美金一百元至美金一萬元，差距非常大，對
欲銷售產品的性質、大小以至包裝均會產生影響。消費者的偏好各國
亦不相同；因此，食物、服裝等商品隨市場不同而有相當大的差異。

三、政府政策及規定

　　各國政府課稅政策會影響到市場上供應的商品，例如歐洲對汽車
及引擎大小的課稅規定是影響汽車設計的重要因素。政府對商品、包
裝及標示的規定也是各國商品無法一致的原因。

四、公司歷史及營運政策

有些公司在不同的國家均擁有生產設備，因此比完全以出口為主要業務的公司容易做產品改良。如果公司視各個國外分支單位為一利潤中心，則其產品經改良以適合當地之需更是理所當然。

有許多方法可用來改變一種產品以符合一個新市場的需求。從最簡單的包裝改變到整個產品重新設計，均是為新市場之需要而作。無論做何種程度的產品改良，事前仔細、周密地研究產品與各個市場間的關係是非常必要的。李察羅賓森（Richard Robinson）教授將市場環境劃分為九大類，並指出與之相對應的產品改良工作，這些因素與設計大致可簡列於后：❶

環境因素	設計改良
技術水準	簡化產品
勞動力成本水準	自動化或人工生產
讀寫能力水準	註解或辨別記號之繁簡
所得水準	改變品質及價格
利率高低	改變品質及價格
維修水準	改變產品的寬限度
氣候差異	改良產品適應氣候
養護之容易與否	簡化產品、提高可信度
標準不同	重訂產品刻度及大小

第三節 產品生命週期與國際行銷

壹、產品生命週期之地區性涵義

❶ Richard Robinson, *International Business Policy* (New York: Holt, Rinehart & Winsion, 1964), p. 42.

一種產品將要在新市場上推出時，產品改良程度通常決定於新、舊二市場對產品使用及認知的文化差異。兩者差距愈大，產品改良程度也愈大。然而，有時在二個文化差異極微的市場，如果產品於各個市場上所處的生命週期階段不同，充分改良產品是必須的。

一種已在某個市場中屬於成熟階段的產品，很可能在另一個市場上處於上市期，而有一些未知、不利的特性。行銷歷史上，在一個市場已成熟的產品，到了另一個市場上市卻失敗的例子，比比皆是。拍立得 (Polaroid) 公司在美國銷售「拍立得相機」已有二十年的成功經驗，因此當它推出一個新的機型「史溫拿相機」時，亦很成功。然而該公司將相同的產品介紹給法國市場時，卻徹底失敗了。原因無他，拍立得式相機已被美國人所接納、喜愛，而法國人對這種相機仍無印象，更談不上接受它。拍立得公司於是撤回產品，改變行銷方式，最後終於成功地重新上市那種產品。

因此，分析國外市場時，一件重要的事是研究產品在該市場所處的生命週期階段。所有的行銷計畫都必須隨著產品生命週期的變動，對產品做相對應的改良。

貳、國際產品之生命週期──貿易週期之主要涵義

外銷產品之生命週期通稱貿易週期 (Trade Cycle)，明瞭此種週期，廠商可因應順變，作適切行銷策畧，據威兒 (L. T. Well) 國際產品之生命週期，可分為四個階段 (見圖例 10-1)❷：

(1)母國在地主國佔優勢階段。

---

❷ Louis T. Wells Jr., "A Product Life Cycle for International Trade," *Journal of Marketing*, Vol. 32, No. 3 (July 1986), pp. 1-6.

(2)地主國開始仿製母國產品上市階段。

(3)地主國所仿製產品與母國產品勁相力敵階段。

(4)母國產品在國際市場上處於劣勢，母國開始進口階段。

　　貿易週期之重要涵義爲：㈠母國於進入第三階段時可藉與地主國合營或技術合作方式，在地主國設廠利用其廉價資源產銷產品以維持產品之生命，同時可轉銷第三國或輸入母國；㈡進入第三階段積極進行產品之差異化與革新，藉以保持母國產品市場之優勢。

　　國際產品管理上次一重要課題爲新產品之發展與推出問題。推出新產品之時間應配合地主國之經濟景氣，密切注意經濟循環與季節性變動，切忌在經濟蕭條時間或淡季推出，以免遭遇“出師不利”殃及“魚池”。又舊類似產品暢銷期間內，亦應避免新產品之推出上市。倘新產品之創新性甚高，外國甚易仿製，則當捷足先登，佔據市場之領先地位。

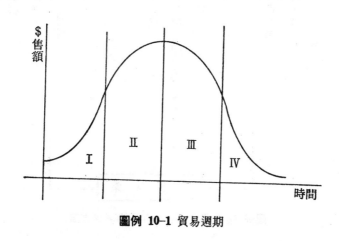

圖例 10-1 貿易週期

第四節　國際產品策略之擬定

壹、國際產品策略擬定上應考慮之因素

　　國際產品管理上，策畧之擬定當應考慮產品實體與功能效用在國際市場之特殊層面，並且妥善配合其他行銷作業始能增加產品決策之正確性。此一基本認識可從圖例 10-2 窺其概要。

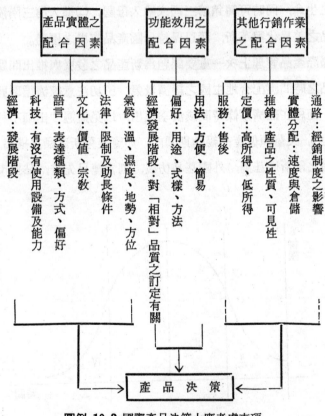

圖例 10-2 國際產品決策上應考慮事項

資料來源：郭崑謨著，國際行銷管理修訂三版（臺北市：六國出版社民國71年印行），第343頁。

貳、國際行銷之幾項產品策略

廠商往往先有產品行銷國內，經一段時日後再行拓展國外市場尋求產品之出路，惟正確之國際行銷作法厥爲先行辨認國外市場，選擇目標市場後始行規劃並生產產品。不管如何，外銷廠商必須注意下列數端❷。

（一）配合地主國（市場）之消用環境規劃產品

　　如腳踏車在美國有用以作交通工具者，亦有用以作運動娛樂者，倘係運動用者，需強調耐強，配以變速裝置，外觀是否要特別講究，屬次要問題。又如電氣用器應注意電壓插座之是否適合地主國，必要時應加修正。

（二）保持母國之特性

　　保持獨特之母國產品特徵。國際行銷上有時與其改變產品特性，毋寧強調母國特性，在國際市場上始能顯出其價值，如法國之香水、西班牙之葡萄酒、中國之陶瓷製品等等。

（三）注意產品之可替換性

　　如可替換零配件，多層冰箱（可合併成大冰箱)，不但可減少生產成本，在國際行銷上可增加國際消用者之方便。

（四）注意產品之多種用途

　　如同一產品可用以防臭，亦可以烤焙，酵粉（Baking Soda）便是。多種用途可使消用者在心理上有多重滿足之效果。

（五）注重保證、售後服務

　　保證服務與售後服務兩者在國際行銷上，由於空間與時間

---

❷ 郭崑謨，國際行銷管理修訂三版（臺北市：六國出版社民國71年印行），第344頁。

之阻隔較大，已成爲一非常重要之產品策略項目。早年（1950年代）金龜汽車（Volks Wagen）之能在美國市場擴張迅速，實有賴於其售後服務策略，與英國汽車之在美國市場上失敗適相對比。嗣後日本小型汽車之能由初登市場而佔領美國小型汽車市場，亦歸功於其龐大售後服務系統。

㈥修改現有產品符合地主國市場

諸如美國麥當勞零吃連鎖餐館（McDonald）在東亞產品漢堡（Hamberger）配方之改變，美國比時百利（Pillsbury）快速點心類銷往歐洲時配方之修改等等。

廠商往往不諳地主國消費者對產品使用上之認識程度以及其使用偏好，在產品設計方面未能對症下藥，以致遭受巨大損失。譬如消費者對濃縮鮮菓汁飲料之習慣與用法未養成前，若以濃縮小罐（如 300cc 裝罐）推出市場，與一般非濃縮含天然菓汁成分甚少之大罐裝菓汁飲料競爭，不管在價格方面或實體印象方面均無法與之匹對。該兩種產品在店舖貨品架上並排時，當然給予消費者不正確印象，造成市場機會之損失。

圖例 10-3 所示乙產品評價較好係因實際使用上，乙產品

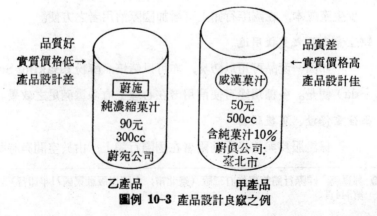

圖例 10-3 產品設計良窳之例

經充淡五倍後，含菓汁成份與總飲料量均比甲產品多，購買者所得實惠較大故也。但論產品設計，甲產品顯然較佳。在國際行銷上此種產品決策差誤之例不乏其衆，美國Campbell Soup Co."三千萬教訓"便是衆所常談之例。

(七)強調產品之差異功能

強調產品之差異功能可避免國際市場上之價格競爭。如我國之萬年錶、美國之萬年電池（手電筒用）便是其例。

(八)包裝應注意銷售效果與運輸效果

包裝之顏色、插圖、標籤、形狀、大小、容器質量應能配合地主國之風俗習慣，政府法令，始能達到銷售效果。包裝容器及箱盒應有足够強度承受運輸及倉儲壓力。就是產品品質再好如包裝欠佳，產品抵達消用者時若已破損或倉儲一段期間後產品損毀，消用者所歸咎者莫非供應廠商，所得到之印象必爲品質問題。是故品質之良好與否，實包括包裝之良窳。

(九)商標應配合地主國之字義

同音異義、同字異音，在不同語言間司空見慣。在命定商標時應特加小心，以免笑話百出，影響銷售。

(十)商標專利之保護

各國商標及專利之保護制度不一，如第四章所述，有上市後始能登記原則（Prior Use Rule），亦有先登記原則（Registration Rule），廠商應能設法透過國際性產銷權保護組織取得產銷權之保障。

(十一)品牌命定權之授與

如地主國經銷商（躉售商或零售商），信用卓著，經營管理方式優異，供應商不妨允許經銷商採用其自有或其他品牌，如斯廠商可節省推銷費用，地主國經銷商之市場亦大有擴張之可能。

參、我國應加強之產品策略重點

政府不斷呼籲廠商，減少價格所扮演之角色，而對產品之革新多下功夫，並正積極倡導技術之引進，藉以提高產品之技術與加價層次，堪足欣慰。外貿協會在產品設計方面亦正積極加強；產品設計處之成立以及中華民國工業設計協會成立服務委員會，更反映我國上下努力之決心。爰就我國短、長期產品策略之主要者列舉於後俾供業者及有關人士參考。

一、短期策略：

1.外觀實體之改變

2.國際售後服務之加強

3.配合區位移動，出售或出租產銷權

4.整廠輸出之加強

二、長期策略：

1.實質功能之改進（加強產品之研究發展以求技術之突破）

2.改進裝配件與產品生命週期之調合

3.品牌知名度之建立，採用『登陸小處，照耀大地』之推銷策略以及『重點品牌』策略以達成。

第五節 「整廠輸出」——產品策略之新層面

壹、整廠輸出之涵義

一般而言，整廠輸出乃指整個產製工廠設備之外銷而言。整廠輸出之要件爲此種設備之輸出交易一旦完成，外國進口廠商便可立卽使用該設備製造產品。整廠輸出之內涵，實際上已包括產程設計、安裝、建廠、試車、操作訓練與保養、管理等項目，最後才交出工廠的鑰匙，故又稱之曰交匙交易（Turn-Key transaction）。

貳、整廠輸出之一般化契約

整廠輸出所牽涉之範圍甚廣，項目不但多，所需時間亦非常長。因此，聯合國歐洲經濟委員會曾制定交匙契約供業界參考。

此一契約之名稱是❹:

General Condition for the Supply and Erection of plant and Macainery for Import and Exporf, No. 188 A.

參、各國整廠輸出之情形

個別國家之整廠輸出比重，以日本爲最高，早在一九七〇年，僅就次於鋼鐵業。但論及全世界之輸出額，美國最多，西德次之，英國再次之，而日本已居第四。

我國之整廠輸出數額尚少，與韓國、日本相比，乃相差甚遠。據一項一九七九年之統計，顯示我國整廠輸出佔總出口值之百分比尚不及 0.3%；而韓國及日本同年同項比率業已分別超過我國十一倍與一百九十三倍❺，我國之整廠輸出實有待加強。

---

❹ 中華企業管理發展中心，國際貿易實務問答資料彙編，第三輯（臺北: 中華企業管理發展中心，民國68年印行），第35頁。

❺ 貿易週刊（臺北: 臺北市進出口商業同業公會印行）No.897（民國70年2月），第741頁。

肆、整廠輸出之努力方向

我國廠商對整廠輸出之經驗不足，又易自相競爭。爲提高我國整廠輸出之效率，對下列數端實有加強之必要。

1.培植整廠輸出之專業人才，整廠輸出人才不但應具備貿易實務，亦應對產製技術有充分認識。

2.建立聯合投標制度，由衆多廠商參與，得標後作適當之分工。

3.如果標額過少可採用輪流投標（By-turn bidding）❻。

4.加強商情之蒐集工作，對標訊來源作充分之硏究，藉以掌握標源。

---

❻ 張錦源著，英文貿易契約實務(臺北: 三民書局民國70年印行)，第741頁。

第十一章　國際行銷之訂價策略

- 國際產品之訂價目標
- 國際產品之訂價策略
- 國際產品訂價之重要層面──公司內轉移訂價概述
- 國際產品之訂價方法
- 外銷報價
- 「國際產品生命週期訂價」理論芻議

第一節　國際產品之訂價目標

國際產品之訂價目標不外乎: ㈠企業利潤之達成; ㈡提高佔有率,薄利多銷, 擴大外銷量或外銷地區; ㈢穩定企業營運; ㈣應付國際競爭等數項。上述目標中以應付國際競爭最棘手, 往往導致惡性殺價, 蝕盡應得利潤。

訂價時須特別提防由於低價政策導致「價廉貨賤」之印象。我國外銷產品雖然品質已臻國際水準, 然由於過份注重訂價策略, 將訂價視為最佳推銷方法, 忽略其他行銷組合, 因而在國際市場上造成「價廉貨賤」之壞印象, 值得廠商警惕。

第二節　國際產品之訂價策略

壹、國際產品訂價上應特別考慮之因素——滙率與物價之波動

滙率與物價之波動對國際行銷之訂價策略影響將較以往重大。原則上滙率變動之方向必透過訂價功能影響進出口。圖例 11-1 所示之涵義為： ❶

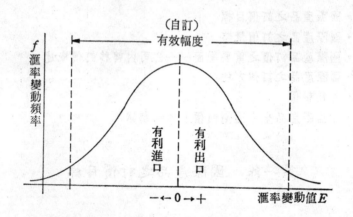

（自訂）

有效幅度

f 滙率變動頻率

有利進口　有利出口

—←0→＋　　滙率變動值 E

圖例 11-1 滙率變動、價格與進出口

(1)滙率增加（貶值），對訂價作業有利，有利出口。

(2)滙率降低（增值），進口物價有利，有利進口。

(3)滙率變動之損失，如貨品供應充裕則可由供方負擔，否則相反。

通貨膨脹之損失，尤其在契約訂價，分數次送貨之情況下比較嚴重。如圖例 11-2 所示，如廠商在 t_0 接到訂單，分三期，則 t_1、t_2 與 t_3 交貨，倘每期間隔為半年，則三個半年（一年半）內之物價波動（原料、工資及其他產銷要素之漲價），則原訂價格將因物價波動之影響，而有偏低現象，甚或低於成本而產生虧損。

❶ 參閱郭崑謨著，滙率、外貿與物價，臺灣新生報「財經專欄」，民國67年7月11日第二版。

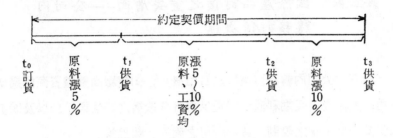

圖例 11-2 通貨膨脹與契約定價格

貳、國際產品訂價之幾項策略

　　國際產品之訂價策略有最高可行價格訂價、最低價格訂價、差別定價等三類。倘需求彈性低、欠缺替代品、目標市場購買力高、產品獨特、原料有漲價趨勢，則產品可以最高可行價格訂價。

　　若市場競爭激烈、目標市場購買力微弱、廠商有意持續維持市場之佔有率，則貨品應以最低價格訂價。

　　廠商之目標市場若有二個或二個以上，廠商可依據各不同目標市場之購買力與需求彈性，訂定不同貨價以攫取各不同目標市場，此乃差別定價。採差別定價時，應注意勿使兩不同價格之差額大於兩目標市場間之運費與關稅總和。否則，貨品將由低價市場流入高價市場。

　　廠商外銷產品之訂價策略應朝「訂價自主」方向努力，不必處處擔心競爭廠商之報價是否較自己為低。若能細列成本項目，與客戶議價時可取信客戶，將有助於議價進行。以詳列成本取信於議價對方，獲得對本產品由於管理制度及效率之優異，而產生之「長期交易信心」，實為訂價策略之重要環節。

第三節 國際產品訂價之重要層面——公司內 轉移訂價概述

廠商"公司內轉移訂價"之目標概為：(1)使廠商整體資源能適切運用，期能提高長期利潤；(2)提供海外分機構之評估標準；以及(3)緩和與減少地主國之限制，諸如所得之滙返、關稅等。

藉轉移訂價，總公司與海外分機構間可配合海外市場之競爭情況，以低價方式擴張海外現有市場。由於海外分機構在地主國係以法人方式出現，總公司之產品或原料轉至海外分公司時，一如兩獨立機構應行報價，依價繳納應繳稅項，如進口稅、貨物稅等。運用公司內報價當可針對市場情況以及公司之資源作最適切之價格策略。同樣地運用轉移訂價，可減少地主國與母國間因貨品流通而應繳之稅捐。

公司內分公司（或分部）間轉運貨價之訂定（Intra-Company transfer pricing）所應顧及者為關稅、所得稅，與國外盈餘之滙遣本國等問題。通常所要遵守之原則是：㈠如貨品從一國轉運至關稅稅率較高國度之分公司或總公司，為節省稅費，應適量降低該貨價格；㈡如貨品轉運至所得稅率較高國度之分公司或總公司，則為減少所得稅之繳納，應適量提高貨價，藉貨價減少應繳稅利得額；㈢盈餘之滙遣本國往往受地主國之限制，變態滙遣方法之一乃為提高轉運地主國之貨價，藉高漲之貨價帶返本國實質盈餘。上述之數原則僅足參考，而不足供廣泛使用之準則，蓋各國對轉運貨訂價均有多少法令之限制，當事廠商應了解有關法令，始能作實際之作業。

表 11-3 顯示簡易轉移訂價原則，表中之√及○分別代表高與低之兩種價位原則。

表 11-3 公司內轉移訂價原則

項　　目	高	低
利潤滙返限制	✓	○
關　　稅	○	✓
營 業 所 得 稅	✓	○
競　　爭	○	✓

註: ✓: 高　　○: 低

第四節　國際產品之訂價方法

訂價方法較普通者有成本加成以及仿效市場方法。成本加成是總成本加上某固定利潤,通常爲加成本之百分之幾做爲預期應得之利潤。仿效市場定價是依據國際市場之價格趨勢訂定價格。使用仿效市場定價法應在下列三種情況下始適合:

(1)廠商能有效控制自己之產銷成本。

(2)所售產品係大衆化產品, 如肥皂、牙膏等。

(3)目標市場呈現顯著競爭態勢。

爲簡化訂價作業, 方便決策, 國際產品之成本加成計算可藉表 11-1 參考。表 11-1 成本項目中之 1 至10總和, 係 F.O.B.（Free on Board）報價; F.O.B.減退稅加運費及保險費便是 C.I.F.（Cost, Insurance & Freight）報價; F.O.B. 加運費便是 C&F 報價。

表 11-1 國際產品之成本計算

成 本 項 目	數　額 加或減 (+)/(−)	內　　　容　　　說　　　明
1. 產製成本	+	工資、原料、產製費用（間接）
2. 預期利潤	+	依投資額百分比計算
3. 代理商佣金	+	通常以 F.O.B.或C.I.F. 之百分比計算
4. 出口稅捐	+	發票稅: 0.01%

5. 外銷特殊標籤及包裝容器等費用	+	依客戶要求或地主國法令規定辦理（但有時特殊產品亦要特別處理）
6. 國內運費	+	至港口或飛機場之運費
7. 通關費	+	報關手續費（約NT$ 400），驗關車資（約NT$ 80），海關規費（約NT$ 300），理貨工資（最低NT$ 200，依箱數而定）
8. 時間成本	+	國際運輸期內之資本呆滯機會損失，付款約定之可能利息損失等。
9. 通貨膨脹及滙率變動之預期損失	+	可依預期通貨膨脹率及滙率變動風險機率估定
10. 各種規費及費用	+	公證費、產地證明、領事簽證費、檢驗費、外貿會推廣費 0.0625 %
11. 退稅	－	進口原料加工外銷退稅金額
12. 運費	+	海運、空運或陸運費用
13. 保險費	+	以出口額百分比計算（依產品、地主國、及保險公司而異）

資料來源：郭崑謨著，國際行銷管理，修訂三版，民國71年六國出版社印行，第360頁。

第五節　外銷報價

外銷報價可用本國貨幣單位，亦可用地主國或第三國貨幣單位。通常以通貨較穩定之貨幣爲佳。常用之外銷報價有❷：

(1)CIF＝Cost＋Insurance＋Freight，　此種報價包括貨物之成本、貨物之國際保險費以及運輸費用，又稱「到岸價」。

(2)「裝運到某地點某貨運或輪船」總價（FOB Destination, or Origin＝Free on Board, Point of Destination or Origin）：　此種報價包括貨物之成本以及裝運至某特定地點之

---

❷ 郭崑謨著，現代企業管理學，修正版，民國67年華泰書局印行，第 355~357頁。

運輸費用，亦稱「船上交貨價」。

(3)「廠地」報價 (Ex-Factory or Mill Price): 報價僅反映出廠貨品之成本加利得。

(4)「入口港棧」報價 (Ex-Importation Dock Price): 報價不但包括成本、運費、入港後卸貨費，且包括進口稅。

(5)「成本與運費」報價 (Cost & Freight＝C&F): 報價不包括保險費。

第六節　「國際產品生命週期訂價」理論芻議❸

價格理論系統已俱，筆者不擬在此贅述。國際產品之訂價所應考慮者亦已分別於有關章節闡述，本節所要提述者為國際產品訂價上利用產品生命週期觀念架構之理論芻議，其為芻議，當仍有諸多有待商榷與陸續改進之處。

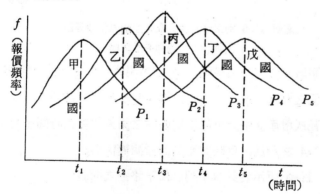

圖註: $P_1 > P_2 > P_3 > P_4 > P_5$

圖例 11-4 利用產品壽命觀念之國際價格理論
架構(一)──週期價格理論

❸ 郭崑謨著，國際行銷管理，修訂三版 (臺北市: 六國出版社，民國71年印行)，第364～366頁。

　　若出口國廠商某特種產品報價（或價格）頻率與時間的函數關係
能夠建立，則從此函數關係似可求出國際產品之最高可行價格，藉以
作爲訂價策略之依據。此種情況可能有如圖例 11-4 所示者然。

　　圖例 11-4 中之 $p_1 \rightarrow p_2 \rightarrow p_3 \rightarrow p_4 \rightarrow p_5$ 等等曲線之移動，反映廠商
減價往低收入國家出口之現象，與 t_3 相對應之 p_3 正爲最高可行價
位。從圖例 11-4 之資料，或可判明國際產品之成熟期，圖例 11-5所
示者係從圖例 11-4轉換而得。

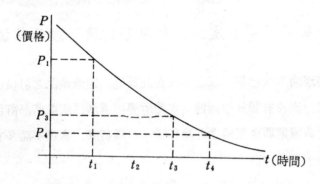

圖例 11-5 利用產品壽命觀念之國際價格理論
架構㈡──週期價格理論

　　就個體廠商言，當價格降低時，"市場區位" 移至低開發國， 同
時已開發國之需求亦增加（需求曲線向左移動）， 廠商當可恢復或繼
續生產，甚或增產。很有可能個別廠商之銷售曲線在時間序列中呈現
如圖例 11-4 之形狀，反映其產品壽命演變情形。

　　圖例 11-6 所示者具有下列訂價策略上之涵義:

　　一、未至 t_3（與 p_3 相對應之時間）時廠商可配合其他行銷策略
擴張產銷作業。

　　二、一過 t_4，廠商應開始低價攻勢，以便儘早清倉，淘汰產品，
如箭頭所示。

上述週期價格理論僅爲架構上之芻議，有待進一步模式化，並再配合實務之限制與需要，發展出一套有用之競爭工具。

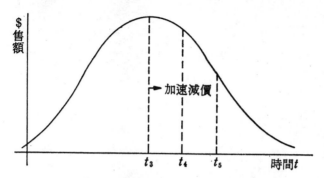

圖例 11-6 利用產品壽命觀念之國際價格理論
架構㈢——週期價格理論

第十二章　國際行銷之推銷策略

- 國際行銷之溝通程序
- 國際產品促銷策略管理概述
- 國際廣告
- 國際人員推銷
- 國際行銷促銷推廣活動

第一節　國際行銷之溝通程序

　　推銷活動通常藉溝通（communication）以改變潛在消用者之態度與信念，並增加其對產品之知識。推銷活動可視為溝通程序之運用。發訊者為廠商（亦即供源），而收訊者為消用者。從發訊者至訊者要經過訊息（Message）之變碼（Coding）後，透過媒體傳給收訊者。

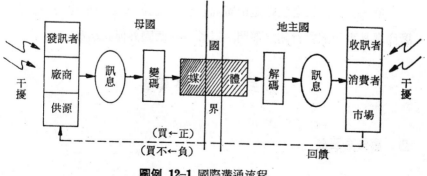

圖例 12-1 國際溝通流程

溝通程序可藉圖例12-1表示。從圖例12-1可知國際行銷之推銷活動應在變碼與媒體方面多下功夫。第一、溝通信息就是再好，由於各國人民對不同思想之表達與訴求之感受不盡相同，加以語言隔閡，溝通效果往往不如想像中好。第二、媒體之適用性各國互異，並非每一種媒體皆能行之於天下。如文盲率甚高之地區，報紙或雜誌之效果遠不及教育普遍之區域。

第二節　國際產品推銷策略管理概述

廠商之促銷策略有拉式（pull）及推式（push）兩種。前者之重點在預售活動上（preselling activities），諸如廣告、贈送樣品等。後者之重點在於採購點之推銷活動(Point of Purchase Activities)，除了現場之佈置外，推銷員之推銷功夫有舉足輕重之地位。在國際行銷上，初次開拓市場時，往往要「拉、推」同時並進，爭得市場後視產品性質及售後服務之需要再選擇推銷法。一般而言，產品使用不易，單價較高，售後服務相當重要之產品，推式策略效果較佳。

廠商常將釐訂行銷策略之權力集中於母公司，而實際推銷作業則由海外分公司視當地情況權宜處理，或委由地主國廣告公司執行。

無論促銷作業之執行是由廠商自己負責，抑或委由廣告公司負責，廠商應具專司國際行銷之部門，以管制整個國外促銷活動。

第三節　國際廣告

壹、廣告之涵義

大衆推銷活動中對所利用媒體之服務必需付出代價而活動本身特別顯出廠商之身份及推銷意圖者謂之廣告。廣告之涵義有：

1.藉大衆傳播媒介所產生之聲響或視像傳達產品之消息，以爭取聽、觀衆或閱讀者之訂購。

2.藉大衆傳播媒介所產生之聲響或視像告知廠商之經營理念與作法，以求取聽、觀衆或閱讀者對廠商之良好印像，進而贏得聽、觀衆或閱讀者對廠商產品之採購意願。

依據上述之廣告觀念，廣告活動之重點乃在藉溝通（communication）以影響，甚或改變潛在消用者對廠商產品之態度，增加其對產品之知識與信念。是故有效地將產品之消息或廠商之信譽溝通並訴求潛在消用者，實爲廣告之中心作業。❶

貳、廣告之重要性及功能

表 12-1 廣告支出佔國民總所得毛額比率％ *
（選擇國別）

國　別	廣告支出％	國　　　別	廣告支出％
美　國	2.11	臺　　　灣	.77
西　德	1.56	墨　西　哥	.68
澳　國	1.44	智　　　利	.62
阿　根　廷	1.28	委　內　瑞　拉	.55
加　拿　大	1.25	瓜　地　馬　拉	.22
日　　本	1.44	沙烏地阿拉伯	.14

資料來源：P.R. Catcora & J.M. Hess, International
　　　　　Marketing 3rd Ed. (Homowood, Illinois-
　　　　　Richard. Irwin, Inc. 1975 p. 396.
　　＊：1970 年統計資料。

---

❶ 郭崑謨著，「外銷產品廣告之基本認識」，臺灣經濟金融月刊，第15卷第 8 期（民國68年11月），第41～48頁。

廣告之重要性可從總體以及個體兩層面見其一斑。大凡已開發國家其廣告支出佔國民總所得毛額之比率較之開發中國家有偏高之趨勢。如表 12-1 所示，美國、西德、日本等國家其廣告支出佔國民總所得毛額之比率分別為 2.11％、1.56％ 與 1.44％ 遠較委內瑞拉、瓜地馬拉、以及沙烏地阿拉伯為高，委、瓜、及沙國等國分別為 0.55％、0.22％與0.14％。我國臺灣地區該種比率為 0.77％。弦外之音乃在廣告之支出似與國民總所得毛額之關係相當密切。

就個體企業之觀點論，廣告之支出佔企業售額之比率雖各行業相差甚大（見表 12-2），廣告之能促進銷售進而影響資源之分配則為各業所共認之事實，誠如聲寶公司營業一部黃經理營杉所言，倘不作大力廣告，聲寶產品必無今日之廣大世界市場（按聲寶之廣告費用年逾千萬，雖廣告之效果無法確切測得，銷售額確隨廣告支出之增加而增加）❷。

表 12-2 廣告收出與銷額比率

(美國1972年之例)

廠　　　商	廣告支出 (1,000,000)	廣告支出與 銷售額比率
1. Warnes-hamtert 　 pharmaccuticals	146	14.6
2. Colgute-Palmotive	105	12.1
3. Bristol-Myers	115	12.0
4. General Foods	170	8.9
5. Procter & Gamble	275	7.0
6. Sears &Roebuch	215	2.2
7. Cryslir	94	1.3
8. G. M. C.	146	0.5

資料來源: *Advertising Age*; Aug., 1973, p. 28.

❷ 民國67年10月21日與聲寶總公司營業一部黃經理營杉面談所得資料。

廣告之能促進銷售，係從下列之廣告功能而來。

(1)報導性功能 (Information function) 提供消用者購買決策資料。

(2)說服性功能 (Persuasive function)：負有『無言推銷者』之功能。

(3)生產性功能 (Productive function)：具有創造產品對消用者之心理效用之功能。

參、廣告之規劃

一、廣告目標

大凡廣告目標有：㈠有效地使消用者瞭解廠商產品之優越特性；㈡促使消用者對產品印像之辨認；㈢提醒消用者產品之滿足需求功能；㈣告知消用者廠商高超營運理念鞏固消用者對廠商之信任。不管係何一目標，其為藉廣告以引發消用者之購買行為則一。具體言之，廣告目標應針對具體標的物（如家庭主婦）、具體主題 （如方便家務之操作）、以及具體之預期後果（如認知省時之重要性）。

舉如洗衣機廣告之目標可定為：

(1)使家庭主婦認識方便操作可節省許多時間；

(2)進而使家庭主婦認知購買洗衣機之重要性；

(3)樹立廠商產品之良好形象 (Image)；以及

(4)刺激消用者之購買慾望引導其購買行動。

倘廣告目標係建立廠商整體之商譽，則廣告政策要以推廣廠商整體之 "知名度" 為原則，而不是個別產品。這是一般人所了解之機構性推廣 (Institutional Promotion)。美國鋼鐵公司 (USS) 以及三M公司便有此種政策。

廣告之目標爲實現企業營運行銷目標之手段。是故推銷目標應爲整個企業營運之 "次" 目標。此點在訂定廣告目標時應時刻銘記。

二、廣告設計

廣告設計應注意標識 (symbol)、訴求 (appeal)、插圖 (illustration) 以及佈局(copy layout)等數端。作廣告設計時應時時刻刻考慮地主國之實情行事,不可執有本位主義觀念,始能擬定有效之廣告。

各國社會文化背境互異, 對同一廣告標識、訴求、插圖以及佈局有不同之感受與反應。例如❸:

美國人對肥胖十分敏感。

紫色在日本代表高尙, 但在拉丁美洲則有凶兆義念。

歐洲人不重視廣告, 認爲好產品不必廣告。

遠東人對身長敏感。

白色在歐洲代表純潔, 但在亞洲則有喪事之含義。

黑色在西歐不一定代表喪事, 在許多場合裏黑色代表莊嚴。

美人與酒在美國爲可行佈局。

運動員作廣告在美國十分普遍。

模特兒及名星在美國不像在比利時及歐洲等國家被認爲是廣告之良好佈局。

香車美人之佈局在美國十分流行。

上面所舉各項僅是少數例子而已, 旨在提醒國際廣告人員廣告設計上應注意之層面。

廣告設計應特別愼重者莫非爲廣告訴求。有效訴求根據特維特氏 (D.W.Twedt) 應具備下列三個條件❹。

---

❸ 部份資料來自 Coteora & Hess, *International Marketing* 見註❶,
第 404~406 頁。

1.產品之優異性: 具有滿足需求之良好品質並代表強有力之動機。

2.產品之獨特性: 別家沒有本廠有。

3.產品之可信性: 有事實或過去資料配襯。

廣告訴求一般而言，以非社會文化及法律方面之訴求較爲安全保險。經濟方面以及健康方面之訴求便是其例。當然強調愛、美、利、以及奇異亦爲通常使用之訴求，但應注意該國文化社會法律等相異性，愼作決定始能避免產生不必要之困擾。

又廣告之設計旨在達成廣告之報導性、說服性、以及生產性功能期能取得訂單，是故不管以何種訴求廣告，若不能與消費者或使用者有效正確地溝通，實屬徒勞。有效而正確之表達不但要靠對不同語言之深切之了解，而且要依不同語言之使用情況如何而定。舉如在盧森堡（Luxemburg）上流社會人士熟悉法文，一般用語爲德文，而每人均會盧森堡語。是故廣告之標題勢必以盧森堡語爲主，而廣告信息之本文則可用德文或法文，視廣告之標的如何而定。倘廣告之標的爲上層社會人士，則以法文爲佳；若廣告標的爲一般民衆，當以德文較適❺。

各國語文互異，就是同一國家往往有數種語言分別在不同地區使用。這是廣告上之大阻礙。在信息之編訂上應特別注意者爲同音異義與同義異音之問題。在譯成外國語文廣告時往往不小心而得到"反廣

---

❹ 詳閱 D. W'. Twedt. "How to plan New Products, Improve old ones, and Create Betico Advertising," *Journal of Marketing*, Jan. 1969, pp. 53-57.

❺ "Adman's Dilema: How to Write ads in Spoken Tongue?" *Adver tising, Age Nov. 29, 1965, in Cateora & Hess, *International Marketing*, 見註❶, 第 403 頁。

告"效果，諸如 Fiera 在西班牙語意味醜陋婦女，Matador 意味殺人，"勉強"在日語文中係"用功"、"讀書"之意，對這些語意上之差別在擬定廣告信息時要特別留意。信息擬定後，最好能請教地主國消用者，徵求他們之意見。

三、媒體之遴選

廣告媒體包括電視、戲院、雜誌、客運或公車車廂、直接函件、報紙、戶外牌貼、空中煙幕、氣球、展示中心等等。影響媒體選擇之因素有語言文字、政治及法律、媒體本身之功能與優劣點、社會對媒體之態度、使用媒體之成本等數端，茲分別簡介於后。

1.語言文字：文盲率高之國度或地區，報章雜誌之廣告當不如播音廣告或收音機廣告之效果大。設想在文盲率高到百分之五十以上之非洲諸國作大幅度之新聞報章或雜誌廣告，是何等不智之舉。

2.政治及法律：許多國家對廣告媒體之使用加以種種之限制，諸如美國於一九七〇年後禁止香烟之電視及收音機廣告；奧國對各種媒體之使用課以不同稅率（在10％～30％之間）；歐洲許多國家對電視廣告的時間多所限制。這些限制使媒體之利用效率大大地改觀。

3.媒體本身之功能與優劣點：每一媒體均有特殊功能以及優劣點，但此種功能與優劣點在各國有不同程度之差異。例如電視廣告可發揮廣告內容之聲、色、以及活動層面，較之報紙廣告雖成本較高，有其獨特之價值，但電視廣告之優越特點在各國由於播送時間與內容之限制無法高度發揮，電視雖普及亦無法充分利用。又如專業性雜誌為工業產品廣告之良好媒體，但在許多地區專業性雜誌不是匱乏就是普及率甚低。在電視及收音機不甚普遍之國度，電影院廣告（Cenema-ads.）成為非常重要之媒體，此種媒體在亞太地區以及歐洲一些國家還相當普遍。

4.社會對媒體之態度: 社會對媒體之態度反映於其對媒體之立法以及輿論上。倘社會視電視為教育性媒體而非商業性傳播媒體，則對電視之商業廣告必大加限制無疑，就是目前無立法之依據，遲早會受輿論之壓力自會限制媒體之廣告使用。智利之電視為天主教會所控制，認為商業廣告有損於智利人民所信仰之價值觀念乃對商業廣告大加限制；"有許多國家，廣告被認為是一種經濟上之浪費，必須加以抑制" ❻，此種態度，顯然地影響廣告媒體之使用。

5.媒體之成本: 媒體成本之計算標準有每元讀者（或觀衆）數，或每千發行數每行或每頁成本。廠商在選擇媒體時當然要考慮成本與益惠才能得到適切決策。媒體之成本各國不同，據1970年調查，雜誌廣告之成本以意大利與比利時分別在西歐11國中為最高及最低，意大利每一千發行數每頁為 5.91 元美金，而比利時則僅為 1.58元美金 ❼。可見同一媒體之費率各國相差懸殊。在同一國家裏各不同媒體之費率當然亦不同。不同媒體之發行數、費率、以及媒體種類等資料可從美國 Skokie, Illinois 之 Standard Rate and Data Service, Inc. 所出版之 Standard Rate and Data 獲得。除此之外美國 New York 之 International Media Guide 亦有相當豐富之媒體費率資料。

一般言之,各國對媒體之使用偏重於報章雜誌等印刷刊物之利用，電視次之，收音機更次之。此種現象可從表 12-3 之各國廣告費用見其一斑。

---

❻ *Newspaper International* (伊利諾 National Registered Publishing Co., 1970) 印行之資料，見許士軍，國際行銷管理，再版（臺北市: 三民書局民國66年印行），第 219 頁。

❼ 同註❻。

表 12-3 1974 年各國廣告支出

（選擇國別）

單位: U.S.1,000,000

	印刷刊物	電　視	收音機	合　計
美　國	10,477	4,857	1,837	17,165
西　德	1,565	290	85	1,941
日　本	1,627	1,394	197	3,218
英　國	1,512	485	14	2,012
加拿大	700	225	188	1,115
法　國	698	142	98	938

資料來源: Philip R. Cateora and John M-Hess. *International Marketing*, 4th ed. (Homewood, Ill, : Richard D. Irwin, Inc, 1979) p. 434.

在遴選廣告媒體時，不僅要考慮費率問題，對廣告媒體所能涵蓋之讀者或觀衆類別亦應注意分析，才能對準廣告目標，收到廣告效果。日本有五大報紙，其中以朝日新聞發行數最多，該報涵蓋80％左右之政商界，40％左右之學生與家庭主婦，因此在計算成本時應考慮報紙所涵蓋之不同讀者別始算正確。

肆、廣告策略

一、策略要素

廣告策略係達成廣告目標之手段。廣告策略理應依據市場資料，對準廣告對象，強調產品效能，製訂廣告信息，選擇適當媒體，安排適切廣告時間始能厥收廣告宏效。若以服飾類爲例，廣告策略要素與相關事項可藉表 12-4 示明於后。

二、主要策略

上述之策略要素不管以何種方式將各相關事項配合，旨在增進產品之可售性，增進產品可售性方法有下列數種：

表 12-4 廣告策略要素與相關事項

策略要素	相　關　事　項
廣告對象	年齡、所得、種族、職業、社交屬性
產品效能	禦寒保身、美觀、舒適、工作方便、高貴
廣告信息	強調耐用及禦寒保身、強調品質、強調時尚型態、強調方便、強調舒適
廣告媒體	電視、報章雜誌、戶外牌貼、影院、收音機、時裝展示、時裝表演
廣告時間	例假節日、某一特定季節、終年

1.刺激基本需求策略：強調產品之一般性優點，訴求一般購買意欲。該策略對新產品或舊產品之"領導"廠商較適。

2.刺激選擇需求策略：強調品牌之優越性，訴求對特定品牌之購買意欲。該策略通常用於創新性產品，市場漸趨飽和，旨在爭取佔有率之不減，或增加佔有率。所強調者應爲產品之獨特優越點，如洗寶之爲"唯一軟性洗衣粉"便是其例。

3.強有力刺激策略：配合贈獎、抽獎、以及優待券方法大力廣告推銷以爭取客戶之非計劃性購買。此種策略適用於常購貨品，而且要在海外有倉儲展示者。

4.間接刺激策略：廣告之訴求並不與特定產品有關，但可刺激對廠商所生產銷售之所有產品之需求之後果。此一策略之例爲機構性廣告。美國之 USS 及中國之造船公司廣告其公司對整個國家社會之貢獻，便是機構性廣告之例。

伍、廣告之執行

推銷規劃與執行可由廠商自設推銷廣告部全權負責，可由供應商以及地主國經銷商共謀大計（該法要在市場業已建立，與地主國中間商之關係十分良好之情況下始爲可行），亦可委託國內外廣告推銷研究機構或顧問公司執行。不管採取何種方式，廠商對各項推銷作業要能有效管制，取得自主權。表 12-5 所列之廣告推銷公司均為世界性公司，可資參考。圖例 12-4 為一典型之企業內部廣告單位。圖例 12-4 之虛線及虛框代表外在廣告公司。

表 12-5 國際廣告推銷公司*

公　司　名　稱	營業額 (1,000,000)
Dentsu Advertising	685
J. Walter Thompson	772
Mc Carn-Ericson	637
Young and Rubican	564
Leo Burnelt Co.	471
Ted Bates & Co.	458
Ogilvy and Mather	406
Foote, Cone & Belding	271
Hakuhods	213
Havas Conseil Group	213
Daiko Advertising	128

* : 1972 資料

資料來源: P.R. Cateora and J.M. Hess, *International Marketing* 3rd Ed. (Homewood, Ill.: Richard D. Irwin, Inc., 1975) p. 408, Exhibit 13-2.

執行廣告時當應考慮地主國最普遍受用方法與最常廣告之產品。譬如澳洲大部份廣告之製作，媒體按排多半委由當地廣告代理商行事，所收費用也相當合理，約 5 ％左右❽；產品廣告以食品廣告佔澳國廣告總支出最多為 7.43%，其次為機動車輛及配件，約 5.0%。再次其為家庭設備家具及配件，約 4 ％❾。表 12-6 與表 12-7 分別為澳洲1978年排名前十名之廣告代理商與1978年廣告支出首12類產品，可供

---

❽ 外貿協會印行，外銷機會，第 486 期 (民國69年 9 月10日)，第31頁。
❾ 同註❽。

參考。上述澳洲之例旨在說明廣告執行上若能從此種種次級資料中得到地主國之延用習慣，當能在廣告上收到更佳效果。

表 12-6 澳洲 1978 年前10名廣告代理商

單位：千澳元

順位	廣 告 代 理 商 名 稱	營 業 額
1	George Patterson	100,000
2	Clemenger roup	72,354
3	McCann Erickson	50,000
4	Leo Burnett	45,603
5	Masius Group	42,470
6	USP Needham	42,000
7	J Walter hompson	37,657
8	Ogilvy & Mather	35,493
9	Monahan Dayman Adams	26,846
10	SSC & B: Lintas	26,772

資料來源：外貿協會印行，外銷機會，第486期（69年9月10日）第31頁。

表 12-7 澳洲1978年廣告支出居首之12類產品

單位：千澳元

順位	商 品 種 類	金 額	占澳廣告總支出之%
1	食 品	92,868	7.43
2	機動車輛及配件	63,300	5.07
3	家庭設備、家具及配件	46,389	3.71
4	旅行觀光	29,301	2.35
5	建築材料、工業機械	27,660	2.21
6	家用產品(Household Products)、清潔劑	23,841	1.91
7	婦女化粧品	21,870	1.75
8	財務、貸款、債券及其他	19,131	1.53
9	酒	18,152	1.45
10	藥 品	17,876	1.43
11	雜誌、報紙、書籍	16,440	1.32
12	煙 具	14,557	1.17

資料來源：外貿協會印行，外銷機會，第486期（69年9月10日）第31頁。

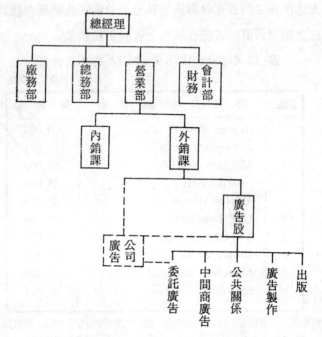

圖例 12-4 企業內部之廣告單位範例

陸、不實廣告

　　廣告一直最為人詬病。議論之焦點通常為不實廣告問題。國際廣告要能真實始能建立良好商譽，鞏固外銷市場。所謂真實廣告實指 " 由廣告所引起之聽（觀）眾對產品之了解與事實相符 " 狀態而言。違反上述之狀態便是不實廣告。廠商往往不易明瞭不實之根源，廣告主雖出於善意廣告，但由於國際文化社會背景之異同，地主國消用者對廣告之了解往往相異而導致欠實之感覺。是故擬定廣告時應時刻避免不實廣告之產生。

　　不實廣告往往以誇大事實、空頭保證、歪曲事實、詆毀同業、低級趣味訴求、以一概十、迎合消用者喜愛、虛減價格、虛偽贈送、空頭贈送、容易誤解標籤等等方式出現。對此種種不實型態，廠商有時出於疏忽，有時出於新奇時髦，但對消用者一旦構成不實印象，其後果實難設想，明智廠商應嚴戒之。

第四節 國際人員推銷

為廠商在國外從事推銷工作的人員稱之為「外遣推銷員」（Expatriate Salesman）。推銷員應對地主國之限制先作詳盡了解，對地主國之風俗民情有確切之認識，並對訪問潛在客戶事先收集資料，始能事半功倍。

外遣推銷員應具備下列條件：❿

㈠主要條件

(1)精通地主國語文，明瞭地主國情況

(2)和藹可親

(3)令人有信賴感

(4)有「推動就範」之說服力

(5)善隨機應變

(6)明瞭產品特質，深諳客戶需要。

㈡輔助條件

(1)外觀端正，衣著整潔

(2)具良好記憶力

(3)做事耐心、勤奮工作。

---

❿ 郭崑謨著，國際行銷管理，修訂三版（臺北市：六國出版社，民國71年印行）第394～395頁。

廠商亦可在地主國物色當地推銷員，由外遣推銷員與當地推銷員一起工作，經過一段時間後，可視實際情況，由當地推銷員負較大之責任。

第五節　國際行銷促銷推廣活動

除了廣告、人員推銷及公共關係外，可以刺激消費者購買和增進中間商或零售商合作效果的所有行銷活動，均稱為銷售推廣活動。折扣、店內展示、樣品、贈品券、彩金、競賽、贊助音樂會及店頭廣告等，均為銷售推廣措施，用以補充廣告及人員推銷之不足。

銷售推廣活動通常只有短期效果，導引消費者或零售商達到如下目標：(1)消費產品試用或立即購買，(2)將消費者引進商店，(3)獲得零售商之店頭展示，(4)鼓勵商店貯存產品，(5)支援並擴大廣告及人員推銷效果。一個銷售推廣例子是非洲的香菸製造商，除了一般廣告外，尚贊助音樂團體、開發河流、參與當地事務，以使群眾熟悉其產品。

由於媒體限制使得廠商難以接觸到消費者的市場，促銷預算中銷售推廣所佔的比例往往會增高。在有些開發中國家，銷售推廣為郊區及偏遠地區促銷活動的主角。例如部分南美洲地區，「百事可樂」及「可口可樂」花費廣告預算在「巡廻表演車隊」上，因為車隊經常在四散的村莊旅行並推銷其產品。

正如廣告，成功的促銷必須適應各地的風土民情。促銷限制有時來自當地法律，因為它禁止彩金及禮物的贈送。有些國家法律規定了零售商的進貨折扣，或促銷活動須先經同意。有效的銷售推廣可以加強廣告及人員推銷的效果，而且當充分運用廣告受到環境限制時，銷售推廣是很有效的替代品。

　　除此之外，參加商展亦為一非常重要之推廣活動。外貿協會常有海外商展消息之公佈（見表 12-8），業者應好自運用機會參加各種國際商展。

　　為加強對歐拓銷，遠貿駐瑞典辦事處頃寄回1986/87 芬蘭赫爾新基商展名稱及舉辦時間，供我廠商參考。

　　參加商展之好處甚多，較重要者為：(1)在短短時間內可與眾多來自世界各國之潛在客戶接觸交換意見，了解其需要，作為行銷作業改革之依據；(2)觀摩同業之產品以及其行銷作業；(3)吸收新中間商人，改革通路；(4)現場展示，介紹廠商產品；(5)出售產品，建立商譽（或廠譽）等等。⓫

　　近年來我國政府及民間，一直積極推動各項國際性展示或展售，廠商應把握良機參加各項商展，建立廠商之知名度。商展場所通常是洽談交易及取得訂單之地方。例如民國六十七年十月間在臺北舉行之電子展期間，廠商所接獲之訂單數額幾達三千萬美元之鉅。⓬

　　國際商展種類若依產品內容可分為：

　①專業性展覽

　　　　只展出一產品系列，舉如美國支加哥之五金工具展覽會（Chicago's Hardware Show）摩托車展覽（Kolon International Motor Cycle Fair）。

　②綜合性展覽

　　　　展示產品眾多，包括許多系列產品，如紐約玩具展覽。

⓫ 參考：張金仲，拓展外銷實務（臺北市：商務印書館，民國67年印行）第 192～193頁。

⓬ 臺灣新生報，民國67年10月21日；第 5 版。

表 12-8 芬蘭1986/87年赫爾辛基各項商展一覽表

展出地點	展出時間	展覽名稱	備註
HELSINGFORS	86.03.18—03.21	BUYERS' DAYS FOR SPORTS TRADE（運動器材展）	
HELSINGFORS	86.04.22—04.27	FINNBUILD '86（建材展）	
HELSINGFORS	86.08.26—08.28	FINNISH FASHION FAIR（服飾展）	
HELSINGFORS	86.09.00—10.00	CARAVAN, HUSVAGNAR & DRAGBILAR（拖車展）	
HELSINGFORS	86.09.05—09.07	FORMA, PRESENT- & HEMINREDNINGS&ARTIKLAR（禮品展）	
HELSINGFORS	86.09.16—09.20	KONTORSTEKNISK MÄSSA KT '86（辦公用器材展）	
HELSINGFORS	86.09.27—09.28	FINNISH BOOT AND SHOE FAIR（鞋類展）	
HELSINGFORS	86.10.07—10.11	FINNTEC '86, HELSINKI INT. TECHNICAL FAIR, PACKAGING（技術展）	
HELSINGFORS	86.10.21—10.24	BUYERS' DAYS FOR SPORTS TRADE（運動器材展）	
HELSINGFORS	86.11.00—11.00	SKIEXPO '86（滑雪器材展）	
HELSINGFORS	86.11.07—11.16	FINNCONSUM '86, HELSINGFORS INT. KONSUMPT. VARUMÄSSA（消費用品展）	
HELSINGFORS	86.11.14—11.16	FORM-HÄLSA-SKÖNHET（美展）	
HELSINGFORS	86.11.27—11.30	EDUCA '86, UTBILDNINGSMÄSSA（教育用品展）	
HELSINGFORS	87.01.00—01.00	FINNISH FASHION FAIR（服飾展）	
HELSINGFORS	87.02.00—02.00	FINNISH BOOT AND SHOE FAIR（鞋類展）	
HELSINGFORS	87.02.00—02.00	HELSINKI INTERNATIONAL BOAT SHOW（遊艇展）	
HELSINGFORS	87.03.00—03.00	BUYERS' DAYS FOR SPORTS TRADE（運動器材展）	
HELSINGFORS	87.03.00—03.00	HELSINKI INTERNATIONAL SPRING FAIR（春季國際展）	
HELSINGFORS	87.04.03—04.05	FORMA, PRESENT- & HEMINREDNINGSARTIKLAR（藝品展）	

註：上述各展覽之主辦單位名址如下：
THE FINNISH FAIR CORPORATION
P. O. BOX21
00521 HELSINGFORS 52
FINLAND
TELEFON: 141400
TELEX: 121119 FEXPO SF

資料來源：外貿協會，外銷商情，No.7509期（民國75年3月7日），第31頁。

第十三章　國際產品之行銷通路策略

・行銷通路之基本概念
・國際行銷通路之型態
・國際行銷通路之中間機構
・國際行銷通路之管理

第一節　行銷通路之基本概念

通路係指貨品所有權之由供源至消用者所經歷過程。實體分配乃指貨品（實體）之運輸儲存配發作業，通路與實體分配兩者關係十分密切。

如果把整個行銷過程分成交易通路（transaction channel）與交與通路（exchange channel），則交易通路便爲貨品銷售過程，而交與通路則爲實體分配過程❶。此種觀念可從圖例 13-1 中窺其概要。本章所要討論者爲貨品銷售過程，也就是貨品所有權之流動過程。

第二節　國際行銷通路之型態

---

❶ 此種行銷作業構思與分類法係由 Donald J. Bowersox 氏所創，見 Donald J. Bowersox, *Logistics Management* (New York: Mc-Milliam Publishing Co., Inc., 1974), p. 49.

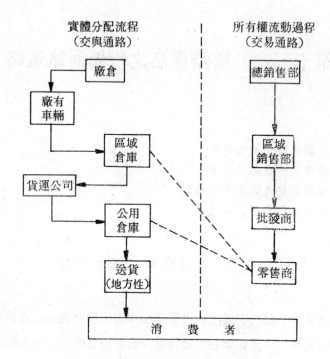

實體分配流程
(交與通路)

所有權流動過程
(交易通路)

圖例 13-1 實體分配流程與所有權流動過程

資料來源: Donald J. Bowersox, *Logistics Management* (New
York: McMilliam Publishing Co. Inc., 1974), p.49.

壹、直接通路

國際行銷通路可分直接通路與間接通路。前者在母國並無中間
商，後者在母國有一個或一個以上之中間商。直接通路因在國內不經
中間商，"直接" 銷至外國，故客戶之覓找，貨運運具與運綫等當由
廠商自行負責，圖例 13-2 之虛線箭頭所表示之途徑乃直接通路。可
見廠商有許多直接通路可行。諸如:

廠商 ──→地主國廠商 ────→地主國躉售商

廠商 ──→母國國外分機構 ──→地主國零售商

廠商 ──→母國駐外推銷員 ──→地主國零售商

廠商 ──→地主國躉售商

└──→地主國零售商

廠商 ──→地主國進口商

廠商 ──→地主國駐母國採購處

廠商 ──→地主國代理商

採直接通路之優點為:

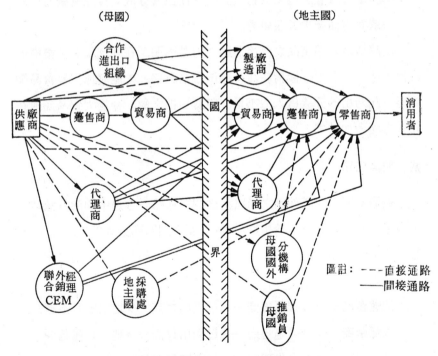

圖例 **13-2** 國際行銷通路類型

(1)縮短通路因而減少中間加價，可將之加惠於消費者（實質上以低價方式出售，故亦可增強競爭）。

(2)容易管制產品之在通路中一直到消用者之過程，諸如品牌、售後服務、價格等。

(3)明瞭地主國商情，可快速應變。

至於其缺點爲：

(1)所有之通路風險均由廠商自行負擔。

(2)要顧全所有之產銷業務，廠商往往由於分散其資源過廣而在產或銷方面減少其競爭力。

臺灣地區外銷產品之直接通路，力量薄弱，在外國設立分機構者爲數不多，而多半分機構在海外僅做聯絡業務，未能發揮世界貿易網功能，此乃由於分機構人力不足、經費短拙之故。今後大貿易商應在此一方面多加功夫。

貳、間接通路

經過本國中間商外銷之通路稱之間接通路。透過中間商外銷時，生產廠商可集中其資源於生產活動,而讓中間廠商負責覓找國外客戶、裝運等工作。圖例 13-2 中之實箭頭所示通路便是各種不同之間接通路，例如：

供應廠商 ──→ 母國躉售商 ──→ 母國出口商 ──→ 地主國製造廠商

供應廠商 ──→ 母國躉售商 ──→ 母國出口商 ──→ 地主國躉售商

供應廠商 ──→ 母國代理商 ──→ 地主國代理商

供應廠商 ──→ 母國聯合外銷

經　理　┌─→ 地主國進口商
（CEM）│

```
├──→躉售商
└──→零售商
```

供應廠商 ──→ 母國出口商 ──→ 地主國進口商

　　就我國產品言，目前經由外國貿易商（第三國如日本綜合商社）外銷的通路佔相當重要之地位，除運具外，諸多產品如木材、家具、電氣、機械、塑膠產品、化學品、紡織品……等等之外銷透過第三國中間商者約佔百分之六十五左右❷。此乃通路依賴性的表現。今後我國應積極倡導大規模之貿易商，建立靈活之「商情報導網」與強有力之「推廣銷售系統」爭取外銷通路之自主❸。

　　上述之商情報導網與推廣銷售系統之建立，需要龐大資源與組織，在尚未普遍組織大貿易商前，我們可藉「聯營」方式來達成經濟規模之效果。聯營方式，在臺灣地區早於民國五十年就已開始，以蘆筍罐頭、鋼鐵、自行車、紙、洋菇罐頭、鳳梨罐頭、茶、糖等產品較爲普遍。

　　通路中之中間商型態與一國之經濟發展程度有密切之關係。據瓦氏（G. Wadinambianatch），在經濟已開發國家，中間商愈有專業化傾向，並且批發商及零售商均相當發達（就規模與業務內容言）❹。是故在挑選中間商時應對地主國之經濟發展情況與未來趨勢有所了解，始能得到良好通路。

---

❷ 參閱黃俊英著「臺灣產品的外銷通路」，國際貿易學報，國立政治大學國際貿易學報編輯委員會，民國67年印行，第28～29頁。

❸ 參閱郭崑謨著「新形勢、新努力，厚植經貿力量」，台灣新生報專論，民國67年12月22日，第2版。

❹ George, Wadinambinatch, *Channels of Distribution in Developing Economics,* The Business Quarterly, Winter, p. 965, pp. 74–82.

第三節　國際行銷通路之中間機構

壹、母國中間商

母國中間商種類頗多，其所負功能繁簡互異，惟其為買賣兩方之中間橋樑負有促進產品之流動之功能，則一。茲將比較重要之母國中間商簡介於后。

(一)躉售商（亦稱批發商或經銷商）

許多躉售商從事進出口產品之批發，對產品持有所有權，當然對產品担負一切風險。躉售商買賣之產品項目甚多，凡有利可圖者均為其營業『標的』。躉售商買斷、賣斷，以買賣之價差為其利潤之來源。躉售商通常財力鉅大，往往可提供與其往來廠商之財務上資助。躉售商可透過貿易商或地主國代理商與國外發生行銷作業。

(二)貿易商

貿易商之業務包括進口及出口產品。是故必然從事向供源採購及對消費市場銷售產品之活動。貿易商依其作業範圍可分進口貿易商、出口貿易商、以及進出口貿易商三類。事實上，貿易商係批發商之一特殊型態。貿易商以自己名義買賣，負責各種貿易作業，諸如運輸、推銷、保險、徵信、廣告、包裝、報關、市場研究與分析、融資等。

貿易商之功能及作業日漸擴大，規模較大者有向後整合 (backward integration)或向前整合 (forward integration) 之傾向。貿易商兼事產品生產便是向後整合之例，向前整合之例為貿易商經營零售業務。當然整合的方式甚多，廠商可用合併方式，亦可藉聯營或合作方式，更可利用契約方式達成整合效果。日本的綜合商社 (Sogo

Sho Sha）係高度整合化的貿易機構。 通曉國際行銷界之三菱、 三井、住友、伊藤忠、丸紅飯田等等前九家商社幾乎掌握了全日本貿易額之泰半，其重要性由此可見。

　　我國大貿易商，在政府積極倡導下，現已成立兩家（滙僑與高林），來日可望有更多大貿易商成立。這些貿易商來日可望發揮其行銷功能（Marketing Function），不僅是貿易功能，以其靈活商情（資訊） 系統、 市場分析及規劃能力以及有力之推銷作用體系， 在國際行銷通路中扮演領導角色，發揮雙邊及三角貿易爭取我國外貿之自主❺。

　㈢代理商

　　代理商有三大特點： 一爲代理商對所代理產品並沒有取得所有權； 二爲代理商之主要收入爲佣金（Commission）； 三爲代理商之作業爲替代廠商採購或銷售，並履行有關買賣之各種作業。做此種代理作業的中間商，依其作業性質有外銷代理商或銷售代表（Sales Representative）、採購代理廠商、經紀商等。不管所代理者爲何，代理商實可視爲廠商行銷上之申延手臂 （extended arms of Marketing），倘能訂定妥善指導原則及作業方法，廠商大可發揮它的 “申延手臂” 功能。

　　廠商之外銷代理，中外各國相當普遍。外銷代理簡稱 MEA（Manufacturers Export Agent），對外不以所代理之廠商名稱活動，而以本身之商號提供外銷服務，抽取佣金。

　　採購代理之任務爲代廠商覓找供源購得產品，抽取佣金。許多進口商兼有許多廠商之採購代理權。這些採購代理雖不一定與廠商有長

---

❺ 參看郭崑謨著「大貿易商應有之認識與作法──從國際貿易到國際行銷」，經濟日報， 民國67年 8 月18日第二版。

期性關係，但一般而言，由於採購代理對供源比較了解，在正常運作之情況下，通常會發展成一長期性關係。

經紀商有進口經紀與出口經紀。彼等代表買方或賣方或者買賣雙方（通常是買賣雙方），使之完成交易後抽取佣金。經紀商多半活動於大宗買賣之貨品，如穀類、纖維類、橡膠，且其與廠商僅有短暫性關係。

㈣聯合外銷經理（CEM）

聯合外銷經理係代理商之一種特殊型態。聯合外銷經理對外代表廠商，以所代表廠商之名義活動。其服務包括覓找客戶、推廣、銷售、運輸、商情提供、融資、負担風險等。以其用廠商名義作業，且服務項目幾乎包羅所有行銷作業，聯合外銷經理實可視同廠商之外銷部，其不同者僅是聯合外銷經理可同時代表衆多不相競爭廠商，且其收入爲佣金爾。

㈤地主國駐在母國採購處（Resident Buying Office）

外國買者欲與供源保持密切關係，並明瞭供源情況，往往在供源地區設置採購機構，如美國最大零售商 Sear, Roebuck, Co, Inc. 之駐臺採購處便是。採購處人員不一定從地主國派遣，有時「就地取材」，聘用當地人民。

駐在採購處當然代表買方並且亦是買方之一分機構。外銷廠商可直接與駐在採購處交易而達到外銷效果。

㈥合作進出口組織

比較常見之合作進口組織有同業聯合組織之公司，亦有異業聯合組成之機構。由一百多家蘆筍罐頭業者組成之聯營組織以及臺灣鳳梨罐頭廠聯合出口股份有限公司便是同業合作出口組織之例。至於由異業組成之機構目前在臺灣尙未發展，鑒於相關產品推出市場時有互補互助作用，來日異業聯合外銷有倡導之必要。

貳、地主國中間商

位於地主國之中間商包括母國在地主國設立之分機構、母國派遣地主國之推銷員（expatriate salesman）以及地主國之中間商，諸如貿易商、躉售商、零售商、代理商等等。

㈠廠商設於地主國之分機構

海外（地主國）之分機構，較大者幾與母公司具同樣規模，有較大之自決權，行同獨立公司；其規模較小者往往是"完全聽從"母公司之執行單位，有時只是一種服務性之單位，如服務中心、中繼倉庫等。海外分機構名稱不一，如分公司、分處、營業所、服務中心、倉庫、展示中心、展售倉庫等等，不一而是。

設立分機構之好處是使廠商比較接近海外市場，容易明瞭市場之狀況，因此可適切配合地主國之情況作必要之行銷策略，並且由於商情回報快速，容易適時因應。同時可妥切運用公司內轉移訂價方法，增進公司之作業（見第十一章訂價策略）。

㈡派遣地主國之推銷員（expatriate salesman）

倘廠商之外銷額不足設立分機構條件，但由於需要與客戶保持較密切關係，或產品需技術性服務，或需實地收集市場情報，則宜派遣推銷員前往地主國服務。外遣推銷員之駐留地主國期間不一，有只逗留幾星期者，亦有終生留住地主國者。

雖然外遣推銷員之費用，在高開發國裡較諸當地推銷員之費用高，而在低度工業化國度裡較諸當地推銷員之費用低，不管在何一國度，利用外遣推銷員與利用當地推銷員相較均有下列好處：

第一、外遣推銷員具比較充分之產品及公司之知識，可資傳播。

第二、外遣推銷員較能給顧客權威性印像，容易在推銷時取得顧客之信賴。

第三、外遣推銷員與母公司之溝通效率通常較佳。

㈢貿易商

貿易商在世界各國均具相當重要地位。美國之ＡＰ（Atantic and Pacific Tea Company, 現為重要之零售及批發商）、英屬 The East India Company 與 The English Hadsons Bay Company、香港之怡和洋行等，均係規模甚大之早期進出口商，對國際行銷之貢獻甚大。日本之綜合商社、韓國之大貿易商等，論其所能提供之國際行銷活動及有關功能，幾乎涵蓋一切貨品分配流通上所有之活動，包括運輸、送達、融資、買賣、保險、報關、轉運、折包、分級、再包裝、儲存、展示、展售等等，外銷廠商若能妥切地利用這些外國貿易商，在能自主與控制之情況下，定可收到擴大貿易地域，暢通通路之效果。

㈣代理商

地主國代理商以許多不同型態出現，諸如廠商代表（Manufacturer's Representative），經紀商（Broker），買辦（Buying Agent）、代理商店（Agent）等等。

代理商並不取得貨品之所有權，同時亦不負擔各種風險，其利潤主要來自佣金。代理商替廠商議妥買賣條件成交後，並不負責收付款作業，通常亦不直接送貨，故無需顧慮存貨。

㈤躉售商與零售商

躉售商與零售商不但對貨品有所有權，亦以自家廠商之名譽營業，是故要負貨品及買賣上之風險。躉售商與零售商向外國進口貨品再轉售營利　外銷廠商可視地主國情況授給地主國躉售商或零售商獨家經銷之權利，建立良好關係，推展國際市場。

歐美各國之躉售商與零售商，組織相當龐大，其國外部往往比貿易商之整體組織還要廣大，如果能打通此一通路，無疑將通路縮短，對市場情況之因應亦靈活。

㈥製造廠商

製造廠商之產製原料、配件、修護用品往往直接輸入；其產品亦時常自行外銷，其買賣過程並不涉及中間機構。惟邇來製造廠商進口原料、配件，除了自用外，亦供應其他企業機構，負有中間商之功能，是故製造廠商之中間商功能在論及行銷通路時、實不可忽視。

在許多情況下，製造廠商除了直接外銷自己產品外，亦接受其他廠商之委託，順便外銷其他廠商之貨品，收取佣金。此種受託外銷之行為，謂之 piggybacking export，在國際行銷上已逐漸普遍。美國勝家（Singer）公司受託外銷其他廠商之產品便是其例。

本節所介紹之中間機構分類，僅係眾多不同分類之一。卡地奧拉（P. Cateora）及海斯（I. Hess）將所有之中間商分成代理商與經銷商兩大類。國內代理商包括聯合外銷經理（CEM）、廠商外銷代理（Mfgr's Export Agent, MEA）、經紀人（Broker）、採購辦事處（Res Buying Office），國內經銷商有外銷貿易商（Export Merchant）、外銷批發商（Export Jobber）、外銷採購商（export buyer）、國際貿易公司（Trading Co.）等。國外代理商包括經紀人、代理人（Factor）、廠商代表（Mfgr's representative）、進口佣金代理（Import Commssion Agent）。至於國外經銷商有分配商（Distribulor）、交易商（Dealer）、進口商（Import House）以及零售商（Retailer）等。關於這些中間商之特性，讀者可參考本章附錄一與附錄二。

第四節　國際行銷通路之管理

壹、通路決策

國際行銷通路之遴選，係一非常重要之決策。它不但可改變整個
國際營運之成本，對市場之拓展亦有舉足輕重之影響力。

廠商對下列有關問題應有所了解始能在作通路決策時有所依據
❻:

(1)廠商所預期之地理範圍以及其市場密度。

(2)對通路中間商之預期人員推銷能力。

(3)對通路中間商之預期廣告能力。

(4)通路中間商應有之績效。

(5)中間商之地理位置。倉儲場所及運輸系統之方便與否。

(6)通路中間商所能提供之服務（包括產品及顧客服務）。

(7)廠商支持通路中間商之方法。

決定何一通路？應考慮下列諸項:

(1)交易量愈大，則可縮短通路，蓋交易愈大，愈可自行負担許多
　　行銷作業效果，收到規模經濟效果，不必利用中間商。

(2)工業用品，通常不必經由零售商而可直接銷售給使用者，確保
　　充分而確切之技術及售後服務。

(3)倘市場分散，則宜利用中間商，以免過度分散廠商之行銷資源。

(4)如廠商提供國外中間商服務之能力不大，則應利用國內中間商。

---

❻ 參考廖繼敏著，國際行銷通路，民國60年4月，國立政治大學公共行政
　及企業管理教育中心印行，第5頁。

(5)廠商願意牽涉程度。如不願意牽涉太多，可盡量延長通路以間接方式行銷國外。

(6)廠商資源（行銷資源）之豐瘠。中小廠商，資源不豐以採用聯合外銷經理（Combination Export Manager, CEM）之服務較佳。

(7)同業界是否有合作氣氛？如有，則可採取聯營或合作外銷。

(8)地主國之種種限制。譬如地主國有滙款限制，則以在地主國設立分機構，以公司內轉移訂價策略補救之。

(9)廠商是否願意控制其通路。廠商控制通路之欲望高，當以直接通路較適當。

(10)地主國之產銷資源是否"相對"低廉？如工資、原料租金（房租）低廉，則以在外設立分機構較合算。

(11)目標市場是否"新進市場"？如係新進市場，對地主國之情況陌生，當以間接通路較適當。

(12)選拔通路時盡量跟隨具有成功前例之類似產品系列所採取通路，避免重蹈類似產品系列失敗通路之覆轍。

(13)中間商之選擇應考慮其財務狀況，涵蓋之市場、管理能力、商譽以及中間商是否經銷相互競爭產品，愼重行事。

綜上所述，通路決策所應考慮因素雖然繁多，可分成本因素、市場因素以及決策主管之個人因素三大類。兹再扼要歸納說明於后。

一、成本因素

通路成本以設立成本、維護成本、中間商毛利為主。倘不設立經銷制度，通路成本中以固定成本較高，何種通路較佳，當可藉各種通路總成本之比較得到定論。圖例 13-3 之A、B、C線分別代表直接通路，經躉售商通路與經零售商通路之總成本線。直接通路固定成本最高，變動成本最低，躉售通路固定成本次低，變動成本僅高於直接通路。零售通路固定成本低於躉售通路，但變動成本最高。

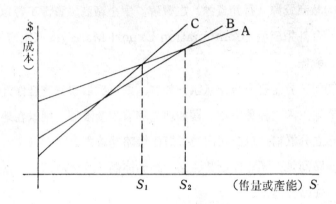

圖例 **13-3** 通路成本

間接通路之變動成本乃特指中間商之毛利。此種毛利對供應廠商言，稱之機會成本。

一般而言，售量愈多，自設門市自營較有利。圖例 **13-3** 所示之 S_1 與 S_2 分別代表自營或直接通路與零售通路之兩平點以及自營與躉售通路之兩平點。

二、市場因素

市場因素包括顧客採購習性、中間商之可護性、通路成員之財務狀況、推銷能力等等。

工業品、品牌知名度高，以及產品標準化程度高之產品，客戶當較偏愛直接向產製廠商購買，當以直營門市或郵售較適當。

在美國，由於零售商之規模相當龐大，如 Sears, Wards, K-mart, J.C Penny, A&P, Safeway 等等零售機構，通常有進口部門直接進口，當然可透過零售通路行銷。

三、決策者個人因素

決策者倘有強烈通路控制欲通路之抉擇自然以直營較有效果。通路創新之例甚多。美國 Timex 首創手錶之藥房通路 (Drug Store Channel)，當產品知名度提高後，便促暫採取高級化通路 (Channel Trade up)，進入百貨公司之專櫃。

貳、通路之推導

國際行銷通路一經選定，應加以推導，使通路能配合既定政策與目標，保持通路之持續暢通。推導方法甚多,據阿里桑德里（C.Alexandridos）及莫吉士（G.Moschis）有下列五類[7]:

㈠金錢報償: 利潤或佣金應能滿足中間商之需要。

㈡心理報償: 以各種方法表揚中間商之成就。

㈢溝通: 以各種傳播及溝通媒體在中間商取得密切之聯繫。

㈣公司支持: 技術服務、貸款、提供有關資料。

㈤友好關係: 善為處理與中間商之衝突，盡量去除摩擦因素。

筆者認為推導中間商，從長期觀點論之，似應注重技術與管理服務，培植中間商之獲利能力; 從短期觀點觀看，仍以貨幣報酬與心理報酬並重，較能收到較佳效果。

---

[7] 黃俊英著，外銷通路的結構與選擇，國際貿易學報，第26期（民國67年12月20日），第 1 ～14頁。國立政治大學國際貿易學會印行。

附 錄一: 外銷通路中國

職　　　　責	國　外　代　理		
	經 紀 人	代 理 人	廠商代表
1. 產品所有權	無	無	無
2. 保管產品	無	無	很 少
3. 持續性的關係	無	有 時	經 常
4. 代理或經銷之外銷品比率	小	小	一地區之全部或部份
5. 廠商之控制程度	低	低	普 通
6. 價格之決定權	無	無	無
7. 代表買方或賣方	賣方或買方	賣方或買方	賣 方
8. 代表之商號數目	許 多	許 多	很 少
9. 安排運貨	無	無	無
10. 產品類型	商品和食物	商品和食物	製 造 品
11. 產品線寬度	廣 潤	廣潤（常常是專業性產品）	有關連的產品線
12. 經手競爭性產品線	有	有	無
13. 推廣及銷售努力	無	無	普 通
14. 提供信用給被代理者	無	有	無
15. 市場情報	無	普 通	良 好

資料來源：黃俊英譯自 P. Cateora & J. Hess, *International Marketing* 3rd
見"外銷通路的結構與選擇"，國際貿易學報，第26期（民國67年12月20

外中間商的特性

商	國 外 經 銷 商			
進口佣金代理	分配商	交易商	進口商	零售商
無	有	有	有	有
很少	有	有	有	有
有（和買方）	有	有	無	通常沒有
不適用	特定國家之全部	指定地區	小	很少
無	高	高	低	無
無	部分	部分	完全	完全
買方	賣方	賣方	自己	自己
許多	少	很少	許多	許多
無	無	無	無	無
所有製造品	製造品	製造品	製造品	製造品
廣濶	狹小到廣濶	狹小	狹小到廣濶	狹小到廣濶
有	無	無	有	有
無	普通	良好	無	無
無	有時	無	無	無
無	普通	良好	無	無

ed. (Richard Irwin. 1975), pp. 494-495.

日），第12頁。

附　錄二：外銷通路中國內

職　　　　　責	國　　內　　代　　理			
	聯合外銷經理	廠商外銷代表	經紀人	採購辦事處
1. 產品所有權	無	無	無	無
2. 保管產品	有	有	無	有
3. 持續性之關係	有	有	無	有
4. 代理或經銷之外銷品比率	全　部	全　部	不一定	小
5. 廠商之控制程度	普　通	普　通	無	無
6. 價格之決定權	諮　詢	諮　詢	有（市價）	有（購買）
7. 代表買方或賣方	賣　方	賣　方	賣方或買方	買　方
8. 代表之商號數目	極少一許多	極少一許多	許　多	少
9. 安排運貨	有	有	通常沒有	有
10. 產品類型	製造品及商品	物產及商品	物產及商品	物產及商品
11. 產品線寬度	特殊品一廣	各種物產	各種物品	零售商
12. 經手競爭性產品線	無	無	有	有
13. 推廣及銷售努力	良　好	良　好	只做一次	不適用
14. 提供信用給被代理者	偶　而	偶　而	很　少	很　少
15. 市場情報	普　通	普　通	價格和市場情況	只對被代理者提供

資料來源：黃俊英譯自P. Cateora & J. Hess, *International Marketing* 3rd

見"外銷通路的結構與選擇"，國際貿易學報，第26期　（民國67年12月

中間商之特性

商	國　內　經　銷　商				
其他廠商	外銷貿易商	外銷批發商	外銷採購商	進口商和貿易公司	其他廠商
無	有	有	有	有	有
有	有	無	有	有	有
有	無	有	無	有	有
全部	不一定	小	小	不一定	大部份
良好	無	無	無	無	普通
諮詢	有	有	有	無	若干
賣方	自己	自己	自己	自己	自己
極少	許多	許多	許多	許多	一種產品一家
有	有	有	有	有	有
補助產品	製造品	笨重物品及原料	各種產品	製造品	補助產品
狹小	廣濶	廣濶	廣濶	廣濶	狹小
無	有	有	有	有	無
良好	無	無	無	良好	良好
很少	偶而	很少	很少	很少	很少
良好	無	無	無	普通	良好

ed. (R.D. Irwin, 1975), pp. 484-485
20日)，第10頁。ワキ

第十四章　國際實體分配（國際企業後勤）策略

- 國際實體分配之重要性
- 國際實體分配體系
- 國際產品之運輸與倉儲
- 國際實體分配之重要發展
- 現代化國際運輸作業簡介——貨櫃與子母船運輸
- 我國運輸與倉儲之展望

第一節　國際實體分配之重要性

商業產品包括貨品與勞務，實體係指貨品而言。在企業營運上，貨品之生產與消用（消費或使用，簡稱消用），通常不在同一地點，因而存有空間或地域阻隔。實體分配包括一切使貨品在行銷通路中爲達成企業營運效益所必須作之種種作業，它非但負有克服貨品流動上之空間阻隔，連貫產銷作業，亦爲爭取市場之「利器」❶。

實體分配之爲爭取市場之利器可從"貨品之適時、適地、適量、安全送達消用地點具有爭取消用者信心"之觀點上窺視而得。自古以來，兵家視後勤（Logistics）爲支援作戰調和各重要戰爭資源，爭取勝戰之關鍵；企業界於1950年後，也開始運用後勤觀念，視企業後勤，亦卽實體分配，爲掌握市場競爭優勢之重要作業。

---

❶ 參閱郭崑謨，實體分配—另一嶄新而重要管理課題，現代管理月刊，第10期（民國六十六年11月）第7～9頁。

當貨品售給外國消用者，實體分配作業便伸延至他國，涉及兩國或衆國，於是有國際實體分配，在國際行銷上，由於產消兩者之空間阻隔，較諸國內行銷者大，且所面臨之環境，諸如文化、社會、政治、法律等等，亦較繁重，實體分配作業益形重要。

國際實體分配爲何逐漸成爲國際行銷上之重要 "一半"？國際實體分配之體系何以成爲企業營運上最具有總體一貫之特徵？此乃每一關懷國際實體分配人員所應首先了解之兩大問題。

從總體經濟觀點看實體分配之重要性時，吾人通常以實體分配產值佔國民總所得毛額之比率來衡量。工業先進國度此一比率概在百分之十左右。我國台灣地區，此一比率雖略偏低，約 6.1% 左右❷，在邁向加工歷次較高之技術及資本密集工業過程中，實體分配產值與國民總所得毛額之比率可望逐漸提高。

就個體企業言，實體分配成本佔企業營運成本可高至百分之廿以上。弦外之音乃爲倘能節省實體分配成本百分之一，則可提高營業利得率百分之四左右（假定現行銀行利率爲正當利得率）。

上述實體分配產值與國民總所得毛額之比率反映一國交通運輸與倉儲之投資情況。一國之交通運輸與倉儲之基本建設若偏低，則各個別廠商之運輸與倉儲效率便有偏低之傾向。論實體分配，總體與個體間之關係，唇齒相依。

當企業營運涉及兩國或兩國以上時，一如上述，環境因素頓行繁雜，運輸距離比較迂廻，運輸倉儲之機會亦增加。廠商在國際市場上之競爭機會增加，隨着市場之風險亦加大。環境因素與運輸倉儲之機會廠商若能善加配合運用，便爲市場機會，不能善加利用則爲風險之源泉。

---

❷ 中央銀行年報，民國六十五年中央銀行印行第34頁。

環境因素之例甚多，舉如:

1.在意大利、比利時以及荷蘭諸國，對貨品在保稅倉庫（Bonded Warehouse）中倉儲多久，並無限制，但在德、法兩國則有限制❸。

2.在美國，運輸費率受州際商業委員會（ICC）之管制，同時各種費率具有一定標準，隨時可以查考；但在歐洲則無統一費率，費率隨競爭情況更動，有時每日更動，有時隨不同港口而異❹。

3.有時地主國政府，爲獎勵外人投資設廠，設定種種優惠辦法，如免稅、撥地資助、優待滙率等等，但對個別廠商言，實體分配之總成本可能遠高於所能得到之益惠。

4.國際運具及運路之控制雖往往操於地主國廠商手中，但母國廠商在未建立本國海上運輸大隊前可利用第三國之優越運輸條件以制衡。

至於國際運輸機會有下列數種:

1.自製外銷。

2.進口原料加工後外銷。

3.在外國製造成品或半成品外銷。

4.在外國製造成品或半成品輸入本國內銷。

5.在外國製造半成品輸入本國再加工後外銷。

6.貨品運至外國儲存，再轉運各國。

第二節　國際實體分配體系

---

❸ G. J. Peter, "Physical Distribution: The European Difference", *Transportation and Distribution Management,* March 1969, p. 28.

❹ 同註❸。

實體分配現已由單純之運輸與倉儲作業而集生產、行銷以及財務等有關作業爲一整體系統，發揮其通和生產、財務與行銷之功，並能克服空間阻隔，使『貨暢其流』、『物盡其用』。其外屬關係可從圖例14-1 窺其一斑。

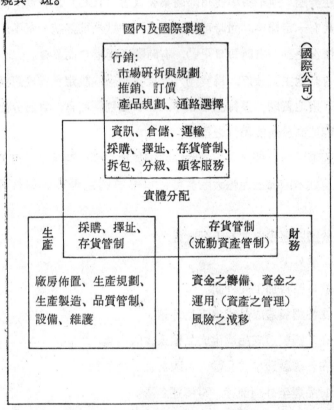

圖例 14-1 國際實體分配之外屬關係

資料來源: 郭崑謨編著, 實體分配管理, (臺北市: 六國出版社民國70年印行), 第 3-20頁。

圖例一組匡內所包括之項目係拮自傳統行銷、生產與財務等作業。若按性質區分，實體分配之內涵支系有:

一、擇址支系: 廠房、店舖或倉儲設備、配銷所等之地點與數目之決策。據百路教授，每一地點，對實體分配體系言，代表一連串貨品移動之集散點（Nodal Point），亦爲成本流程之轉移點❺。

二、倉儲支系: 存貨管理、倉儲設備之管理與養護。

三、運輸支系: 選擇運具、運輸路線、運輸方式。試配車輛，送達、託運等。

四、貨品處理支系: 拆包、分級、打包、合裝、去雜、裝卸、出入倉等。

五、顧客服務支系: 接受並處理提運單或訂單。收款、提運時間制、退貨處理、運送時間之管制等。

六、資訊支系: 訂單流程之設計、溝通提運消息及支援顧客供應等。

七、採購支系: 申請採購、遴選供源、訂購追踪、催貨、驗收到貨等。

第三節　國際產品之運輸與倉儲

一、運具與運路

壹、運具

國際運具與運路之遴選，應基於國際產品之性質，配合買方之要求，以運輸倉儲之成本與益惠爲決策依據，始爲正確。一般而言，運具之選擇應先於運路之遴選。

運具包括航空運具（飛機），公路運具（貨車），鐵路運具（火車），河海運具（輪船），以及管導運具（管導）等數類。各類運具優劣點互

---

❺ Ronald H. Ballou, *Business Logisticss Management* (New York Prentice-Hall, Inc. 1973), p. 225.

異，選擇運具時當應明瞭各種運具之特徵，始能配合產品作妥善之決策。吾人可依速度、頻率、可用性、可靠性、容量，以及成本將上述五種運具之特徵以表14-1簡示之。

表 14-1 各運具之特徵

速　　度		頻　　率		可用性		可靠性		容　　量		成　　本	
空運	快	管導	多	公路	多	管導	高	河海	大	空運	高
公路		公路		鐵路		公路		鐵路		公路	
鐵路		空運		空運		鐵路		公路		鐵路	
河海		鐵路		河海		河海		空運		管導	
管導	慢	河海	少	管導	少	空運	低	管導	小	河海	低

表一中各衡量因素之涵義如下：

1. 速　度：從出發至抵達目的地所需時間之長短。

2. 頻　率：在特定時間內運送次數之多寡。

3. 可用性：運具所能到達地區或地點之多寡。

4. 可靠性：是否能不受其他因素影響，在限定時間內到達。

5. 容　量：可裝載貨物之多少。

6. 成　本：運費之高低。

選擇運具時應考慮之產品特質，包括產品之價量比值、使用上之特性、實體上之特性等。舉凡單價高、體積小（或重量輕）、使用急切（或較無法承受時間壓力）、實體容易腐敗之產品，當要爭取時效，以快速之運具運輸。此類產品，諸如機械電子零件、鮮花、珠寶等等，亦較能承擔高額運輸成本。體積龐大、單價低、不易敗壞、需用並不急迫產品，自以容量巨大，成本低廉運具較為經濟合算。該類產品由於使用並不急迫，寧以〝緩慢〞換取成本之減少。上述數則僅為少數之例，旨在說明運具選擇上應注意產品特性、運具特性、與運輸成本等數種因素爾。

貳、運路

　　國際運路受國際協定之限制，在協約期間內無法作任何更改或擴張。是故外銷廠商應盡量挑選運路不複雜之定期航線；蓋運路倘複雜或不定期（不參加運盟者），則延誤到達目的地或船務糾紛之機會必然增加。

　　就空運言，貨運運路與客運運路大致相同。在大多數運路，客運兼營貨運。自德國盧山沙（Lufrhansa）航空公司用巨大波音（Boeing）74DF 全貨運飛機後，大型全貨運機已逐漸普遍。目前在台飛虎（Flying Tiger），華航、汎美（Pan Am），日航、菲航、泰航，等等運路幾乎涵蓋所有自由國家。其中飛虎係全貨運航線。

　　海運運路依各不同運盟有許多不同運路。下列數聯盟及運路為我國台灣地區與世界其他國家或地區間之數條重要運路❻。

　　1.汎太平洋運盟（Trans Pacific Freight Conference）: Japan Lines, Sea-Land, Showa Shipping, Barber Blue Sea.

　　　台灣→夏威夷→火努嚕嚕→阿拉斯加

　　2.香港西非運盟（Hong Kong/West Africa Freight Conference）: Kawasaki Kisen, Mitsui O.S.K. Lines, Nippon Yusen.

　　　香港→台灣→西非

　　　台灣→東非　　　臺灣→日本→中東

　　3.紐約運盟（New York Freight Bureau）: Japan Lines 南泰, Mistui O.S.K. Lines, 大信船務代理。

　　　台灣→美國東西岸

---

❻ 資料來自交通部航政司。

4.遠東運盟 (Far Eastern Freight Conference): Mitsui O.
S.K. Lines, Nippon Yusen, 聯合航務, American President Lines. 台美船務代理。

台灣→歐洲黑帶、地中海各港口

5.台灣東加拿大運盟: Barber Lines, Maersk Line, Mitsui O.S.K. Line.

台灣→東加拿大

6.台日運盟: 招商局輪船公司, 台灣航業, 中國航運。

台灣→日本

運路或航線選擇上應注意者有:

1.不加盟航線雖運貨比較低廉, 但延宕、被扣、海難等風險較大, 不能以小失大。憶民國六十四年從台灣赴中東之船隻被扣, 六十六年度又發生了失落船隻多起, 這些船隻均係不加盟航線之船隻, 航期及航線既不固定, 亦無一定之停泊港口, 在臺代理性公司又無法負起責任, 結果甚難追究責任❼。

2.不加盟航線之航期不定, 停泊港口亦不固定, 故到埠日期當無法確定。

3.盡量國貨國運。如國貨國運, 一旦發生糾紛亦容易取得快速公平之解決。

二、運　費

壹、究析運費之重要性

運費因不同運具與運路而異。我國台灣地區四面臨海, 國際行銷

---

❼ 按民國 64 年洛克灣輪在星加坡被扣, 並卸下貨物。66 年共有 50 艘往中東貨船消失於大海中, 不知去向, 使貿易雙方損失慘重, 影響我國之商譽至巨。

上之運具以航空運具與海洋運具爲主。不管是航空抑或海洋，運費可分運盟運費與不結盟運費兩類。同一運路，運盟運費遠較不結盟（Non-Conference）高昂。有時其差額可達運盟運費之三分之一。在不結盟航運公司中，運費參差不齊，往往過度殺價導致倒閉。同一運盟內運輸費率統一，無法殺價，故對不結盟航線之競爭只好以額外服務，或其他非價格方式進行。廠商對不結盟航線可討價還價，挑選低廉航線，但一如上述不結盟航線運期旣沒有固定，停泊港口不定，風險非常大。明智廠商應該盡量利用結盟航線，同時研究其運輸費結構，遴選最有利之方法託運。下面所簡介之航空與海洋運輸費率可提示託運廠商研究運輸費之重要性。

貳、航空費率

國際航空費率係經國際航空協會運輸同盟（Internation Air Transportation Association Traffic Conference）裁定。所定費率一經各國政府核准更成各該國參加運輸同盟航線之法定約定費率。惟航空公司可向政府申請不結盟費率，經核准後施行。費率通常指起程飛機場（Airport of Departure）至到達飛機場（Airport of Destination）之費率而言，不包括其他一切有關起程前與到達後之各種作業，諸如包裝，送貨、報關等等。

航空費率可分下列七種❽：

---

❽ China Airline, *Training Material — Cargo Transportation Charges* (Taipei, Taiwan, ROC: Training Department, Traffic and Service Division, China Airline, 1978), pp. 3-4. China Airline) *Applicable Rate/Charges out of Taipei* (Taipei, Taiwan, ROC: China Airline, 1978), pp. 1-61.

1. **最低運費** (Minimum Charge)

運盟費率有最低運費之規定，倘依規定費率計算，運費若不超過最低運費，亦要繳納最低運費，該種最低運費適用於下述之一般費率。如表一所示從台北至伊朗之 Abradan 城最低費率爲新台幣 (NTD) 1084.5 元。

2. **一般費率** (General Cargo Rate)

適用於一般貨品之運輸，有45公斤、100公斤、200公斤、300公斤、400公斤以及500公斤等級距，級距愈高其每公斤之費率愈低，例如託運貨品在45公斤以下從台北到墨西哥 Acapulco 每公斤之運費爲 246 元，其若託運貨品在500公斤或以上時則每公斤之運費僅爲 119.90 元，不及最高費率之一半（見表16-2）。

3. **特殊產品費率** (Specific Commodity Rates)

爲某特殊產品而設定之費率，通常較一般貨品之費率低，旨在鼓勵業者空運。有最低託運量之規定，如100kg, 500kg不等。

4. **貨品分級費率** (Class Rates)

該費率適用於少數需特別處理或特別多量之貨品。

5. **單位化包裝貨品費率** (Unitized Consignment)

單位化包裝包括貨櫃化與墊板化包裝。費率依不同重量之包裝單位而異，一般而言，單位化包裝貨品之費率較諸其他費率低廉。

6. **政府特命費率** (Government Order Rates)

爲配合政策之推行，政府有時特別頒佈某特別地區之運費。

7. **推算費率** (Construction Rates)

表 14-2　一 般 貨 品 費 率

（部　份）

起點: 台北松山機場

費率單位: 公斤

至	最低運費	45公斤以下	45公斤	100 公斤	200 公斤	300 公斤	400 公斤	500 公斤
Aalborg, Demmark	1157.50	266.50	199.90					166.00
Abradan, Iran	1084.50	216.90	162.70					
Acapulco, Mexico	880.00	246.00	187.60	175.00	159.80	138.10	134.10	119.90
Amarillo, TX. USA	880.00	231.60	173.20	161.20	146.00	126.00	122.00	107.30
Hong Kong. H.K.	548.60	38.80	29.10					
Recife, Brazil	960.00	342.40	262.80	245.60	230.40	201.60	197.60	177.60
Venice, Italy	1157.50	256.30	192.30					

資料來源China Airlines, *Applicable Rates/Charges From Taipei* (Taiwan, Taipei, ROC:
China Airlines, 1978), PP. 1—31.

倘無直達目的地運輸費率，費率可加上各段區估算總費率。

參、海洋費率

台北至海外各國海運有許多運盟，雖各運盟之費率不一，各運盟費率有下列幾個共同之處。

1.最低運費：分一般貨運與危險性貨運，後者之最低運費自較前者高。

2.以產品分級費率為基本費率，再附加其他特別費率，諸如過長過重貨品等。

3.費率之計算以每1000公斤或每立方公尺為單位。

以遠東運盟為例，其貨品級數有廿一級（如表 14-3），第一級費率最高為每1000公斤或每立方公尺149.40元，第廿一級最低，為45.25元。產品究屬何級？可從運盟之費率表中查得。至各港口之運費亦可從表中查得附加率（附加於基本分級費率）後計算之。

表 14-3 遠東運盟產品分級費率

費率: US$

Class	rate/1000kg or M³	M=M³ rate W=1000kg rate
1	149.40	
2	134.05	
3	117.55	
4	105.55	
5	100.55	
⋮	⋮	
19	49.55	
20	47.60	
21	45.25	

資料來源：FEFC Subject Tariff No. 3, 1978.

有關海洋運輸費率之資料可從下列數來源獲得。

交通部航政司

交通部運輸計劃委員會

外貿協會海運港口航線指南（年鑑）

航運與交通（雜誌）（Shipping and Transportation）

海運市場月刊

三、倉　儲

壹、倉儲運配中心之嶄新觀念

倉儲的觀念及作業已由靜態的貯存（Storage）功能演變至現階段之動態流量分配（Through Put），則具整體系統之倉儲運配中心（Distribution Center）觀念與作業。D.C 不僅是倉庫、存貨、作業人員、運輸工具，亦包括作業系統，流程設計等等無形之關連事項。現代倉儲運配，簡稱倉儲中心（D.C）之主要功能及作業範疇如下：

1.**貯存**：包括入倉──卸點、核對、入帳。

　　　　　　　保管──倉庫安全之維持、保養、分類、堆存、盤點、查庫、保險。

　　　　　　　出倉──過磅、核對、送貨、清帳。

2.**轉運**：由倉儲中轉運（或轉送）貨品至顧客手中，作業包括運具、運路之遴選。

3.**貨品處理**：復形處理、拆包分級、再包裝。

4.**調節功能**：因貨物供需之時間與地點既不相同亦不均勻，須以系統方法尋找適當調節方法，以增加分配服務效率。降低成本。

5.**溝通**：與顧客之溝通，與供源之溝通，與運務公司之流通等。

6.規劃: 存量管制、倉庫擇址等。

貳、倉儲作業須知

循現代倉儲中心之觀念, 玆將幾項與國際倉儲有關事項簡述於后。

㈠貨櫃倉庫化與展示倉庫

國際倉儲作業, 由於生產作業之不同, 對倉儲之要求亦異。倘廠商生產係訂單生產 (Job Order), 則倉儲作業便減少到最低程度, 甚至於能以貨櫃充代倉庫, 發揮倉儲功能, 此種觀念可取名為 "貨櫃倉庫化"。 貨櫃倉庫化, 既可節省許多搬運作業, 亦可經濟有效地利用廠內空間。

倘市場需求情況足使廠商進行計劃性"生產線生產"作業, 則倉儲作業便較繁重,存量管制成為非常重要之作業。為適應地主國之需要, 廠商應在可能範圍內設置海外倉儲設備,使貨品能在海外源源供應,迅速送達消用者, 不虞缺貨; 同時使遠距廠商之酒在消用者能有隨時一睹貨品之機會。倉儲設備非但為貨物暫時儲存場所, 亦應為貨品在外國展示或展售之永久場所, 所謂展示倉庫 (Display Warehouse) 便有此種涵義❾。

㈡自由貿易區之利用

世界許多國家均設有自由貿易區 (Free Trade Zone), 廠商可可將原料輸進該區, 經加工製造後再輸出而免繳關稅, 亦可將產品製造後逕售當地補繳關稅或有關稅捐。廠商應盡量利用較經濟有利之自由貿易區, 進行對第三國之外銷作業。

---

❾ 郭崑謨著國際實體分配─外銷作業之重要一環, 台北市銀行月刊, 第9卷第12期 (民國67年12月), 第16〜21頁。

㈢包裝上應注意事項

　國際貨品之包裝應依循各地主國之法令規定，諸如標籤記號、規格等，並配合國際運輸、搬運、以及堆高技術設計包裝容器及保存裝置。國際產品因包裝欠佳而遭遇市場機會損失之例甚多，憶我國水泥磚在沙烏地阿拉伯市場曾一度由於包裝不良破損率達20％以上而被義大利貨品取代❿。廠商今後應對包裝多下功夫。

　此外包裝上所附之裝運、搬移上應行注意之事項，亦應有明顯之標記，以利作業。往往在國際運輸儲存上，可藉此種簡易之標記而減少許多損失。國際常用之標記有：嚴禁煙火（No Smoking），爆炸品（Explosive），當心破碎（Fragil），豎立放置（Keep Upright），此端向上（This Side up），離開熱氣（Keep from heat），不得用鈎（Use no Hooks），放置於冷處（Keep in Cool Place），小心安放（Handle with Care），不可平放（Never lay Flat），易腐敗物品（Perishable goods），高價物品（The Valuable），保持乾燥（Keep dry），等等。

㈣倉儲保管

　倉儲期間，倉儲場所倘溫度過度、空氣窒碍、濕度過高，則貨品容易生銹、褪色或腐敗；其若溫度過高、空氣流通、濕度過低，貨品乾箇、硬化、變色、萎縮之現象容易產生⓫。各國氣候情況相差懸殊，在國外設置倉庫時更應注重倉儲設備。又倉儲設備應考慮蟲鼠災害、裝卸損失以及風吹雨打，盜竊之害之預防。有關化學工業品保管，由於其易燃、易爆、易敗、易腐性質，應參照政府對該產品之保管辦法與須知事項以免遭受巨大損失，保倉人員可參閱政府頒佈之保管化學

---

　❿ 外銷機會第349期（民國66年1月4日），外貿協會印行。

　⓫ 詳見郭崑謨著，存貨管理學，民國66年華泰書局印行，第164頁。

工業品須知⑫。

第四節　國際實體分配之重要發展

國際實體分配體系中各支系作業之進步情況,各支系間參差不齊,玆就近一、二十年來發展比較迅速之實體分配作業簡介於后。

壹、貨品包裝之單元化 (Unitization)

貨品在行銷通路中必會經過多次之搬運、儲存、運輸。小件包裝若以個別單位運送流轉, 不但作業效率較差, 破損、遺失之可能性亦大, 因此有「單元化」包裝之發展。

單元化包裝也者, 係將小件包裝物, 集合成大件, 而容易用機械有效操作之標準單位。單位化包裝之方式有二, 一爲墊板化 (palletization), 另一爲貨櫃化 (containerization) 兩者之優點爲提高搬運速率、減少搬運之損失, 藉以降低成本。由於包裝欠佳, 而遭遇市場機會損失之例甚多, 我國之水泥磚在沙烏地阿拉伯市場就是包裝不良破損率達20%以上, 而曾一度被義大利貨品取代⑬, 外銷廠商不能不對貨品包裝之單元化作不斷之改造。

國際航運上最適用之墊板與貨櫃標準爲⑭:

---

⑫ 參閱霍立人著, 管理倉庫的故事, 民國61年大衆時代出版社印行, 第26
　　～240頁。
　　參閱 Pacific Traffic, Nov. 1974, p. 26.
⑬ 外銷機會, 349期 (1977年 1 月 4 日), 外貿協會出版。
⑭ Harald K. Strom, "Containeralization" Apand ora's Box in
　　Reverse? in James C. Johnson (ed.) *Contemporary Physical
　　Distribution,* 2nd ed. (Plymonth, Michigan–The Commerce
　　Press, 1976), pp. 84–95.

墊板：$40'' \times 48''$（見圖例 14-2）

貨櫃：$8' \times 8' \times 10'$，$8' \times 8' \times 20'$，$8' \times 8' \times 30'$，$8' \times 8' \times 40'$

　　（見圖例 14-3）

貳、海外倉儲設備之普設

　　為維持貨品在海外能源之供應，迅速送達消用者，不虞缺貨，同時使遠距廠商之潛在消用者能有隨時一睹貨品之機會，各國廠商對在外國設立倉儲設備日漸積極。倉儲設備非但為貨物暫時儲存場所，現已成為貨品在外國展示之永久場所，所謂展示倉庫（display warehouse）便有此種涵義。

參、電腦存量管制、電腦運輸追踪與電腦運費索查

　　利用電腦於存量管制、運輸追踪與運費索查，在歐美各業已相當普遍。電腦之存量管制與採購作業相互配合，可減少缺貨之機率，提高實體分配效率。運輸追踪之主要目的在於減少運程之差誤與貨品運輸中之損失。運費索查可節省運費「浪費」。

肆、區域性運輸費率之穩定化

　　海運之區域性運輸費率通常由各航運區域性組織，諸如歐洲運務協會，遠東運務協會等協定。將來每一協定區域之運輸費率將會趨向穩定化里程邁進，使託運廠商之實體分配上之運輸成本容易管制。航空之費率通常由各航業參與國協定。現階段，最大之航空卡答爾（Cartel）為 International Air Transport Association，簡稱 IATA。

伍、大型貨運飛機之普遍

如 Boeing 747; McDonnell-Douglas DCIO 等容量鉅大，可節省運費，若配以專用貨櫃可節省多運輸，搬運成本。

陸、散裝運輸與冷凍運輸之普遍化

散裝運輸之運用於農產品早已普遍，吾人今後將會看到散裝運輸之普遍應用於非農產品運輸，水泥、肥料等之散裝運輸可望日益普遍。「封閉式旋轉垂直及水平裝卸輸送機」之發明已把散裝運輸帶進新運輸里程。所謂封閉式螺旋垂直及水平裝卸輸送機係由封閉式輸送帶與旋轉式吊桿，以及可曲式伸縮管頭構成。在裝載站，散裝貨品（如水泥或肥料），以封閉式輸送帶自散裝倉庫輸送至碼頭，在頭上裝有旋轉式吊桿，桿上裝設可曲式伸縮管頭與船上裝載機相連，將輸進之貨品自動分散於船上各指定艙內[15]，按該種裝載速度可達每小時1200公噸之高[16]。

冷凍運輸將配合冷凍貨櫃之普遍而普遍。由於國際運距之長遠，冷凍產品之系列將會擴大而包括眾多非急用品之運輸。

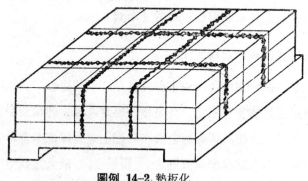

圖例 14-2 墊板化

---

[15] "世界水泥輸送新趨勢"台灣新生報，工商新聞，民國67年 7 月27日第10版。

[16] 同註[8]。

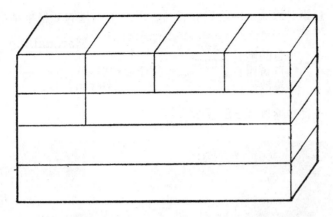

圖例 14-3 大小不同之標準貨櫃之裝疊

第五節　現代化國際運輸作業簡介——貨櫃與
子母船運輸

壹、貨櫃運輸作業

　　應單元化運輸之優點，貨櫃運輸業已成爲國際航運上之中心作業（圖例 14-4 爲滿載貨櫃之貨櫃船）。所謂貨櫃也者，乃指備零散貨品單元化組入之容器，此種容器可反覆使用並運輸。國際航運上之標準貨櫃有：$8' \times 8' \times 10'$，$8' \times 8' \times 20'$，$8' \times 8' \times 30'$，$8' \times 8' \times 35'$ 以及 $8' \times 8' \times 40'$ 等五種，惟限於貨櫃吊動移轉與放置籌設，我國臺灣地區最流行之貨櫃僅有 $8' \times 8' \times 20'$ 以及 $8' \times 8' \times 40$ 兩種。

　　在裝運上，貨櫃可分整裝貨櫃與拼裝貨櫃兩種。前者係指貨櫃中之全部貨物來自同一貨主而言，後者則同一貨櫃中之貨品來自兩個或兩個以上之貨主。貨櫃運輸作業之過程可藉簡圖表示於后。

　1.整裝：

倉庫→驗關→內陸集散場（C.F.S.）→港口貨櫃堆積場(

　　　　　　　　　　　　　　　　Marshalling Yard〉

　　目的港
　　口貨櫃 ← 目的港口 ← 貨櫃船 ← 船席 ←
　　集散場 　　　船　　席　　　　　（Berth）

→ 目的港口 CFS 受貨人

圖例 14-4 貨櫃船與裝載貨櫃之起卸設備

資料來源：陽明海運股份有限公司提供

2.拼裝:

倉庫→內陸拼裝集散場────→驗關→港口貨櫃堆積場──
　　　(Consolidation Shed)

　──目的港口貨櫃集散場←目的港口←貨櫃船←船席←
　　　　　　　　　船　　席

　──→目的港口拼裝集散場→受貨人

貳、子母船（LASH）作業

　　子母船（Lighter Aboard Ship），小船放於大船，運至目的港口後，小船以獨立單元再度運輸至其他目的地者謂之子母船運輸作業。營運此種作業之較著名者有 Pacific Far East Line（在美國旗下），典型之子船長六十英呎，寬三十英呎，高十三英呎，容積20,000ft³，可裝 400 噸（每短噸 200Lbs，長噸為 2240Lbs）。此種作業尤在港口淺，或需轉向內陸河運輸之情況下，非常簡便經濟。

第六節　我國運輸與倉儲之展望

壹、國貨國運

　　「國貨由國輪承運」，簡稱國貨國運；一直為我國政府與企業界之殷望。國貨若能國運，不但可提高服務水準，降低費率，節省外滙（或賺取外滙），亦可減少航運上之糾紛，提高我國商譽。

　　據統計資料，我國對外貿易之航運以海運為主，約佔全部運量百分之九六❿。發展海上運輸大隊之迫切需要，不言而諭。

───────────────────────

❿　參閱吳榮貴著 “當前台灣航運與貿易配合發展之檢討”，中華民國 67 年，
　　中華民國市場拓展學會年會論文集，第15～21頁。

唯目前航運與貿易之發展未能配合，航運落後，貿易領先，國**輪**承運率偏低，致使航運無法支持我國對外貿易上之運輸需求，迫使業界仰賴外輪，產生諸多弊端。

據調查研究結果，顯示我國貿易成長自四十七年至六十六年間增加十倍，但航運成長率則僅增加四倍；而國輪承運率則由四十七年之 36.8％降至六十六年之 26.4％⑱。如此趨勢倘不改觀，國際行銷上之通路與實體分配問題必益加嚴重。

解決之道，可從長程與短程論衡。長程解決之道莫非： (1)加速造船工業之發展， (2)航業與貿易商合併之倡導。短程解決之途似為： (1)爭取報價條件之自主，以 CIF 報價，FOB 條件進口，以利航運權之取得， (2)租用或購用足夠船隻參加航運；出入口商聯合運輸等數端。

貳、倉儲之大規模化以及建立港口與內陸作業之系統

散裝與非散裝產品倉儲設備倘無法容納內外轉運必需之儲存，內陸作業非但無法快速順利進行，轉運第三國作業亦將無法發展，國際倉儲運配中心之理想當然無法達成。今後應努力之方向厥為擴大倉儲（中繼）據點，改進裝卸作業與貨櫃運輸之普遍化。

貨櫃運輸之嶄新作業反映於『貨櫃倉庫化』（containohousing）之實施。我國貨櫃集散場分佈於高雄、臺中，及基隆附近，數量充裕，倘能改善租用方法與體系，使中小廠商亦能長期租用，更能發揮應有之功能。

---

⑱ 同註⑰。

D. 20 Foot Dry Cargo End Door Opening.

K 40 Foot FLATRACK.

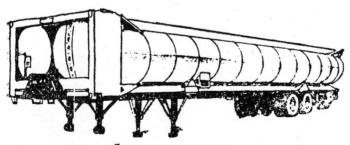

M 40 Foot Tank Bulk Liquid Pressure

F. 40 Foot Open Top Container Full Height

圖例 14-5 各種貨櫃及貨櫃車

第六篇　個案：福一纖維工業股份有限公司*

一、創立沿革

福一纖維工業股份有限公司創立於民國五十三年，現任董事長蘇天南先生當時任廠長，資本額爲二百七十五萬元，只有生產一種產品——花邊布。在公司未成立之前，董事長蘇先生曾負笈日本學習考察。發現促進外銷、爭取外滙，生產花邊布、毛絨布外銷，爲一有利途徑。當初，此種產品的開發，競爭者並不太多，且市場需求甚殷，有隨着經濟發展而增加的趨勢。經進一步分析：(1)市場方面：可穩定國內市場，同時可擴大國外的市場；(2)在成本、原料方面：臺灣的勞動工資仍相對於日本、美國等工業國家便宜。而棉紗、合成纖維等原料供應相當充分，不虞匱乏。就生產技術而言，當時國內的技術水準是稍嫌落後，但由於我國距日本較近，可隨時從日本引進技術。因此，生產這些產品是值得的。學成回國之後，卽開始籌組公司，五十三年八月公司創立完成。

民國五十九年，公司改組，蘇先生榮任董事長，增資爲六百萬元。調整生產設備，生產新產品——針織長毛絨布。六十一年擴建廠房，增加生產設備，六十二年擴建完成。廠房增爲一千一百坪，成爲當時全省唯一生產長毛絨布之一貫作業工廠。

由於產銷良好，生產設備一再擴充，原資本額已不敷使用，因而六十三年增資爲一千萬元。生產設備增加了圓機與壓光剪毛機，產量、品質大爲提高，外銷競爭力也增強。爲求交貨迅速，爭取時效，六十四年增加染整設備。六十五年由染紗至包裝銷售一貫作業完成，其程序爲：

$$\boxed{\text{染紗}} \rightarrow \boxed{\text{紡紗}} \rightarrow \boxed{\text{織布}} \rightarrow \boxed{\text{上漿}} \rightarrow \boxed{\text{梳毛}} \rightarrow \boxed{\text{壓光剪毛}} \rightarrow \boxed{\text{包裝}}$$

由於營業範圍加大，因而產量需繼續不斷擴充，生產設備又稍嫌不夠，今年五月再度擴廠，增資爲一千五百萬元。

二、公司組織概況與各部門職責

福一公司有董監事六人，組成董事會，爲最高之決策機構，下設董事長一人，由蘇天南先生擔任。董事長之下設總經理、副總經理各一人，並設執行委員會及

＊取材自郭崑謨編，國際行銷個案，修訂三版（臺北市；六國出版社民國74年印行），第35～53頁。

財務運用委員會; 以下分設: 生產、會計、業務與總務四部門。

執行委員會: 由各部門經理、副理、總經理、副總經理組成, 董事長任委員會主任。執行委員會最主要的任務在檢討董事會所交付的各項政策計劃執行之前, 有關推動該項政策計劃或技術法則及任務分配等事項之協調擬議, 卽各單位可就其個別意見在決策或命令未決定之先反映到決策階層, 以避免政策命令之不當, 此爲公司認爲促進企業管理民主化及加強內部聯繫配合之有效措施。

財務運用委員會: 由董事長、總經理、副總經理、與會計、總務部門之經理及副理組成, 董事長亦任此委員會主任。就現有財務資金現象, 如何實施最有效運用, 部門提出的意見, 討論決議, 並實施績效預算制度。

公司組織系統圖

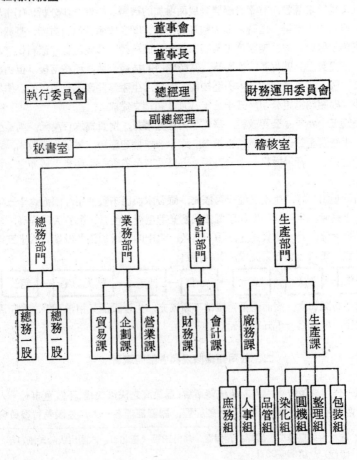

秘書室：爲總經理之幕僚機構，處理文書、檔案並執行計劃決策命令之發布，或決行。稽核室：負責各部門之稽查考核作業，提出報告與建議，供總經理參考。

(一)生產部門：

1. 生產課：

　①染化組：分兩班，每班約八～十人，負責原紗之整染及代工染紗。

　②圓機組：分四班，每班爲八～十人。負責紡紗和織布。

　③整理組：分四班，每班約八～十人。負責織成之布加以上漿、梳毛、壓光剪毛等工作。

　④包裝組：一班，有十個人。專司產品包裝，依內銷、合作外銷和直接外銷等有不同包裝方式。

2. 廠務課：

　①人事組：專司人事管理、招收員工，公共使用設備之維護。

　②庶務組：專司收料、出貨、驗貨等。

　③品管組：專司檢查原料至成品之品質管制。

(二)會計部門：

1. 會計課：負責員工薪金之發放、原料成本、廠務營業生產費之一般出納。

2. 財務課：負責財務分析，辦理資金融通，編製財務報表等工作。

(三)業務部門：

1. 營業課：負責產品之推銷。

2. 企劃課：專司產品設計，訂定行銷策略，新產品規劃與市場之分析研究。

3. 貿易課：專司產品之開拓外銷，接洽顧客、訂定買賣契約與辦理一切出口手續。在南京東路附設辦事處，設立產品陳列館。

(四)總務部門：設經理一人

1. 總務一股：負責管理維護公司房舍、工廠廠房、生產設備並監督廠務課之營運。

2. 總務二股：負責辦理員工伙食，住宿；籌辦員工一切之福利和康樂活動。並負責採購生產設備、原料及公司事務文具與機器等。

三、生產與財務狀況簡介

生產部門約有一百五十人左右，於民國六十四年生產三種產品：①針織長毛絨布；②棉剪絨；③內襯針織長毛布。由於第三種產品消用者常以前兩種產品替代，故市場需求短少，生產不合經濟效益。所以，公司從六十五年至今都全力生產前兩種產品，以力求品質提高。

福一公司自五十九年改組之後，公司之業務蒸蒸日上，營運相當順利。雖然其間有因國際上經濟不景氣，而稍受影響，但是在蘇董事長的領導之下，上從總經理，下至小工，都能體念時艱，團結一心，為公司而努力，而能輕易地躍過經濟不景氣的難關。

至於公司的財務狀況，可從三年來的資產負債表、損益表（如附表1～4）看出，財務狀況相當健全，純益年有增加，六十四年為一百五十八萬七千餘元；六十五年為二百五十五萬七千一百餘元；年增加率為百分之六十一左右；六十六年純益為三百五十五萬三千七百餘元，年增加率為百分之三十九。另外：

年 百分比 度　　項目	資本報酬率	流動資產負債比率
六十四年	13.64%	84%
六十五年	21.8 %	132%
六十六年	20.9 %	119%

資本報酬率一般只要在百分之十以上，都表示值得投資，而福一公司在六十四、六十五年度皆超過百分之二十以上，是相當的高，為合理投資報酬率的兩倍以上。六十四年流動資產負債比率偏低，而於六十五、六十六兩年，在百分之百以上，表示有足夠地償債能力。

四、研究發展、資訊系統與推銷

(一)研究發展

自從五十三年設廠開始生產花邊布，年有改進花邊布的樣式、花色。後來，由後市場需求的影響，認為生產花邊布的市場遠景並不看好，於五十九年改組後，調整生產結構，生產新產品──針織長毛絨布。董事長蘇先生一再強調，產品要獲得顧客的愛好有兩條件：(1)產品要不斷推陳出新，(2)品質須保證。因此，董事長要求營業部企劃課負責調查市場需要情況，依據市場需要，規劃、開發新產品，以引導顧客嗜好。目前生產的針織長毛絨布和棉剪絨，依照花色、樣式、絨毛長度不同，產品目前約有一百種左右，其中以 Art. No. 2531, 2911, 7611, 3151, 7610, 251, 1971, 341, 324, 361, F-5, D-15等最受顧客的喜好。

㈡資訊系統之獲得與推銷

一般言之，市場情報之獲得，以國內市場較爲容易，因爲商品之國內市場供需資料詳實，而國外市場之供需彈性大，因價格引起數量變動多，且資料來源不易掌握。福一公司，國外市場情報來源，可分爲幾方面：①派員至國外直接調查市場；②由國貿局、外貿協會提供之貿易機會；③由同業公會所蒐集之市場情況。

公司得到了市場資料後，召開市場情報分析研究會，由總經理、副總經理及各部門經理組成，董事長親自主持，研討之後，認爲市場值得開拓，有發展前途，卽開始展開各種推銷活動。如參加外貿協會與同業公會所主辦的國外商品展覽會；國內於國貨館中陳列各種樣品；另外派員至國外推銷。當從各種貿易機會中直接寄送樣品給顧客。時間上，大部分每年九～十月份寄出樣品，然後經過詢價 (enquiry)，報價的過程，於次年一～三月份國外顧客始陸續訂貨。

五、產品策略與定價

㈠產品策略：

本公司產品所供應之市場，包括國內、外市場，其中國外市場又可分爲幾個地區：日本、東南亞、北美洲、中南美洲、歐洲等，因此，同時採取以下幾種產品策略：

1. 相同產品，但其用途隨市場而異：在這種策略下，以相同產品供應不同市場，但爲適應不同之市場情況，乃訴諸於各種推銷時的說明。如棉剪絨，有用於馬靴內襯，也有做爲夾克內襯。採取此一策略等於將一種已有產品進行一種轉化 (transformation) 過程，使其成爲不同的產品。此策略成本費用較爲低廉。

2. 變更產品，但仍提供相同的功能：包括兩種情況：第一種較爲單純，係爲配合國外市場之先天特殊條件，決定在這市場上銷售，就必須在產品設計上配合。如棉剪絨絨毛長度在東南亞與日本市場之顧客要求不同，前者須絨毛較短的產品；而後者則喜好較長者。

另一種變更產品，較爲困難與複雜，乃爲配合市場需要本身，一方面對產品適當變更，將可增加產品之競爭力量，另一方面，變更產品將增加產品成本，其是否可自增加之銷量利益中得到補償而有餘，乃須愼重考慮，事先做效益成本分析。福一公司在採取此產品策略時，同時於不同市場配以相同的推銷號召。

3. 雙重變更——產品和用途：由於銷售的地區不同，在此策略下，不管是對於產品設計、性能或作用，印象都加以變更，以配合當地之特殊情況或需要。如公司於六十四年以前生產內襯針織長毛布，六十五年以後就不再生產，同時改變了生產設備及行銷策略。

4. 產品創新: 此種產品策略為針對市場之特殊需要情形, 設計新產品以滿足市場需求。如公司於六十四年開始從日本進口兩種原料: 一為亞克力紗 (Acrylic yarn), 一為泰萊耐紗 (T&R yarn), 以生產較高級, 式樣新穎的絨布輸往日本, 即為此種策略。

㈡產品定價:

公司的政策不論是控制最終售價或收入的淨價 (Net price), 均應立詳細的策略。此時成本與市場的考慮都是很重要的。因為一個公司不願意以低於成本的價格銷售產品, 同時亦無法以高於市場價格推銷產品（除非品質不同）。因此, 一般廠商視定價為策略組合 (strategic mix) 之一, 定價常受以下因素的影響

1. 市場因素: 顧客對產品的需求表現於需求曲線上, 廠商所面對不同市場需求曲線彈性, 而有不同的定價。

2. 成本因素: 產品本身成本, 因關稅及其他稅負、中間商毛利、融資及風險成本等之大小而不同。

3. 競爭因素: 廠商是處於完全競爭或寡占局面, 故定價有不同。完全競爭下, 定價低; 寡占局面, 定價可以較高。

4. 政治及法令規章因素: 常限制廠商定價自由, 而且這些因素隨國家或市場而異。

福一公司採用成本導向之定價方法有二:

1. 成本加成法 (Cost-plus method), 即係依所估計生產成本, 加上毛利之一定成數後, 除上同期所生產或銷售之產品單位數, 即此產品之價格。

$$\frac{C(1+R)}{Q}=P$$

C: 總生產成本; R: 毛利成數; Q: 生產或銷售量; P: 產品單位價格。

2. 平均成本法 (Average-cost Method)

先求出各種數量下之平均成本曲線, 在此平均成本中, 將利潤視為固定總成本之一部份或視為單位變動成本中之一部份, 然後廠商決定所擬銷售之單位數, 根據這一曲線, 發現在此數量上之價格。一般內銷時價格訂定為成本加百分之二十的經濟利潤; 外銷時價格則訂為成本加百分之十五的經濟利潤。

六、包裝、品牌、報價通關和出售之條件

㈠產品包裝, 內外銷並不大一樣。內銷時每捲 (roll) 為三十五碼, 然後以塑膠袋包紮之。優點: 包裝簡便省時且費用低; 缺點: 由於包裝過分簡陋, 運送時易損壞。

外銷包裝, 首先以塑膠袋包紮, 後裝入出口標準箱內, 可分為三種型式:

①$62'' \times 16'' \times 28''$ (35Y $\times 2$, each roll in *PE* bag)

②$49'' \times 16'' \times 28''$ (35Y $\times 2$, ——ditto——)

③$45'' \times 16'' \times 28''$ (32Y $\times 3$, ——ditto——)

外銷包裝方式比較堅固、結實、運送時受損率很低。

品牌不管內外銷都以福一牌福毛絨爲標誌, 此品牌標誌設計新穎, 給予顧客很深的印象, 且獲得他們的「忠誠信心」。

(二)報價、通關和出售條件

內銷時報價沒有什麼技術上問題, 產品價目單寄送給顧客, 而顧客獲得價目單很容易做同類產品的比較。外銷報價有一定方式, 進出口地兩處相隔, 寄送不便。報價時要考慮運費、保險費等問題。福一公司出口採 CIF 報價, 依照各種商品的規格訂定單價, 並有最低購量之限定。參見報價單 (quotation)。(附表五)

通關: 一般直接外銷, 報關手續都委託報關行辦理, 當手續辦理完畢後, 貨物運抵碼頭, 完成驗貨、通關、裝船等程序。至於合作外銷, 有合作廠商自己辦理通關手續, 也有委託報關行辦理者。

出售條件:

(1)直接外銷: 經出口發價 (offer) 後, 訂立買賣契約, 以 CIF 報價, 買方以信用狀付款, 期限爲一～二個月。當收到信用狀後,發出生產通知單,通知各部門,完成一切生產準備後, 生產部門卽行生產。產品生產出後, 視信用狀規定如期裝船, 然後向銀行辦理押滙, 寄出所有貨運單據 (shipment document)。

(2)合作外銷: 首先訂立合作外銷契約,約定合作廠商,購買本公司產品後,必須使用於加工出口, 然後將出口實績證明交給本公司, 公司再把此證明交予原紗廠商, 做爲外銷沖退稅之用。爲達成此條件之履行, 外銷合作廠商必須開出內外銷差額本票 (通常爲購買額的百分之三十), 做爲信用的保證。

(3)內銷: 內銷之批發商或零售商必須保證金支票, 做爲交易信用的依據。平常交易的金額按月結帳, 若批發商或零售商不能按月準時付款時, 價款可從保證金中扣抵。保證金一年結算一次, 餘額由公司返還本金與利息 (按銀行存款利率計算)。內銷的出售條件比外銷出售條件較爲嚴格,乃由於國外市場競爭劇烈, 而爲了爭取市場之故。

七、行銷通路之選擇與實體分配

(一)行銷通路之選擇

不論在什麼經濟制度下, 鄉村或都市, 富裕或貧窮的市場, 每一種產品都必須通過實際的分配過程, 才能達到消費者或使用者手中。綜括言之, 在整體通路觀念下， 所謂「行銷通路」，主要係包括廠商及最後消用者在內。而兩者在廠商考慮通路決策時， 屬於已知因素，故考慮與選擇之對象主要爲介於其間之中間機構。一種產品從生產者到達最後市場必須包括兩種流程：一是交易流程 (the flow of transaction)，或稱爲「所有權流程」(the flow of ownership)，此由種種中間機構藉以磋商交易，將產品所有權，逐次轉移，以達到最後消用者手中。一是實體流程 (the flow of physical product)，此卽藉由種種儲運及其他服務機構之配合，將產品實體送達最後顧客所指定之地點。前類中間機構所包括各種中間商，屬於「行銷機構」(Marketing agencies)；後類，如銀行、保險、船運、倉棧、廣告等服務事業，屬於「支援機構」(facilitating agencies)，這兩種流程在多數情況下是同時進行、平行的。關於福一公司外銷通路之選擇分三種銷售情況討論：

1. 內銷：以臺北區爲主要，占總銷售額的百分之十五，大部份賣予批發商或零售商（布行），然後再轉賣給消用者。

2. 直接外銷：銷售地區以日本、東南亞及澳洲等地，占總銷售額的百分之十五。有兩方式：一爲直接辦理出口賣予代理商、批發商及零售商；二爲委託貿易商或賣予貿易商再行出口。

3. 合作外銷：先將產品賣予國內之玩具、手套、室內拖鞋、馬靴、夾克、成衣等廠商（遍布全省），經加工後， 銷售於日本、東南亞、美國、加拿大、中南美洲及歐洲。占銷售總額的百分之七十。產品的行銷通路有直接出口，或由貿易商、代理商賣給國外的代理商、批發商及零售商等。以圖表示如下：

福一公司國際行銷分配通路基本圖

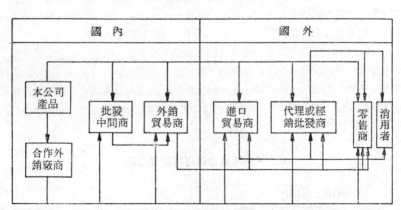

產銷量值表

年度	六十四年			六十五年		六十六年		合計		
商品名稱	針織長毛絨	棉剪絨布	內銷針織長毛絨布	針織長毛絨	棉剪絨布	針織長毛絨	棉剪絨布	六十四年	六十五年	六十六年
生產量 數量（千碼）	535	65	20	818	89	1,440	120	620	907	1,560
銷售量 內銷 數量（千碼）	60			681	55	32	16	60	736	48
銷售量 內銷 金額（新台幣千元）	9,112			68,468	4,938	3,280	1,760	9,112	73,406	5,040
銷售量 外銷 數量（千碼）	425	25	20	99	31	1,288	64	470	130	1,352
銷售量 外銷 金額（新台幣千元）	40,102	1,468	1,900	8,331	2,794	97,816	5,440	43,470	11,125	103,256
銷售量 合計 數量（千碼）	485	25	20	780	86	1,320	80	530	866	1,400
銷售量 合計 金額（新台幣千元）	49,214	1,468	1,900	76,799	7,732	101,096	7,200	52,582	84,531	108,296
年終盤存量（千碼）	49	40	0	87	43	120	40	89	130	160

㈡實體分配:

  1.內銷: 在臺北區, 產品使用自用小型貨車運送給客戶。

  2.直接外銷: 委託貨運行採用貨櫃 (container) 與貨車 (truck) 運送至港口碼頭, 而後裝船, 運抵目的地。

  3.合作外銷: 合作外銷廠商在新竹以北, 採用小貨車自運; 新竹以南, 委託貨運行運送。

八、營業狀況與趨勢

自民國六十三年國內外經濟復甦後, 市場恢復需求, 以當時現有的生產設備, 產品有供給不敷需求的現象, 因此, 有增資、擴廠等活動。由於國外市場廣潤, 需要量大, 故外銷業績自六十三年起 (除六十五年外), 年成長率爲百分之二十左右。而內銷方面, 由於市場狹窄, 擴充不易, 且受同業的競爭影響, 銷售實績起伏頗爲大。

由下表可以得知, 六十四年外銷占總銷售量的百分之九十, 而內銷僅占百分之十; 六十五年外銷量占總銷售量百分之十六, 而內銷量則占百分之八十四強, 這一年是相當特別的一年, 其內外銷所佔的百分比竟然與往年相反, 分析起來, 頗耐人尋味。總務部呂經理他的看法是這樣的:「六十四年下半年國內的經濟相當景氣, 國人對衣著的習慣變化, 突然對針織絨毛布嗜好增強, 顯現在六十五年國內針織絨毛布消費量增加, 因此, 本公司的銷售才由外銷轉爲內銷。」六十六年又恢復正常, 外銷量占總銷售量的百分之九十, 內銷量占百分之十。

就公司未來遠景而言, 董事長和呂經理的看法是一致的, 都認爲相當的樂觀。同時公司往後仍然是致力於外銷, 然而, 對於外銷競爭力的評估, 他們也多深表信心, 雖然近年來國內勞力工資有上漲的壓力, 且競爭者亦相對的多; 國外方面因產品檢驗和品質管理的日漸嚴格, 且有抵制國外進口的現象——數量限制和高關稅等貿易障礙, 但是福一公司具有現代化一貫作業廠從事生產, 年來反而有生產成本逐漸降低的趨勢, 因此, 大大地提高了公司的外銷競爭能力。

九、結論與建議

㈠降低成本爲加強競爭能力的最有利途徑, 故公司仍需繼續改善生產方法, 以減低單位成本。

㈡同業之間相互傾軋競爭, 導致利潤的降低, 事實上, 依國家社會立場而言, 賺取外滙, 國內之同業廠商應攜手合作。

㈢員工流動率太大, 是由於同行間的挖角, 造成了人事上的困擾。改進之道:

(1)給予員工合理的薪金; (2)注重每一個員工角色，使其具有責任心與義務感; (3)實施員工再訓練 (re-training); (4)注重員工福利。

㈣加強對外貿易推銷，提高直接外銷比率。

㈤將來擴建計劃，儘量多從整體方面考慮，以目前的生產爲上游產業，對產品施以再加工，以提高經濟效益。

本個案問題

㈠您對福一公司所採用的四種產品策略是否正確?能够符合不同市場需求嗎?

㈡民國六十四年內外銷比率突然驟變，您對呂經理的分析看法如何?

㈢福一公司國際行銷分配通路之選擇是否會嫌過份複雜? 通路每一階段的流程都能很順利嗎? 有何利弊?

㈣您對公司未來的遠景同意董事長和呂經理的看法嗎? 提出個人意見?

㈤假如您是福一公司總經理，如何提出一套公司全盤的擴建計劃?

(附表一) 兩一纖維工業股份有限公司

資 產 負 債 表

	六十四年	六十五年	六十六年
流動資產	29,406,521.76	62,911,720.46	53,399,361.19
固定資產	28,922,665.38	32,154,402.46	33,971,324.52
其他資產	887,385.00	2,295,141.00	285,297.00
總　計	59,216,572.14	97,361,263.92	87,625,982.71

	六十四年	六十五年	六十六年
流動負債	35,230,150.29	47,662,957.67	45,152,891.90
其他負債	5,813,262.90	30,626,479.53	21,847,487.12
資本淨值	18,173,158.95	19,071,826.72	20,625,603.69
總　計	59,216,572.14	97,361,263.92	87,625,982.71

（附表二）　　　　**福一纖維工業股份有限公司**

六十四年損益表

銷貨收入	52,495,100.79
銷貨成本	44,897,331.33
銷貨毛利	7,597,769.46
營業費用	5,453,322.32
營業淨利	2,444,447.14
營業外支出	1,877,155.93
營業外收入	1,020,699.12
本期純益	1,587,990.33

負責人：蘇天南　　　　　　　　　　　製表：呂禮昭

（附表三）　　　　**福一纖維工業股份有限公司**

六十五年損益表

銷貨收入	85,237,591.36
銷貨折讓退回	705,802.42
銷貨淨額	84,531,788.94
銷貨成本	75,755,258.92
銷貨毛利	8,776,530.02
營業費用	4,253,306.44
營業淨利	4,523,223.58
非營業收入	722,728.00
非營業支出	2,688,777.50
本期淨利	2,557,174.08

負責人：蘇天南　　　　　　　　　　　製表　呂禮昭

（附表四）　　　　福一纖維工業股份有限公司

六十六年損益表

銷貨收入	105,156,024.20
加工收入	1,146,530.00
銷貨折讓退回	1,501,702.85
銷貨淨值	104,800,851.35
銷貨成本	90,791,437.00
銷貨毛利	14,009,414.35
營業費用	8,914,886.71
營業淨利	5,094,527.64
營業外收入	1,125,403.37
營業外支出	2,666,154.10
本期純益	3,553,776.91

負責人：蘇天南　　　　　　　　製表：呂禮昭

第七篇 國際行銷作業與特殊行銷

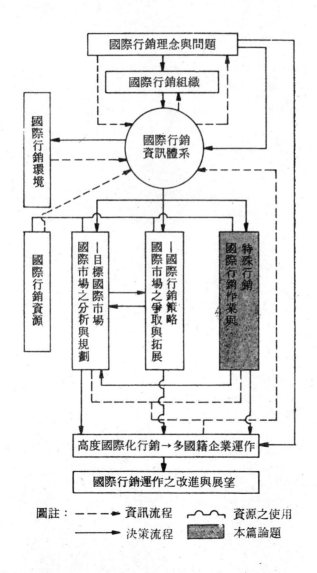

圖註： ---▶ 資訊流程　　⌒⌒ 資源之使用

　　　　 ——▶ 決策流程　　▨ 本篇論題

第十五章　國際行銷作業簡述——
進出口作業及國際收付款

- 進出口作業之一般程序
- 國際行銷之收付款方法

第一節　進出口作業之一般程序

壹、進出口作業之限制

國際營運在許多情況下需輸入或輸出原料、成品（包括生產機械、用具、設備等）。對輸入輸出作業，亦稱進出口作業，各國政府所加限制略異。通常其限制概在結滙、配額、關稅、檢關規定、應具備文件、產品規格、交易國、交易產品、以及營業許可等等項目上。對這些規定，進出口承辦人員應當有充分之了解，始能開始作進出口營運作業。

貳、進出口作業上所需文件

進出口作業上所需文件有：

(一)輸入輸出執照：向經濟部國際貿易局申請。

(二)進出口許可證：向經濟部國際貿易局申請。進口許可證每六個月換新一次。

(三)結滙證（外滙配額）：憑輸入執照及進口許可證經申請指定銀行向外貿局申請。

㈣商業買賣契約、收據、或發票(Commercial Invoice)：向賣買對方廠商索獲。

㈤貨物送運單（Bill of Lading)：向承運公司取得,亦稱『提單』。

㈥貨物保險憑據：證明送運貨物業經保險，可以保險單（Insurance Policy）作憑。

㈦產地證明（Certificate of Origin)：向產地國領館或市商會憑輸出入執照，出入口證明，商業買賣憑據等索取。

㈧信用狀（Letter of Credit: L/C)：輸出廠商向輸入廠商索取。信用狀係由輸入廠商直接向銀行申請，其本質乃為輸入廠商之銀行保證輸入廠商之信用：即付款能力。是故信用狀具保方法乃為輸出作業之很安全之計策，信用狀可分可撤銷信用狀（Revocable L/C）及不可撤銷信用狀（Irrevocable L/C）兩種。後者無論如何不能撤銷，開證銀行絕對擔保兌現，係較好之一種。信用狀樣本見圖例 15-1。

㈨海關發票（Customs Invoice)：向關口處領取備用。

需要何種文件一方面視銀行信用狀或買賣契約上之條件而定；另一方面依各國輸出入之特別規定而多少有所出入。業務人員可向當地關口處查明有關特別法令作為依據。通常國際營運上輸出入所需文件，多半在上述九種文件之範圍內。

參、進出口作業之程序

進出口作業程序，依不同付款條件或方式而略異。最安全可靠，而且受用較廣之付款方式為『信用狀付款』。按信用狀付款之進出口作業程序，亦為標準化程序，乃特為闡述以供參考。

SECURITY PACIFIC NATIONAL BANK

Sankyo Enterprise Corporation
71 Fu-Chien Rd.　　　　　　　Bank of Taiwan
Tainan, Taiwan　　　　　　　Taipei, Taiwan

WE ESTABLIST OUR IRREVOCABLE LETTER OF
CREDIT NUMBER LC 302687 DATED
　　　　　　Nov. 26, 1975 IN YOUR FAVOR
AT THE REQUEST OF Sankyo Manufacturing Group, 1268
Anacapa Way, Laguna Beach, Ca 92651
AND FOR THE ACCOUNT OF Themselves
UP TO THE AGGREGATE SUM OF Four Thousand One
Hundred Four and No/100 (USS4,104.00)
　　　Security Pacific National Bank, Head Office, Los
　　　Angeles, California
AND ACCOMPANIED BY THE FOLLOWING DOCU-
　MENTS:

1. Signed commercial invoices in six copies, certifying/
   that goods are in accordance with buyers purchase
   order No. 6851 dth 10-3-7
2. Special customs invoices in three copies.
3. Packing list in three copies.
4. Full set of clean on board ocean bills of lading to
   order of Security Pacific National Bank, Showing
   freight collect marketed notify Sankyo Manufact-
   uring Group, 1268 Anaoapa Way, Laguna Beach,
   California 92651.

All banking charges outside the United States are
for the account of the beneficiary.
Documents must be presented for negotiation not later
than 7 days from on board date of bills of lading and
within validity of the credit.

Motocycle Parts (windshield brackets)

EVIDENCING SHIPMENT OF

FROM FOB Vessel Any Taiwanese Port

TO Los Angeles Harbor, California

LATEST SHIPMENT DATE IS Dec. 10, 1975 PARTIAL SHIPMENTS ARE Not PERMITTED TRANSHIPMENT IS Not PERMITTED. INSURANCE IS TO BE EFFECTED BY Buyer LATEST NAGOTIATION DATE OF THIS LETTER OF CREDIT IS Dec. 17, 1975

DRAFTS DRAWN AND NEGOTIATED UNDER THIS LETTER OF CREDIT MUST BE ENDORSED HEREON AND MUST BEAR THE CLAUSE:

"DRAWN UNDER SECURITY PACIFIC NATIONAL BANK LETTER OF CREDIT NUMBER 302687 DATED Nov. 26, 1975"

WE HEREBY ENGAGE WITH BONA FIDE HOLDERS THAT DRAFTS DRAWN STRICTLY IN COMPLIANCE WITH THE TERMS OF THIS CREDIT AND AMENDMENTS SHALL MEET WITH DUE HONOR UPON PRESENTATION AT THE INTERNATIONAL BANKING OFFICES OF THIS BANK, THIS CREDIT IS SUBJECT TO THE UNIFORM CUSTOMS AND

PRACTICE

FOR DOCUMENTARY CREDITS (1974 REVISION),

INTERNATIONAL CHAMBER OF COMMERCE Publication 290

圖例 15-1 信用狀 (L/C)

資料來源：三喬實業股份有限公司提供

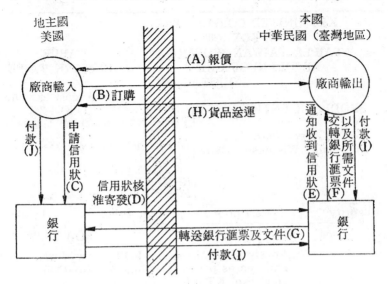

圖註: (A)、(B)……(J): 程序步驟
　　　→: 作業流向

圖例 15-2 國際行銷之出口作業程序

　　若以我國臺灣省廠商向美國廠商輸出爲例，則我國廠商之出口作業程序可藉圖例 15-2 說明。（我國廠商由國外輸入貨品之進口作業程序，亦可依出口作業程序作相反之類推。惟進口作業上之法令規定，當然與出口法令規定異同。我國採取嚴進鬆出政策，進口規定自較出口規定繁嚴。）

　　本國廠商與外國廠商作初步之商業接洽後，本國廠商通常採取主動態度向地主國（輸入國）廠商報價（報價內容及格式），推銷其貨品，此乃程序上之第一步。如圖例 15-2 箭頭所示。往往本國廠商在報價時（見圖例 15-3 報價單）附送貨品樣本以增強其推銷效果。地主國廠商如果對所報上之貨品及貨價合意，便會依照規定向本國廠商訂購。同時向其往來銀行申請信用狀。信用狀經核准後，通常由核准銀行逕送輸出廠商之往來銀行，或輸出廠商，由該銀行通知輸出廠

KEY UNITED CORPORATION
P.O. BOX 59063
TAIPEI, TAIWAN (FORMOSA)   CABLE:
REPUBLIC OF CHINA   "KEYMARK"TAIPEI
QUOTATION

Date: August 28, 1975

To: BRODBECK ENTERPRISES, | QUOTATION NO: KQ-422
INC. | YOUR REF: letter of August
255 McGregor Plaza | 19, 1975
Platteville, Wisconsin 53818 | DELIVERY TERMS: see
U.S.A. | REMARK
| PAYMENT TERMS: see
| REMARK
| FOR EXPORT TO: U.S.A.

Quantity	Description	Unit Price	Total
As arranged	STUFFED TOYS:		FOB TAIWAN
	(1)Lovely MINI-MONKEY FOR children as per our sample/ stock No. KT-010	per dozen US$12.875	
	(2)Lovely YARN DOLL for children as per our sample/stock No. KT-014		US$ 15.652

REMARK:
***PACKING:(1) per piece in a polybag, 12 pcs/dozen
packed in a inner box, 8 dozens/bo-
xes enpacked in a carton.
(2) per piece in a polybag, 12pcs/dozen
packed in a inner box, 6 dozens/
boxes enpacked in a carton.
***CUBIC MEASUREMENT:
(1) 5 cubic feet for a carton of packing
mini-monkey toy.
(2) 6 cubic feet for a carton of packing
yarn doll toy.
***DELIVERY: within 45 days after receipt of your
L/C.
***PAYMENT: by irrevocable and confirmed L/C
at sight in our favour.
***MINIMUM ORDER: 50 dozens per order.
***This quotation is subject to our final confirmation.

          KEY UNITED CORPORATION
          Jerry Kuo, Manager
          E.& O.E.

圖例 15-3 報價單（進出口）
資料來源: 吉瑋國際有限公司提供

圖例 15-4 銀行滙票 (Bill of Exchange)
Rita M. Roringues and E. Eugene Carter,
International Finance, Second Edition
(Prentice-Hall, Inc, 1979),p. 201.

商卽速準備應具文件，諸如商業發票、貨物提單、銀行滙票、保險單、產地證明等，擲交銀行轉送輸入廠商之往來銀行申請付款。該時輸入廠商所訂購之貨品業已首途向輸入廠商送運中。銀行滙票 (Bill of Exchange or Draft)(見圖例 15-4) 係由輸出廠商開發，指明輸入廠商（或核發信用狀銀行）爲付款者。一經輸入廠商（或核發信用狀銀行）接受簽名蓋章，便可據此索領現款。銀行滙票若爲『見票祈

付』（Sight L/C）則輸出廠商可立卽領款。其若六〇天「期票」（
Usance L/C）則輸出廠商須等候到期後始能領款，惟在一般情況下
輸出廠商可持該期票向銀行『扣減利息』（Discount）兌現，以利資
金之週轉。

第二節　國際行銷之收付款方法

壹、國際收付款概況

　　由於各國有其獨特之貨幣制度，國際收付款涉及用一國之貨幣變
換另一國之貨幣，這種變換過程謂之國際滙兌。易言之滙兌乃爲用一
國之貨幣購買另一國貨幣之過程。外國貨幣之價格（以本國之貨幣單
位爲準）謂之滙率。各國之滙率在短期內雖相當穩定，但長期內因受
各國經濟結構之變動、國際收支之失衡、政府政策，以及外滙市場情
況等因素之影響，而難免有所更動。廠商可向押滙或結滙銀行索取有
關消息備用。

　　廠商在許多情況下需作國際付款，諸如貨品之輸入、國外直接投
資建廠、購買外國證券、繳付所得稅、繳還國外借款（本息）等等。
國際收款則以貨品之輸出、產銷權之出讓、勞務出售等等爲主。就我
國臺灣省論，企業界之國際收付款多半與貨品（包括原料產品，機件
設備等等）輸出入有關。雖然如此，由於近幾年來政府逐漸重視國際
間之經濟合作，企業界的國外直接投資建廠，與外人之投資業已逐漸
普遍，直接投資之在企業界國際收付款上之成數將必提高。

貳、貨品輸出入上之國際收付款方法

貨品輸出入上之國際收付款方法甚多，玆將比較常用者簡介於后
❶：

一、付現

買方訂貨時繳付現金，對賣方言實爲最安全可靠之方法。付現之
媒介有電滙（Telegraphic Transfer）、銀行滙票（Banker's
Draft）、以及私人支票（Personal Check）等三種。

電滙方法是買方向其所在地銀行繳現，由該銀行以電報通知其在
賣方所在地分行或其往來銀行招領賣方。用銀行滙票付現時，買方向
其在地銀行購買銀行滙票，自行寄達賣方，由賣方向其銀行兌現。以
私人支票付現之方法，風險較大，倘無法兌現（Dishonored）時，
賣方不易追回欠款。

二、國際銀行間轉帳

由賣方銀行之戶頭轉帳賣方銀行之戶頭謂之國際銀行間轉帳。透
過地主國與母國往來銀行間之轉帳雖目前不甚普遍，由於各國銀行設
立海外分支機構已相當普遍，銀行間之轉帳可望日益盛行。

三、即期信用狀付款

憑信用狀所列規定，由地主國廠商（買方）之往來銀行保證付款
之方式謂之信用狀付款。即期信用狀（Sight L/C），以其強有力之
保證，可視同現金。此種方法，對賣方言是一非常安全之方法。

四、遠期信用狀付款

憑信用狀之保證，在一定期間後始能提現者謂之遠期信用狀付
款。遠期信用狀有三十天（Draft Payable 30 days after sight）、

---

❶ 詳閱 Endel J. Kolde, *International Business Enterprise*, Second
Edition (Englewood Cliffs, NJ: Prentice-Hall, Inc, 1973), chapter
19、20, and 21.

六十天 (Draft Payable 60 days after sight)、以及九十天 (Draft Payable 90 days after sight) 等數種。賣方可將遠期滙票賣給滙票買賣商 (Factor) 或持遠期滙票向銀行貼現 (Discount)，提前取得現金。由於 L/C 之強有力保證性，貼現當無問題。

五、付款交單方法

貨款收到後賣方始將提貨所需單據或憑證交給買方之收付款方式謂之付款交單方法。該法通稱 Documents Against Payment，簡稱 D/P。付款交單法之風險相當大。倘買方拒付，貨品已運出，賣方之損失頗大。採用此法時賣方廠商應對買方作詳細之徵信調查並購買保險爲妥。

六、承兌交單

經買方承兌 (Accept) 所提示之滙票後賣方始將提貨所需單據或憑證交予買方之作業方法謂之承兌交單 (Documents against Acceptance, 簡稱 D/A)。D/A 亦有相當大之風險。若一旦買方拒付，賣方亦無可奈何，承兌期間有三十天、六十天不等。一如付款交單，採用該法時賣方應對買方之信用作確切之調查，並參加保險以減少 "貨品已運出，但買方拒付" 之損失。

國際行銷作業之輸出入收付款方法除了上述數種外，尙有分期付款 (Installment Payment) 與記帳 (Open Account)。分期付款與記帳要在賣方資金雄厚，買方信用卓著之情況下始能適應。國際行銷上之貨物輸出入上之收付款，不管以何種方法達成，應在交易契約上明白議定以杜絕不必要之糾紛❷。

---

❷ 參閱張錦源著，信用狀貿易糾紛 (臺北市：三民書局，民國65年印行) 一書。

第十六章 特許作業概要

- 特許作業之涵義與重要性
- 特許作業之型態與程序

第一節 特許作業之涵義與重要性

壹、特許作業之涵義

進入國際市場眾多方法中，不必牽涉鉅額資金而在營運上所需人力最少者，為特許作業。特許乃特指母國公司授權地主國公司使用其產銷技術、生產權、銷售權、商標、版權、管理科技、獲取權利金或其他報酬之營運作業。

母國之授權公司謂之授與者 (Licensor 或 Franchiser) 地主國接受授權公司稱之被授與者 (Licensee 或 Franchisee) 兩者之關係以契約為基礎，具有持續關係。此種關係之特徵為：

(1)需經雙方同意各經營層面之作法。

(2)被授與者出資（當然在特殊情況下也有例外）。

(3)授與者授與經約定之權利項目。

(4)授與者收經約定之權利金。

(5)授與者與被授與者雙方通常具有適度權利使用上之彈性，但必須兩方認可。

上述之特許範圍似有日漸擴大之趨勢。下列數項僅爲數例而已，旨在提示該種行銷作業層面之廣大程度。

(1)藍圖: 製造藍圖、營造藍圖等等。

(2)市場資訊: 市場資料之收集配合系統。

(3)管理技術: 人事、生產、財務等等。

(4)製造技術: 配方、排程、產製方法。

(5)商牌: 品牌、標識、符號。

(6)經銷權: 代理、經銷。

授與者權利金之收取，通常有下列數種方式: (1)按年收取固定金額; (2)每年收取約定比率之銷售額或生產額成數; (3)一次收取基本定金加上每年額外金額。

貳、特許作業之重要性

國際環境變化甚大，由於特許作業之國際參與程度甚少，比之其他方式風險較少，自不待言。尤其廠商資本缺乏、地主國進口限制嚴厲、民情反外、排外心理濃厚等情況，更顯出特許作業之可行性。除此之外，授與者可藉授權打通進入地主國之通路。

據卡地奧拉與海斯，特許作業可提供有效技術集中，但作業分散 (Skill Centralization and Operational Decentralization)之重要行銷策略❶。

特許作業於1970年前在國際行銷上之重要性不大。據國際特許協會 (International Francising Association) 之調查研究報告，1970年美國授權外國廠商只有14家，但至1980年約有 15,000 家廠商

---

❶ Philip P. Cateora and John M. Hess, *International Marketing* 4th Ed. (Homewood, Ill: Richard D. Irwin, Inc., 1979), p. 546.

授權國外，被授與國遍佈全世界各地，產品包括飲料、旅館、大飯店、零售業、速食品、出租汽車、汽車修護以及旅遊等等❷。特許作業之重要性，將有增無減。

　　就美國而言，下列廠商之授權作業，聞名遐邇，領導後起廠商蔚為時代之潮流❸。

　　⑴Kentucky Fried Chicken: 在日本、英國、臺灣地區等。

　　⑵Burger King: 在加拿大、歐洲及日本。

　　⑶McDonald's: 在加拿大、歐洲、日本、臺灣地區等。

　　⑷Lommaminiature Galfcourse: 在歐洲及日本。

　　⑸Ramada Inns: 歐洲。

　　⑹Holiday Inns: 歐洲。

　　⑺Howard Johsons: 歐洲。

　　⑻Coca Cola: 世界百國以上。

　　⑼Pepsi Cola: 世界百國以上。

第二節　特許作業之型態與程序

壹、特許作業之型態

　　特許作業型體，據何爾 (William P. Hall) 氏，可從契約主體分

---

❷ Donald W. Hackoff, "The International Expansion of U. S. Francise System S. Status and Strategies", *Journal of International Business Studies*, 1977, in Cateora & Hess, p. 546, Op. cit.

❸ Bruce Walker and Michael J. Etzel, "The Internationalization of U.S. Francise Systems: Progress and Procedures", *Journal of Marketing*, April 1973, p. 39.

類。依此分類，特許作業有下列數種❹：

一、製造業者授權零售業者：如臺灣 Ford 汽車之授權金門、九和、萬達等銷售，裕隆之授權國產汽車銷售。

二、服務業者授權零售業者：如大飯店 Holiday Inns 之授權。

三、製造業者授權批發業者：如飲譽全世界之 Coco Cola 之授權一百四十個國家之廠商，萬年達之在臺製造。

四、批發業授權零售業：如美國之 Western Auto Suppy。

特許作業當然還有其他型態，諸如依產品別分類之型態、依作業性質分類型態等等不勝枚舉，惟一般而言，何爾氏之分類法較普遍受用。

吾人可將特許作業視之為廠商之申延行銷手臂（Extended Arm of Marketing），不管以何種型態運作，應善加運用。圖例 16-1 正顯示此一行銷理念。

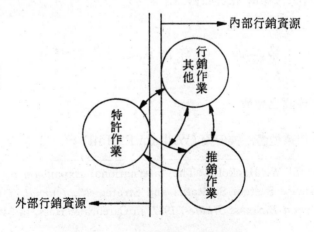

圖例 **16-1** 特許與廠商之行銷作業

---

❹ William P. Hall, "Franchising—— New Scope for an old Technics", *Harvard Business Review*, Jan./Feb., 1964, pp. 62-3.

貳、特許作業之程序

　　特許作業程序可分預備階段、準備階段、實施階段與管理階段❺。預備階段之作業重點爲市場調查、資金及人才之檢討。準備階段之作業重點爲設立部門負責企劃、招募人才等工作。實施階段之首要工作當爲訓練授與者經營。管理階段理應着重控制與考核。

　　據調查本省食品製造業者認知特許作業之程度尚不如理想，有42%廠商並不了解特許作業；而廠商未採用特許制度之理由以無專門人才居首❻。爲加強特許作業，人才之培植與特許制度之推廣教育，實爲當務之急。

---

❺ 林加添著，特許經銷制度之研究，國立成功大學工業管理研究所未出版碩士論文，民國69年5月，第141頁及第142頁。

❻ 同註❹。

第七篇　個案：漢謨公司*

（原著："Marketing Flying Discs in Mexico" in P.R. Cateora & J.M. Hess International Marketing, pp. 500–584.）

在美國，有一種日漸興起的娛樂活動，即丟飛盤的活動。飛盤較通俗的名稱是 "Frisbee"。這個名字是 Wham-O 公司所登記的品名。飛盤遊戲的範圍從在家庭後院二個人互丟，到在指定的操場上有組織的飛盤比賽。最有名的比賽是由各地區所組成的國家 Frisbee 協會所發起。飛盤遊戲吸引所有年齡的人，從只要會丟紙飛機的人，到有特技技巧在身的飛盤運動家）即指那些參加過地區或國家性飛盤比賽的人）都會玩。現估計美國有超過五百萬的飛盤，大部份是 Frisbee，其製造被認為是最好，最專業的飛盤。

因為在美國，飛盤普遍受到歡迎，所以有三個在企業界的人士，正想組織公司，取得飛盤之國際製造權。他們是：

羅傑·布來克：一家運動器材店的業主及一地區性 Frisbee 協會的理事長。

約瑟·古提列斯：受僱於美國一家銀行，擔任副總裁的職位，但是墨西哥人。伊洛斯·德昂：一行銷顧問。

他們三個人都在考慮尋找製造專利權的可能機會，及將飛盤作國際性的推廣。初步的研究指出：可推銷至若干歐洲國家，大英帝國及墨西哥，有些地方很成功，有顯著的銷售成長，需求量不斷地增加，然而，也有些地方銷售沒有持續成長，只維持最初所接受的銷售量。

羅傑·布來克和約瑟·古提列斯向德昂提出一簡明的大綱及計劃。布來克此人自從年輕時就玩過飛盤，到他是一個生意人時，就非常熱衷於飛盤遊戲，所以他確信，只要適當地推銷，飛盤在世界各地必與在美國一樣會引起人們的興趣。古提列斯則指出，在墨西哥活躍活動所有型態的參與都很普遍，且由他自己玩飛盤的經驗，使他相信飛盤將引起大眾的興趣。他們兩人都覺得過去美國以外的地區，飛盤之所以不能比美國成功的原因是因為不適當的行銷，而非人們缺乏興趣。在德國及墨西哥就有這種情形發生。要飛盤遊戲很快地被學會，得到普遍的接受，則必須有大規模的推廣介紹活動使人們都熟悉此項新運動。更進一步，要此項運動持續被接受，一連串的行銷計劃（適當的宣傳、推廣及分配）是必需的，因為他們確信正當的行銷（在推介期及成長期），一定能很成功地將飛盤遊戲引入一

＊ 取材自郭崑謨編，國際行銷個案，修訂三版（臺北市：六國出版社，民國74年印行）第361-367頁。

個國家，所以他們就去求助德昂的行銷方面專家的意見。

羅傑・布來克在美國對飛盤的推銷有經驗，此外他還是地區性 Frisbee 協會的理事長，曾贊助及發展很多次 Frisbee 比賽，布來克也製作了一捲20分鐘的飛盤遊戲影片，這個影片被很多群體所接受。布來克認爲這是將飛盤推銷給新的使用者最有效的推廣方法。這捲影片是處理自由式的飛盤競賽，而且也是對各種玩飛盤遊戲很好的說明，亦能引起一般大衆的興趣。自從約瑟・古提列斯在墨西哥銀行業務有經驗後，即與那裡有良好的關係，所以他有興趣發掘在墨西哥飛盤的潛力，最初的調查顯示飛盤在幾年前就進入墨西哥，但至今還未被賣出，事實上，在墨西哥有一些飛盤被發現在觀光區如亞加普科及馬尙特蘭且可能都是美國人帶去渡假玩的。約瑟指出他利用最近兩個禮拜在馬尙特蘭的假期，觀察出只要適當地行銷，墨西哥人一定會買飛盤。伊洛斯・德昂同意加入去發掘飛盤國際性推廣的可行性，因爲他們三人有一個在墨西哥有經驗，所以他們決定在墨西哥探查獲得專利權的可能情形，德昂同意打電話給 Ex-O 公司（美國一家專門製造飛盤的公司）討論在墨西哥獲得專利權的可能性。

與獲有飛盤國際專利權人通電話的結果如下：Ex-O 公司將他們在墨西哥製造飛盤權利，在六年前授予亞利詹得羅、伽西爾，這個總經銷在專利協定下並沒有賣出什麼，只買了四個模型及獲得在墨西哥行銷飛盤的專利權，因爲伽西爾在專利協定的期限內並沒有生產任何飛盤，國際專利權人認爲此契約無效。德昂查詢現在墨西哥製造飛盤的必要條件。國際專利董事長指出，契約的條件可以協議，但必須先付專利權使用費，及 Ex-O 公司賣出的四個模型的成本。然而，因爲過去的經驗，他不願授予專利給一個沒有有效推銷飛盤強烈允諾的總經銷商，他指出他想要在看到詳細計劃之前，先要有一份試驗性質的行銷計劃。他也提示因爲以前的總經銷商擁有四個模型，所以應該和他接洽關於賣四個模型的事及他現在的情況，董事長給德昂・伽西爾的住址及電話號碼。

三個人第二次會議的時候，德昂就把他在 Ex-O 公司得到的資料說出。他們同意繼續調查，約瑟・古提列斯因公回到墨西哥，與亞利詹得・伽西爾接洽要這四個模型的資料。德昂指出，如果從伽西爾所得的資料與在墨西哥再調查資料中顯示推銷飛盤的計劃可行，則他們應草擬一初步的行銷計劃給 Ex-O 公司。

古提列斯回到美國後，提出下列事實：伽西爾買了四種標準推廣型的飛盤。其主要的業務是將塑膠注入模型。伽西爾從前看到在美國賣的推廣型飛盤後，便去徵詢連鎖店，因爲他覺得飛盤正可以當作促銷樣本來銷售。也就是說，叫一公司來買飛盤，而在上面印該公司的標語，而當作一種促銷的工具。在獲得連鎖店的同意後，他第一個接洽的是一家很大的美國點心食品公司，與該公司訂下了製造五萬個印有公司標語的飛盤的契約，然而這計劃根本沒實現。因爲在墨西哥，所有含贈送品的促銷活動都要經過政府的允許。

伽西爾買下了模型，製造了五萬個飛盤，但點心食品公司卻沒得到以飛盤作促銷活動的允許。在這時刻，伽西爾放棄了飛盤的業務，他指出他想不花一文促銷費用就銷售出飛盤，但又覺得他自己不曉得要如何去銷售。再者也找不到任何人能來說明飛盤的用途。伽西爾先生說到目前為止，就他所知，還沒有其他的人在墨西哥製造飛盤。他本身自從與點心食品公司接洽一事後，也沒再繼續生產。而他也沒興趣再來生產飛盤。同時表示願意以每個模型 $1,000 美金賣出，四個模型總共$4,000美金(他表示原來成本是每個 $3,000 美金)。

古提列斯同時報告說，伽西爾先生每個飛盤的製造成本是 30 ¢ 美金。古提列斯也順便帶回來一個伽西爾飛盤的樣本。布來克說那是普通型的。是四種型式中品質最普通的一型。伽西爾所生產的正是普通型。Ex-O 公司的飛盤最初有四種模型：普通型、全美型、布洛型、超布洛型。其間主要的差別是重量跟平衡度，普通型最輕，超布洛型最重且平衡度最佳。Ex-O 公司最近還推出一種新樣式的"世界級"的飛盤，跟以往的飛盤的差別，主要是在重量。世界級型飛盤在美國已受到大眾的喜愛。布來克相信，當飛盤的競爭日趨白熱化，市場逐漸複雜時，世界級必能成為全美銷售量最大的一型。他說超布洛型和世界級型的設計和平衡度都極佳，在飛行上擁有最大的伸縮性。普通型較適合業餘玩飛盤者。而對一講究風格和技巧的人則喜歡較佳的設計製造的產品。雖然普通型在美國市場仍受歡迎，但玩過飛盤的人對其需求量卻增加很少。

古提列斯同時核對了飛盤在墨西哥的價錢，發現類似活動器材（如玩具或其他運動器材）市場價格每個約在50至 100 披索 (peso) 之間（約美金 $2.25 至$4.50之間，滙率為一塊美金對 23 個披索），他認為布洛型和超布洛型在墨西哥大概可賣到150 披索（約 $6.50 美金）。約瑟曾與墨西哥兩家最大的連鎖店公司洽談，跟他們解釋產品的性質以及想要透過他們在墨西哥行銷的用意。兩家都表示很願意引進產品，也認為銷售得出去。他們願意先訂購較小的數量，假如銷售情況不錯，便願將之列為店中經常性的產品來銷售。此外，兩家也都提到，在各段時間內，對這產品必然會有支持性的需求量，他們也會保有存量來銷售。約瑟他接洽過的公司，有一家是 Commercia Mexicanan，類似於美國的 Woolco 或 Target Chains，這家公司有26間連鎖店分布在墨西哥各地。還有一家是 Tiendas Aurerra，可與 K-Mart 的規模相比，擁有四十五家連鎖店，大部分集中在墨西哥的熱鬧地區。另外，他也洽談過 Puret de Liverpool，這家與May Co. 相近，在墨西哥城市有四間商店。約瑟認為飛盤也可經由進口進入墨西哥市場，進口稅額為75％的定價稅，可依娛樂用塑膠玩具進口法規 G730A002 號獲得進口許可。

他們三人對墨西哥方面的情況都非常樂觀，同時也覺得那兒是行銷飛盤極佳的潛在市場。其次，他們決定一旦要進行計劃，首先必得先買下伽西爾的模型，以防止一旦行銷成功時被盜版。在進一步作有關行銷計劃的討論後，三人提出一些問題：

1. 在墨西哥應行銷那一型式的飛盤？

布來克因對布洛型水準的行情非常了解，他個人覺得不需再去為普通型下功夫。而應推出世界級型的飛盤。古提列斯持相反的意見，他認為雖然在美國世界級的銷售量不斷地成長，但墨西哥是個新市場，所以他們應由最普通型開始作起，等到能普遍化後，再推出比較精緻型的。

2. 他們雖都同意，應從伽西爾那兒買下模型。不過是否應投資在新的模型，大量投資生產呢？（古提列斯向他們保證過，他認識一些塑膠業者，他們能够以每個 30¢ 美金的價錢，　大量生產標準型式的飛盤）。還是應先進口來試探一下那兒是否為穩固的市場？約瑟‧古提列斯建議，先由進口飛盤在墨西哥作一下試銷，來得到有關價格，潛在需求及其他有關的資料，這樣作或許比較明智。

3. 他們是應去找 Ex-O 公司呢？還是另外找其他的飛盤製造商？三人都同意假如他們真肯花錢去行銷產品就應找最具歷史的廠牌，那就是 Ex-O，同時他們也認為，即使他們不以 Ex-O 的產品來銷售而成功時，Ex-O 也會介入並且由於其有強大的需求根基可橫掃市場。德昂提議他們應將意見寫成一個概略性的計劃，作為呈交給 Ex-O 公司的計劃的初稿。他提醒他們二人，Ex-O 公司在沒看到有關墨西哥一事的計劃前是不願多費口舌的。討論就在德昂的建議下結束，也就是先列好一概略性的計劃及從伽西爾那兒買模型及付給 Ex-O　公司的預算費用。

現假如你是德昂，而要擬一概略性的行銷計劃，來說明他們將如何在墨西哥行銷飛盤。在這計劃裏，要回答下列問題：

1. 他們是否應買模型？

2. 他們是否應向 Ex-O 公司買飛盤的專利權？

3.　他們是否應在墨西哥城市銷售呢？還是墨西哥全境。

下列是傳播媒體的價錢，幫助你列預算用：

報紙的平均費用是：

> 1 頁……$ 1,441 美金一天
>
> 1/2 頁……$ 852 美金一天
>
> 1/4 頁……$ 717 美金一天

這些報紙是 "Novedades", "Excelsior", "Universal", "El Herado", "El Sol de Mexico"，這些都是每天發行 250,000 份的報紙。還有一全國性的報紙 "Esto" 只報導體育消息，它的費率是：

> 1 頁……$ 565 美金一天
>
> 1/2 頁……$ 282 美金一天
>
> 1/4 頁……$ 141 美金一天

電視臺和報紙都有專門設計廣告的人員。

第八篇　國際行銷運作之改進與展望

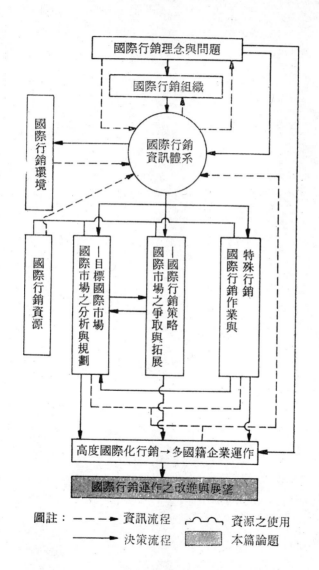

國際行銷理念與問題

國際行銷組織

國際行銷資訊體系

國際行銷環境

國際行銷資源

國際市場之分析與規劃—目標國際市場

國際市場之爭取與拓展—國際行銷策略

特殊行銷國際行銷作業與

高度國際化行銷→多國籍企業運作

國際行銷運作之改進與展望

圖註：- - - → 資訊流程　　〜〜〜 資源之使用

　　　　──→ 決策流程　　▨▨ 本篇論題

第十七章　國際行銷之回顧與展望

——從高度國際化行銷邁進多國籍企業運作

- 我國國際行銷之回顧
- 國際行銷基本功能之嶄新構面
- 我國外銷廠商努力之方向——邁向多國籍企業之運作

第一節　我國國際行銷之回顧

　　我國外銷自民國四十一年至民國七十年快速成長，三十年來增加二百倍左右。惟近一、二十年來由於國際環境之變化，諸如石油價格不平穩所造成之成本結構之「波動」與市場成長之緩慢，使高度依恃國際貿易之我國，經驗出口成長率緩慢之景況。據行政院主計處之統計資料，今（七十五）年一、二月我國出口成長率雖呈現正成長，但進口成長率仍然未見成長。反映我國貿易之成長尚欠穩，諸如民國七十二年一月至六月出口值與量月環比指數超過 100，但與七十一年同期數值相較，其差額有正有負，並未顯出穩健增加之傾向。此種現象（見表17-1），顯出在世界景氣復甦中，我國外銷作業有待加強。**❶**

　　廠商外銷作業之加強，除應在觀念上與作法上從傳統之國際貿易

---

❶ 郭崑謨著，「從國際行銷之嶄新構面探討外銷廠商之作業重點」，中華民國市場拓展學會民國七十二年論文集，民國72年12月，第 1～13頁。

邁進國際行銷導向外，更應覓求國際行銷之新構面，掌握國際營運之重點，始能着效。

表17-1 外銷值、量月環比

環比額	月份	民國72年	民國71年	差 額
值環比	1	80.08	90.82	− 10.72
	2	94.29	88.32	＋ 5.97
	3	113.71	121.85	− 8.15
	4	117.33	101.53	＋ 15.80
	5	102.61	106.18	− 3.57
	6	103.41	95.50	＋ 7.91
量環比	1	80.35	92.34	− 11.99
	2	95.51	87.67	＋ 7.84
	3	114.64	123.90	− 9.26
	4	118.78	102.38	＋ 16.40
	5	101.23	105.06	− 3.83
	6	103.72	94.45	＋ 9.27

資料來源：中華民國進出口貿易統計月報（臺北市：財政部統計處，民國72年8月20日印行），第6頁。

國際行銷有異於國際貿易之處，據載不斯拉（Vern Terpstra），偏重於行銷動機、行銷主體以及通路方面。惟若就「行銷標的物」、行銷功能幅度以及行銷組織與功能之連貫性，探討國際行銷之基本功能，更能顯出國際行銷與國際貿易在理念與作法上不同之處。隨着科技之發展及行銷環境之改變，行銷之基本功能亦嶄露其新層面。

國際行銷之基本功能，可從上述行銷標的物、行銷功能以及行銷組織與其功能之連貫性等三角度窺其全貌。

國際行銷所涵蓋之標的物相當廣泛，除貨品外，諸如工程及管理技術、旅遊服務、商標、版權、製造藍圖、產銷權等等非貨品項目，亦為行銷之標的物。國際行銷之功能幅度包括國際工商資訊（有用資料及通訊）之運作、市場之分析、區隔與預測、產品規劃發展、包裝運輸、通路選擇、訂價、推廣銷售、倉儲運配、貨品再處理、國外倉儲、廠房分號地點之選擇、公司內國際轉價、售後服務等等。論及國際行銷之組織與其功能之連貫性，吾人所強調者乃為產銷之『分工與連貫』，確保存貨之經濟與外銷及生產間之協調一致。在組織體系上各作業部門之間具有嚴密之關係，而整個行銷作業與其他非行銷作業以及外在環境亦應透過行銷部主管，達成必具之協調。

第二節　國際行銷基本功能之嶄新構面

誠然由於積極性原因，諸如國外市場機會之增加、爭取國內所需之國外物資、國外市場之較高盈利機會、以及消極性原因，諸如分散市場、掌握原料供源、保護國內市場、保護國外市場，國際行銷之功能業已擴張而成為邁進多國籍企業之重要動力。各國情況互異，國際行銷功能在各國有不同之嶄新涵義。表17-2所示者，為在我國政經社會環境下，分別從行銷標的物、功能以及組織功能間之連貫性三角度，所顯出之國際行銷嶄新構面。

表17-2　國際行銷基本功能之嶄新構面

探 討 角 度	國 際 行 銷 基 本 功 能 之 嶄 新 構 面
行銷標的物	廠商形象與產品信譽——商譽
行銷功能	國際資訊大眾化、特殊市場之規劃、產品代理者角色、產品簡易差易化、推銷組合化、成本資料議價功能、採購角之提高。

行銷組織與功能之連貫性	產銷分工（行銷專業化）
高度國際化	從多國性行銷至多國籍企業運作

㈠行銷『標的物』：企業形象與產品信譽

一般而言，外銷競爭主要來自成本結構以及產品之革新程度。成本方面之競爭來自勞力成本、原料成本以及產製技術。原料成本受國際價之影響，競爭較為有限，且要克服競爭劣勢必須仰賴長期規劃。勞工成本，亦即工資，影響競爭較大，尤其以勞力密集產品為主之出口導向國家，工資之變動，立刻反映於出口競力之減退。至於產製技術則反映於產量之革新程度。

我國現正處於產業結構蛻變階段，在由勞力密集產業，蛻變為技術及資本密集產業之過程中，工資之相對優勢業已逐漸消失。據經建會人力規劃小組七十一年之估計，以民國六十五年為基期之工資水準，工業部門之工資由民國五十七年之 27.7% 上升至民國六十九年之 189.44%，十餘年來上漲幾近七倍之鉅。論單位勞動成本每年平均變動率，我國比毗鄰日、韓兩國為高。該項比率我國為 9 ％而日、韓分別為－4.2 及－1.6。在此種情況下，外銷廠商為提高其外銷競爭力，往往以削價以及仿冒（節省研究發展費用）方式進行。削價競爭之情況，反映於出口單價環比之降低（按該環比自民國六十七年之116.13 逐年降至七十一年之90.92)，形成我國產品之低品位形象，影響所有之行銷標的物。因此，對我國而言，倘從行銷標的物角度論之，『廠商形象與產品信譽』，實為國際外銷之重要嶄新構面。

㈡行銷之嶄新功能

我國外銷廠商之家數眾多，規模小，據今七十二年經濟部之統計資料，民國七十一年外銷績優廠商有二千九百三十七家只佔全部外銷廠商之 9％左右，其餘三萬多家廠商之實績只佔總外銷額32,7％。廠商規模小，自無法擴大商情網，健全商情資訊體系，外銷作業之風險自不易降低，加上我國外銷市場過度集中（外銷地區集中於美、日、德數國。按我國對該數國之外銷，佔總外銷額之 53.66％，風險更不易降低。國際商情資訊制度之建立與外銷市場風險之減少，似可藉發揮國際資訊之『大衆化』與特殊市場之規劃。資訊大衆化意味商情網之擴大應藉爲數衆多之外銷廠商力量之滙集達成；而特殊市場之規劃，乃特指個別廠商規劃競爭力高於外國廠商之市場而言。

　　我國產品貿易結構顯示，原料之進口佔總進口額之 67.22％，而農工業加工製造品佔總出口額之 96.70％。許多出口產品之原料需依賴進口。是故，在分析市場時，外銷產品所需原料來源之分析與原料來源之掌握，自應成爲與產品外銷市場分析同樣重要之作業。上述國際市場競爭之主要來源中之原料成本因素，雖對外銷競爭力之影響幅度有限，但倘能透過原料來源之妥切分析，掌握來源，預作規劃，先機低價採購，可大幅增加外銷競爭力。

　　我國台灣地區資源有限，工資之相對優勢，一如上述，業已逐漸消失，要不斷維持外銷作業之生生不息，勢必發揮國際市場之『產品代理者』功能，運用外國資源作外銷作業。倘要從產品之生產者變爲產品之代理者，必須強化廠商之倉儲運輸功能，藉國內外發貨倉庫與運輸系統，轉運國際產品。國內外銷廠商泰半（6％）以上出口交易以 F.O.B. 方式（見表 17-3）進行，尤以出口佔前二位之紡織及製品與電機、電器類爲最。雖然如此，外銷廠商之運輸成本、倉儲成本以及港口費用，仍然分別佔總成本之15％、10％、以及 5％左右，可見運輸倉儲功能之發揮不但爲扮演國際產品代理角色之先決條件，亦可在國際貿易作業中節省外滙，減少貿易糾紛（按貿易糾紛之原因，以運期延誤以及產品品質不符者居多）。

表17-3 外銷廠商之交易方式與外銷地區

交易方式	北美	日本	歐洲	東南亞	澳洲	東南美	中東	非洲	計	%
F. O. B	23	3	19	2	2	0	1	0	50	66%
C. i. f	3	0	2	11	0	2	2	4	42	34%

資料來源：賴文裕與郭崑謨著，臺灣地區企業運輸倉儲結構對貿易之影響——探索性研究，國立中興大學企業管理研究所叢書之二（M2），（民國73年印行）第37頁。

　　國際行銷作業中，仿冒外廠產品以及惡性競價損害一國外銷形象，產品簡易差異化，以及藉助完善之成本資料發揮議價功能，不但可降低價格所扮演之角色，亦可使國產品之品位提高。論及推銷組合之重要性，由於國內廠商規模較小，無法在國外普設據點，往往無法發揮其他推銷作業，諸如廣告、人員推銷、以及經銷（經銷制度可視爲強有力之借助外力之推銷制度）效率，推銷組合之運用更爲我國國際行銷作業之重要嶄新構面。

㈡行銷組織與功能之連貫——產銷分工、行銷專業化

　　我國經濟以外貿爲主導，產銷系統之健化益顯重要。產與銷之『不同地點與不同時間之連繫』成爲銷售系統是否能健全運作之非常重要因素。實際上，廠商之國外銷售是否能順利成功，端視產品是否能適質、適量、適時地運達。適質係指適合地主國消費者之產品品質。『適質』之達成有賴生產及行銷研究；『適量』有賴倉儲系統之建立以達成；而『適時』則有賴經銷及運輸系統之建立以達成。

　　上述數端涉及國際行銷網之建立問題，亦爲國內廠商所面對之難題。歸根結底，問題之癥結所在在於外銷（或行銷）規模過小，未能發揮規模經濟之效果。行銷專業化可促成作業規模之擴大。我國非專

業貿易之外銷機構佔有出口 實績總機構 數之比率 相當高，　行銷專業化，可使貿易商之平均貿易額提高。

行銷專業化意味產銷分工合作，在各司所長之情況下，不但可降低產銷成本，亦可消滅由於行銷通路之混雜而產生之貿易秩序之混雜。

第三節　我國外銷廠商努力之方向——
邁向多國籍企業之運作❷

爲運用並發揮現代國際行銷之嶄新功能，玆就外銷廠商之努力方向，依據上述之標的物、行銷功能以及行銷組織與功能之關聯性，分述於後。

一、廠商形象與產品信譽之塑造——優良商譽之建立

廠商形象是社會各界人士，包括國際人士，對廠商特性之認同。塑造廠商或企業形象之最高目標當爲取得世界各國對我國企業之優良評價與對我國產品優良特質之認同。顯然，廠商形象與產品信譽密切關聯。廠商形象與產品信譽之塑造可從下述數端着手。

㈠加強產品規劃，降低價格功能角色

建立國產商品之特色，不但可規避價格方面的競爭，降低價格功能角色，就是滙率對外貿不利之情況下，在國際市場上，滙率對我國產品價格之敏感度必會降低。

在產品規劃方面，短期內比較容易進行者，爲『外觀實體』之改變。蓋改變外觀實體，費時較少，使用技術亦有限，所需資本又不致太多故也。惟長期內，廠商應作產品『實質功能』之改進，是故廠商須重視行銷研究發展，視行銷研究發展爲「

---

❷ 同註❶。

投資」，將資本密集化，長期產品規劃始能著效。

(二)加強國際售後服務

售後服務係目前外銷廠商最需加強之作業。良好的售後服務與保證，可增強顧客對產品的信心。從事國外售後服務，並不需要擁有豪華辦公處所，但却一定要設法在國外市場，建立自己的售後服務『據點』。任何地方諸如櫃臺、住家，均可成為售後服務據點。外銷廠商亦可採取契約方式，將他人據點化為自己的據點。

(三)建立國際品牌與商標

國內廠商普遍缺乏建立本國品牌與商標信念。因此，雖然許多產品暢銷全球，却始終無法在國際市場上建立自己產品的知名度。不少廠商甚至於仿冒國外知名產品的商標。另有許多廠商放棄使用商標，而淪為國際知名廠商之加工者。亦有許多廠商使用洋味十足毫無中國特色的品牌和商標。殊不知國際產品之流通係基於產製之相對利益以及各國特有之產品風格所使然。國外廠商基本上並不喜歡到我國購買非我國之產品。

(四)『點燃』小市場，『照亮』大市場

廠商建立品牌知名度，最好從較小地區之市場着手，先集中力量達成該較小地區之高市場佔有率。蓋小地區之高市場佔有率，將會促使較大市場之客戶，對該品牌產生良好品牌印象，滋生選購動機。同時，廠商亦不宜同時急於建立眾多品牌知名度，理應選擇少數產品，集中資源建立品牌知名度，然後再逐步擴及其他產品。

二、行銷嶄新功能之發揮

國際資訊大眾化、特殊市場之規則、產品代理者角色之扮演、產

品簡易差異化、推銷組合化、成本資料議價功能之發揮、以及採購角色之提高等為現階段我國國際行銷之特殊功能層面，亦為外銷廠商之作業重點所在。

㈠國際資訊大衆化

　　　　國際市場之分析，必須建立於充分靈活商情資訊系統上。廠商倘缺乏資訊可資分析市場，必將事倍功半，徒勞無功。日本大商社如三菱、住友等，其商情網之廣泛程度，尤勝過美國的五角大廈。其貿易之發展端賴此情報網所提供之詳細靈活資訊。我國外銷廠商雖然無法建立諸多龐大情報體系，倘全國所有廠商，都能發揮『行銷共識』努力蒐集商情，將其個人所蒐集之點點滴滴情報，彙集于一全國性機構，由其分析整理後，再提供有關廠商利用，則國內每一廠商定會擁有珍貴資訊，在貿易競爭上克敵制勝。藉共識觀念，每一廠商若能成為我國商情資訊體系之成員，發揮其蒐集商情之意識，處處蒐集商情，時時彙集於一統籌機構，卽國際資訊體系之運作必能加速發揮，此乃國際資訊大衆化之基本涵義——「只需一個『三菱』之觀念」。

㈡特殊市場之規劃

　　　　廠商分析與規劃國際市場之目的，為尋求具有發展潛力，而又適合本身資源能力之行業及產品，裨便選定銷售潛力較高而競爭較少之市場。

　　　　廠商在分析國際市場時，應注意之原則甚多，下列數端為較容易被忽視，但特別重要者為下述兩項。

1.規劃大市場中之小市場

　　　　倘某一國家本地區之需求量甚大，同時國內各地或子地區之需求和購買型態又甚分歧，廠商似不應將整個國家或地區視爲單一市場，而應進一步將其區隔爲較細市場以便更妥切地配合廠商本身之資源,發揮『來福槍』之威力見圖例17-1乙）。尤有者,大市場中往往有被忽略之「死角」，（見圖例17-1甲）外銷廠商倘能分析並規劃此一「死角」市場，必能佔有此一小市場之優勢，逐漸擴大市場。

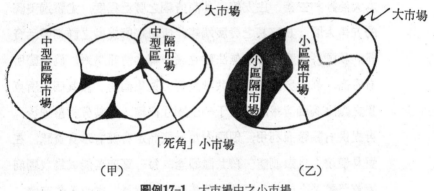

圖例17-1　大市場中之小市場

2.規劃小市場中之大市場

在分析國際市場時，不能僅注意較大區隔市場，而忽略目前與我國外銷數量甚少之小區隔市場。國際行銷之分析和規劃應具未來導向。目前外銷量大之區隔市場，往往已經湧入衆多強勁競爭廠商，使我們在競爭上處於不利地位，廠商應盡力發掘目前尚爲國外競爭廠商所忽略之潛在市場。雖然這些市場容或目前極爲微小，甚至於尚未達到貿易統計資料之基本單位量（如百萬、仟元等），在統計表上『掛零』。但此種尚未成熟之小市場,雖然爲先進國家之競爭廠商所忽略,却可能具有相當大之潛力。由於國外競爭廠商尚未踏進該市場，抑或競爭實力不如我國（例如在成本結構、行銷技術上

較爲落後等等）， 一旦我國廠商積極開拓， 必可擁有競爭上
之優勢。

　　國內貿易商之規模遠比日本之三菱、住友， 韓國之三星、
大宇小。因此，特別需要設法找到自己之「利基」（Niche），
（最適合自己競爭能力之市場）， 在此建立穩固的「橋頭堡」
後， 再考慮逐步擴展其他市場。倘廠商只分析現有大市場，
一味仿製，將永遠屈居人後，無法搶先建立自己之貿易基地。
依據此一觀念， 小市場中之大市場乃特指我國廠商可享有之
高市場佔有率之小市場而言（見圖例17-2）。

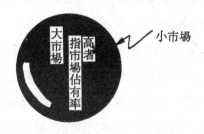

圖例17-2　小市場中之大市場

㈢**產品代理角色之扮演**

　　運用外國資源作外銷作業， 必須強化倉儲運輸（實體分配）
功能。外銷廠商可循聯合運作方式達成海外發貨之功能。海外
倉儲設備功能之發揮， 在初始階段可藉租用方式達成。至於運
輸功能之發揮， 除改進我國之運輸設備外， 應加強貿易專業人
員， 尤其貿易談判人才之培育透過進口F.O.B、出口 C.I.F 議
價方式， 藉以掌握運輸權。倘運輸權掌握於國人， 轉口貿易或
文書作業三角貿易不但可加速發展， 一旦國內成本結構惡化，
相對利益降低時， 廠商可快速取消國內生產， 改向他國採購以

履行交易契約。

產品代理角色之扮演，亦可藉貨櫃倉庫化制度提高效果。貨櫃倉庫化制度之要旨在於建立貨櫃永久租用系統。用永久租用的貨櫃，可以節省實體分配成本，如倉庫的裝卸費用等等。當製造廠商應外銷訂單之需，產製貨品，一經生產完成，可立卽放置於貨櫃（當須配合檢驗制度），不必先儲存於倉庫，再搬到貨櫃。因為一裝一卸之間，不但浪費很多時間；成本亦必倍增，倘能建立貨櫃永久租用制度，由於外銷成本之節省與運輸服務之提高，廠商必可增強其在國際市場之競爭態勢，筆者將「貨櫃倉庫化」之嶄新觀念與作法，稱為 Containohousing。

四產品簡易差異化與推銷組合化

產品生命週期之縮短，意味着產品創新速率必須提高。此種情況尤以國際產品為然。產品外觀實體之改進，一如上述，實為簡易差異化之重點所在。由於國際消費者嗜好及習慣相異甚大，要配合各種不同市場之需求，廠商須在生產為數衆多之不同種類與形式之產品中求得經濟規模。今後外銷廠商似應利用自動電子控制設備，以及設計可相互替代零組件，以達到規模效果。

廠商在進行廣告，人員推銷等各種推銷策略時，應有據點的配合，才能發揮整體的功效。國內許多廠商已逐漸在國外刊登廣告，並進行其他促銷活動。可惜却因缺乏海外行銷據點藉以方便潛在客戶之選購與聯繫，使行銷效果大為減少。今後廠商宜特別加強海外據點和經銷網之建立。

五成本資料議價功能之發揮

在定價策略方面外銷廠商應化被動為主動，化劣勢為優勢，利用完整詳盡之成本結構，贏得買方之信心。倘能如此，若國內廠商價格比外國競爭廠商稍高，在議價時仍可藉成本資料取信買方。廠商應避免探索競爭者之報價，而忽略對地主國市場零售價格之了解。

㈥採購角色之提高

國內目前出口產品中，農產加工與工業製造加工品約佔 96.70%，而進口產品中原料約佔 67.22%，許多出口商認為原料來源的分析，係屬進口商作業，其實出口商更應注意原料來源。如果無法掌握原料來源，一旦發生缺料，許多產品的出口將會陷於停頓。廠商往往因購入原料價格太高，使成本偏高，失去國際市場競爭能力。因此，在分析國際市場時，絕不能忽視原料供源分析。廠商除應設法使原料供應保持穩定外，更須尋求替代性原料來源，同時也要選擇適當時機購入原料，以控制原料成本。例如，在景氣復甦時，原料往往會劇烈上漲，因此若能在景氣還未復甦前，大量購入低廉原料，必能提高景氣復甦後之國際市場競爭能力。

三、行銷組織與功能之連貫——國際行銷專業化

生產和行銷本係一貫過程。生產廠商和貿易商在作業項目上雖然彼此分工，但却更須良好合作。國內生產廠商和貿易商之間常為『確保自己客戶』，而各自為政，未能相互合作。在景氣上升時期，貿易商之利潤雖不斷成長，生產廠商却未能獲得適當利潤，使生產廠商無法累積應有資金，改善生產設備，從事研究發展工作，整個行業當無法全面成長，提高對外競爭能力，一旦經濟萎縮或發生嚴重貿易糾紛時，由於缺乏長期合作友誼，更無法同心協力，克服困難。例如：貿易商不瞭解生產廠商之成本結構，在報價中就無法以詳細成本結構獲

得買主信任。今後,廠商應注重產銷一貫,貿易商與供應廠商之間, 依所扮演功能, 作合理之利潤分析, 彼此分工合作。貿易商扮演貿易專家角色, 全力行銷, 而生產者也可以在沒有後顧之憂的情況下, 改善生產設備, 加強品質管制, 發展新產品, 提高對外競爭能力。

國際行銷專業化之另一層面爲貿易商或躉售商品牌之建立與推廣。馳名世界各國之食品 "kraft" 係躉售商品牌。我國小型貿易商以及小型外銷生產廠商衆多, 這些衆多外銷廠商, 倘能支持績優貿易商建立其品牌體系, 必然有助於貿易之拓展。

四、行銷之高度國際化──邁進多國籍企業之運作

爲擴大行銷運作之基礎, 減少新保護主義之壓力, 我國宜加強對外投資, 廣設「據點」邁進以國外爲「基地」之行銷作業。多國籍企業實爲我國未來必須發展之途徑。

第十八章　我國現代貨運與企業國際化

- 企業國際化層面與現代貨運之特徵
- 貨櫃化運輸對我國國際轉運作業之經濟效益
- 貨櫃化運輸對我國國際倉儲之經濟效益
- 貨櫃化運輸對我國自由貿易之經濟效益
- 促進現代貨運之幾項途徑
- 現代貨運效率之提高與企業國際化

第一節　企業國際化層面與現代貨運之特徵

壹、企業國際化之層面

企業國際化之層面相當廣泛，舉凡國際行銷之運作、國際財務功能之發揮、對外投資生產、國際轉運與倉儲、中外合資經營、自由貿易區之運作、跨國及多國籍企業之經營等等，皆屬於企業國際化之不同層面以及不同層次。顯然企業國際化之機會相當豐碩。

由於國際轉運、倉儲以及自由貿易區之運作，對其他諸多企業國際化層面具有助長功能❶，同時，由於現代貨物運輸（簡稱貨運）與

---

❶ 游芳來，「我國定期船市場的展望及發展趨勢」，交通建設，第二十六卷第十期（民國六十六年十月十五日），第8～9頁。

國際轉運、倉儲以及自由貿易區之運作關係密切●，本章特探述現代
貨運對該三項企業國際化層面之經濟效益，並研討促進現代貨運發展
之幾項途徑，藉以提供企業國際化之貨運角色。

貳、現代貨運之特徵

　　現代貨運之特徵反映於貨櫃化、墊板化、「子母船」、一貫化等
等運輸方式。其中以貨櫃化運輸受用較普遍，發展也較爲迅速●，論
及現代貨運時，通常亦以貨櫃運輸爲主要探討對象。本章之現代貨運
乃特指貨櫃化運輸而言。至於貨運對國際轉運、倉儲及自由貿易區之
經濟效益以及促進現代貨運發展之幾項途徑，係根據運送人之觀點推
論而得。貨櫃運送人之相關資料係依據中國生產力中心編印之「中華
民國工商名錄」以及電話簿所列之運輸業者名單抽取樣本，調查所
獲，共獲得 100 份有效問卷。後續各節將分別討論貨櫃化運輸對我國
轉運之經濟效益，對我國倉儲作業之經濟效益，對我國自由貿易區發
展之經濟效益，以及促進現代貨運發展，加強企業國際化之幾項途
徑。

第二節　貨櫃化運輸對我國國際轉運作業之經濟效益

壹、轉運之涵義

　　所謂轉運（Transhipment），是爲進行轉口貿易應運而生的運

● 參閱楊義勳，貨櫃一貫運輸系統之研究（臺北：私立中國文化大學海洋
　　研究所，民國六十四年六月），未出版碩士論文。及鄭世鄉，貨櫃運輸
　　的理論與實務（臺北：臺灣書局，民國七十三年三月印行），兩專書。

● 交通部航政司編印，國籍船舶資料，民國七十四年十二月刊印，第 1 頁。

輸方式。而轉口貿易 (Re-export Trade)，係中間商在本國將輸出國的貨品實際進口至本國，貨品原封不變或加以改裝加工後，再出口運往他國的貿易作業。

臺灣地區的地理環境俱備轉口運輸之優勢地位。其本身正處於東至日本、美國，西至泰國、歐洲，多條航線的中心地帶。其他重要因素，諸如高水準的工作效能，使它在勞力方面異常優越。此外，它並擁有最新式裝卸設備，促使轉口運輸容易臻效。雖然香港與新加坡之轉口貿易較之我國臺灣地區發達，加上該兩轉運港口採取較開放政策❹，我國若在轉運作業方面提升服務，可望在短期內加速取代部份港、新之轉運功能。

貳、轉運作業之經濟效益

依據對運送人之問卷調查結果，貨櫃化運輸對轉運作業之經濟效益，見諸於轉運效率之改進以及轉運成本之降低。依重要順序，貨櫃運輸對轉運之經濟效益有：(1) 縮短滯港時間；(2) 縮短貨物搬運作業時間；(3) 降低貨物毀損；(4) 降低轉運成本；(5) 提高艦舶整櫃效率；(6)充分與航期配合以及 (7) 減少腹地之需求等（見表18-1）。上述七項指標之加強改善，必可提高我國轉口貿易之效率與效果。

第三節　貨櫃化運輸對我國國際倉儲之經濟效益

壹、倉儲之種類及其涵義

倉儲為運輸、生產及消費的延長活動。依其作用可分成兩大類，一是轉運的儲存，一是配銷的儲存。前者用以緩衝不同運輸工具間承

---

❹ 郭崑謨，「從港、新經驗談我國發展轉口貿易條件（下）」，貿易週刊，第1173期（民國七十五年六月十八日），第4～7頁。

表 18-1　貨櫃運輸對轉運、國際倉儲及自由貿易

區運作之經濟效益

對 轉 運 之 經 濟 效 益	重要程度 ✱	對 國 際 倉 儲 之 經 濟 效 益	重要程度 ✱	對 自 由 貿 易 區 運 作 之 經 濟 效 益	重 要 程 度 ✱
滯港時間縮短	1	降低倉儲成本	4	地點選擇較具彈性	5
充分的航期配合	6	提高倉儲集中程度	7	減少內陸運輸成本	1
降低轉運成本	4	貨物儲藏狀態良好	2	縮短運輸通關之時間成本	2
減少腹地之需求	7	降低人工使用率	3	減少區內設置大型倉儲費用、地點之依賴	4
貨物毀損率降低	3	提高倉儲自動化之效率	5		
縮短貨物搬運操作時間	2	減低傳統倉儲分裝之需求	1	有助區內貨物的流通	3
提高船舶整櫃之效率	5	可使雜貨儲運探貨櫃化倉儲，大宗貨儲運探傳統倉儲。	6	可提供充足迅速的貨源、原料	6

註✱：1代表最重要；2代表次要；3、4、5、6、7依次類推。

運時間的不一致，諸如陸運與海運之間、陸運與空運之間、公路與鐵路之間等等，均需有倉庫以作為集中及分配的場所。後者用以緩衝貨品供給與需求時間上之不一致。如肥料的生產是連續性的，但需求卻是季節性；如稻米的生產是季節性的，但需求卻是連續性的；因之，任何貨物的流通莫不需有倉儲之服務，藉以調整供給及需求的時間差距❺。

---

❺ 唐富藏、張有恒，運銷學（臺北：華泰書局，民國七十年初版），第159頁。

　　倉儲是基於經濟便利（Economic Convenience）而往往爲運銷系統所必需。若產品置於需求點而無倉儲設施的配合，則影響所及將使生產日程安排不能確定，顧客服務水準降低，運輸系統無法有效使用，並將導致銷貨收益的損失或成本的增加。此外，季節性或不確定性的消費型態、生產水準的變動、產品價格的變動與不確定性及因經濟的波動所引起的成本增加，皆反映設置倉儲體系的重要性❻。

　　臺灣地區目前若以「提供倉儲而取得必要償價之倉儲業」而論，有銀行倉庫、製造業倉庫、農會倉庫、港務倉庫。至於鐵路局貨運服務總所及民營運送業倉庫、以及物資局倉庫，是對外營業而且收費之倉庫。以下謹就與貨櫃化運輸有密切關係的港務倉庫，加以說明。

　　碼頭倉庫依其功能可以分成「通棧保稅」及倉庫兩類，前者用作爲貨物海陸間運轉之用，後者作爲較長期的儲存，但爲能加速貨物在碼頭上之流動，均以短期儲存爲主。爲發揮此一功能，碼頭倉庫之費率結構大抵採取累進費率之結構，存儲日數愈久，每噸每日之倉租愈高。

　　港務局碼頭倉庫之倉租爲管制性費率，管制單位爲臺灣省政府交通處。至於碼頭倉庫之經營則由港務局之棧埠管理處負責。自民國五十八年十一月以後，爲加速港區的貨物流動，尤其爲加速進口貨物的流動，不斷提高倉租的累進費率。通常港務局倉儲業務可分爲下面各項：(一)進口貨物之存儲；(二)出口貨物之存儲；(三)轉口貨物之存儲；(四)其他港區倉儲業務。

貳、貨櫃化運輸對倉儲之經濟效益

　　爲了解貨櫃化運輸對我國各港口之倉儲業務實質影響之程度，必

---

❻ 同註五，第 159～160 頁。

須就衡量倉儲業務之經濟效益，選擇適當指標，經由運送人之實證調查，加以評價。所採用之衡量指標有：(1) 倉儲成本；(2) 倉儲集中程度；(3) 貨物儲藏狀態；(4) 人工使用率；(5) 倉儲自動化之效率；(6) 傳統倉儲，分裝的需求程度；(7) 雜貨儲運採貨櫃化倉儲，大宗貨儲運採傳統倉儲之可行性。調查結果發現，貨櫃運輸對我國際倉儲運作影響之重要程度，一如表18-1所示，依序為：1.減少傳統倉儲分裝之需求；2.保持貨物儲藏之良好狀態；3.降低人工使用率；4.降低倉儲成本；5.提高倉儲自動化效率；6.可使雜貨儲運貨櫃化；以及7.有利於提高倉儲集中程度。從上述各項貨櫃化運輸之經濟效益可知，倘能提高貨櫃運輸效率，必能對提升我國國際倉儲之服務品質。

第四節　貨櫃化運輸對我國自由貿易運作之經濟效益

壹、自由貿易區與加工出口區

一般而言，自由貿易區具備貨物、人員、資金及資訊自由流動之條件；係具有多功能經濟活動之區域，允許在區內貿易、倉儲、轉運、製造加工、委託商務，並進行有關服務。

我國現有的加工出口區計有臺中、高雄、楠梓三個區，分別在民國六十年三月（臺中及楠梓）及五十五年十二月（高雄）設立，佔用土地面積以楠梓加工區佔地最大，為八十八公頃，次為高雄加工區六十六公頃，再次為臺中之二十三公頃。目前高雄加工區之廠家已有一一五家，楠梓亦發展為一二五家，臺中四十八家，每年進出口金額據統計逾二十億美元。以往淨利的百分之十五可以滙往國外，目前則已提高至百分之百，在我國經濟發展過程中有輝煌的業績，十餘年來可以說著有成效，蜚聲國際。但近年來由於我國工資的節節上升，地租上漲，且產品不准納稅內銷等因素的影響，似已形成停滯不前而有日漸式微的趨勢❼。

貳、自由貿易區之種類

我國目前三個加工區，其實應是典型的以人力資源參與國際工業移轉的自由貿易區，而非綜合性自由貿易區。根據貝爾國際公司的專案研究小組之報告，我國應設立之自由貿易區應爲綜合性貿易區，區內應發展之經濟活動包括：貿易、倉儲、轉運、製造、行銷、後勤、技術服務及銀行金融等。

該報告中建議，自由貿易區的管理法規必須提供人員、貨物、金錢、資訊得以「自由進出」的環境，方能吸引歐美及亞洲地區各國企業前來投資，以該區做生產、轉運、後勤或資訊收集與交換的中心。設置之區域，除了中正國際機場及其鄰近地區外，我國若要開發第二或第三個自由貿易區，則理想之地點依序應爲臺中、彰化一帶及高雄地區❽。

叁、自由貿易區之效益

根據經建會研究小組對自由貿易區之效益性評估，當前設置自由貿易區之效益有下列數項❾：

---

❼ 經濟部加工出口區管理處編印，中華民國加工出口區投資指南，民國七十三年十一月，第 1～3 頁。

❽ 鄭優、張水江及葉玉琪譯，「自由貿易區的功能與優惠措施」，工商時報，民國七十三年三月二十五日。

❾ 「自由貿易區是經濟躍升的里程埤」，環球經濟，第 98 期，（民國七十三年二月），第 35 頁。

㈠歐美工業國家可估算遠東地區之需要，按經濟運量將特定產品整批運儲於新自由貿易區內，供轉口外銷及國內市場之需要。國內廠商可就便申購不僅可爭取供補時效也可減少存貨負擔。

㈡發展新自由貿易區，建立遠東地區轉口貿易集散中心，可提高我國在國際市場之影響力及地位。

㈢民生必需品及重要工業原料利用自由貿易區之便捷大量預儲於國內，有利於物質的調節及物價之穩定。

㈣可促進新自由貿易區所在地的快速發展，進而平衡臺灣地區內經濟活動過份集中臺北及高雄地區之偏失。

㈤對引導僑資特別是爭取香港方面之資金流向國內，且有實質的意義。

㈥取代香港在遠東地區之經貿地位。

肆、貨櫃運輸對自由貿易運作之經濟效益

現代貨物運輸作業之提高，對自由貿易區運作效率之提升扮演非常重要角色。一如表 18-1 所示，從運送人觀點論之，貨櫃化運輸，透過下列數項經濟效益，對我國自由貿易區之發展，有相當助益：

1. 減少內陸運輸成本。
2. 縮短運輸通關之時間成本。
3. 加速區內貨物流通。
4. 減少區內設置大型倉儲設備及對地點之依賴。
5. 對地點選擇較具彈性。
6. 可提供充足、迅速貨源及原料。

第五節　促進現代貨運發展之幾項途徑

發展現代貨運，不但可促進國際轉口運輸，亦可助長國際倉儲與自由貿易區之運作。現代貨運之拓展，可從貨運內部效率之提高以及外部運作環境，尤其政府之輔導政策之改善着手。玆將依據對運送人問卷調查之結果，分別就提高內部效率—降低成本，以及政府之輔導兩項探討於後。

壹、提高內部效率

在如何降低公司營運成本方面，本研究就表 18-2 所列六項中，經由肯得爾 (Kendall) 一致係數之檢定得知所有運送人對於降低貨櫃運輸成本之方式，有相當一致的認定，即認為減少在各港口留滯時間為最主要，其次為使每次航運均保持滿載，再其次為船舶機械自動化，以減少人事成本。港口停滯時間增長不但增加各項利用港口的費用，而且減少營運次數，故影響最大。為使航次滿載，更可使價格競爭激烈，以不斷的爭取貨源，達滿載之目的（見表 18-2）。

表 18-2　貨櫃運輸業降低成本之主要途徑

項目	減少港口滯留時間	提高船速增加營運次數	利用內陸運輸	船舶機械自動化	每船次保持滿載	其　他
平均等級	2.66	3.77	4.10	3.25	2.77	4.44

樣本數＝100　　　$W=0.149$　　　$X^2=74.624$　　　$\alpha=0.05$
D.F.＝5　　　　　$P<0.05$

註：平均等級愈低，表示愈重要。

貳、政府之輔導

至於政府輔導方面，經就貨源輔導、低利貸款、補貼新航線、降

低稅率……（見表 18-3）等項目，對運送人調查，結果發現其重要
依序爲簡化通關手續及貨源輔導、其次爲長期低利率貸款協助購建新
貨櫃船（見表 18-3）。所以目前我國通關手續，在一般運送人認爲仍
然有再簡化的必要。另外如何提供充足的貨源以滿足運送人航行之需
求及財務上資本支出之協助亦爲相當重要之協助措施。

表 18-3　政府輔導政策對貨櫃運輸之重要性

重要性依序（複選） 項目	貨源輔導	長期低利貸款新建貨櫃船	直接補貼新航線開發	降低稅率	簡化通關手續	政府經營性及社會性投資	其他
第 一 重 要	27	24	5	14	22	8	0
第 二 重 要	14	23	6	22	23	12	0
第 三 重 要	15	15	16	20	17	16	1
第 四 重 要	16	16	21	22	11	13	1
合　　計	72	78	48	78	73	49	2

　　註：各行之中位數:

第一行　貨 源 輔 導——總樣本＝72　中位數＝36　中位數值＝2.1429 (Median Score)

第二行　長期低利貸款新建貨櫃船——總樣本＝78　中位數＝39　中位數值＝2.1522 (Median Score)

第三行　直接補貼新航線開發——總樣本＝48　中位數＝24　中位數值＝3.3125 (Median Score)

第四行　降 低 稅 率——總樣本＝78　中位數＝39　中位數值＝2.65 (Median Score)

第五行　簡化通關手續——總樣本＝73　中位數＝36.5　中位數值＝2.1304 (Median Score)

第六行　政府經營性及社會性投資——總樣本＝49　中位數＝24.5　中位數值＝2.7813 (Median Score)

第七行　其　　　他——總樣本＝2　中位數＝1　中位數值＝3.5

　　論及貨源的爭取，在目前航運市場上，與外輪比較，我國貨櫃輪

乃處於劣勢，所以必須採價格競爭，以爭取更多的載貨量。政府如能採取適當的輔導政策，必可使運價趨於穩定，例如可積極的提倡國貨國運政策。另外政府應協助購建新貨櫃輪。其原因有三。一爲舊貨櫃輪多已年數已久，必須汰舊換新，以提高航運效率。二爲個別航運公司之貨櫃船艘數不敷營運所需，換言之，爲了使航期更加密集，必須有更多的貨櫃輪來滿足託運人所需。三爲開闢了新的航線。無論是那一種原因，政府可採取下列兩項協助措施：一爲經由政府擔保方式向造船公司訂造新型貨櫃船，或向國外購買低齡之貨櫃船，以建立國輪貨櫃船隊。一爲在新建貨櫃船之初各公司所作龐大投資常因利息費用及折舊費用之沈重負擔，而致虧損現象，政府亦比照鼓勵發展重化或精密工業之措施，　自有盈餘年度開始五年或十年免稅，　或以當年投資額作爲免稅之計算基準，以鼓勵國內航商大量在國內建設各型貨櫃船。

第六節　現代貨運運作效率之提高與企業國際化

現代貨運對轉口運輸、國際倉儲作業以及自由貿易區之運作，具有相當重要之經濟助益。此種助益，見諸於轉口運輸成本之降低、轉運效率之提高、倉儲服務水準之提高、倉儲成本之節省、自由貿易區區內外運輸倉儲服務之迅速、區內各種設施地點效能之發揮等等。現代貨運運作效率之提高，顯然可促進國際轉運、倉儲與自由貿易區、運作等企業國際化諸多層面。

現代貨運效率之提高，宜多管齊下始能著效。一面須藉運輸作業之改進，如減少港口滯留時間、增加承載率等，以降低成本。一面需賴政府政策輔導，諸如簡化通關手續、貨源輔導、長期低利貸款協助